Σ BEST
シグマベスト

スーパーエリート問題集
算数 小学2年

スペシャルふろく

どんぐり方式
おもしろ文章題
絵かき算

糸山 泰造 著

文英堂

スペシャルふろく

どんぐり方式
おもしろ文章題
絵かき算

糸山 泰造 著

文英堂

すべての のびゆく子供たちのために

気になる子供たち
～満点落ちこぼれ現象～

　私は、大手進学塾で、中学受験・高校受験をする子供たちを数多く指導していたときに、たくさんの気になる子供たちを目にしてきました。

　小学校低学年の頃は満点ばかり取っていたのに、小学校高学年や中１の３学期頃になって、急に成績不振になる子供たちです。「計算はできるんですが文章問題が…」「基本はできるんですが応用が…」という前触れも共通していました。

　私は、この現象を「満点落ちこぼれ現象」と呼んでいます。原因は低学年のときにオリジナルの思考回路を作っていなかったことだと考えています。**自力で考えること（絶対学力の育成）**をしないで、暗記、計算、解法を覚えるというパターン学習で点数を取っていた子供たちです。

気になる子供たちの特徴
ちょっと複雑な文章問題を見て…
① 「わかんない」「習ってない」と言って、問題文を読もうともしない。
② 文脈を無視して、書いてある数字を使い、でたらめな計算をする。
③ 考えずに「たすの？ひくの？」と聞く。
④ 様々な計算をして、偶然答えが出るまで、何度も計算を続ける。
⑤ 頭の中だけで考え、文章を追えないと「難しい」と言ってあきらめる。
⑥ 面倒がって、意味もなく先を急ぐ。また、考えれば分かるのに、あきらめる。

　このような症状が出ている場合は、これまでの学習方法を一時休止し、本書のどんぐり方式を参考に、「自分の頭で考え抜く」という学習スタイルを取り入れられることをお勧めします。

　なかには、文章通りの絵図が描けるようになるまでに、６カ月以上かかる子もいますが、必ず描けるようになりますので急がさないでください。

誰もが、楽しく入試問題も解けるようになる

　さて、次に紹介する解答例は、私の主宰する「どんぐり倶楽部」で、中学や高校の入試問題をキャラクターだけを変えて出題し、受験勉強を一切したことがない小学生が、どんぐり方式（もちろんノーヒント）で解いたものです。

＜2006灘中・算数（1日目）③の改題＞
小5／どんぐり歴4年

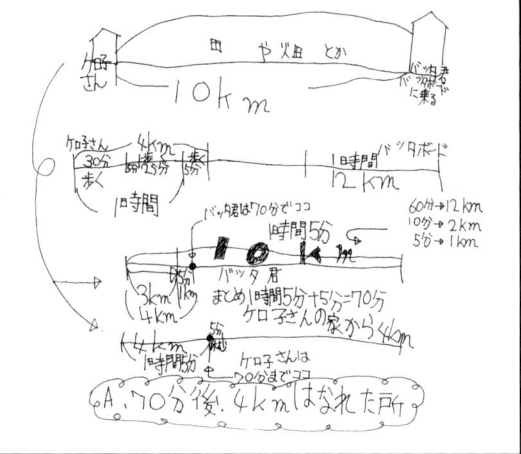

　これが、どんぐり方式で良質の算数文章問題を解いていると、自然に育つ力の一つです。

　このようなことは珍しいことではありません。無駄な学習をさせずに、子供の成長に合ったタイミングで、正しい手法を使って思考力養成をすれば、誰もが同じように育ちます。

　本書の問題は、「どんぐり倶楽部」の「良質の算数文章問題」年長～小6の700題から抜粋改訂し、若干の新作を加えたものです。

どんぐり方式 解き方のルール

1 問題文を読むのは1回だけ

　　最初は1行読んで（あげて）絵図を描くのがいいでしょう。それでも，何度も読むようであれば，1日で1行分だけ描くのでも結構です。重要なのは1回しか読まない，ということです。「何度も読みましょう」ではなく，「1回だけしか読めないんだよ」です。
　　また，読んでもらった方が楽しくできる場合は読んであげてください。

2 見えるように（具体的に）描く

　　「見やすさ」よりも「楽しさ」が大事です。**子供の自由な発想を一緒に楽しんでください**。もちろん，**問題文を絵図にした後は，その絵図だけで考えます**。簡潔な記号のような絵図ではなく，生き生きとした絵図が思考力養成には効果的です。
　　絵図の中には**文章での説明を入れないこと**と，問題文の中で数を確定できない場合，その部分を**オリジナルの絵図でどう描き起こすか**が，とても重要なポイントになります。

3 ヒント厳禁

　　語句の説明以外のヒントは厳禁です。白紙から生み出す**自力で描いた絵図**を使うことで，**100%の自信とオリジナリティー**が本当の学力を育てます。ただし，**知らない語句についての説明**だけは丁寧にしてください。

4 消しゴムは使わない

　　間違った場合でも，絵図は残しておいてください。考え方がわかります。

5 わかっても絵図を描く

　　頭の中でわかっても，答えがわかるように（見えるように）絵図を描いてください。

6 答えが出たら（見えたら）計算して確認する

　　絵図そのもので答えを出すことが大事です。計算は確認程度にしてください。**計算式がわからなくても，絵図で答えが出ていればOK**です。計算式を書かせるのは，**本人が書きたいという場合**だけにしてください。また，十分な思考回路が育っていない時期から，計算式を書かせていると「式が思いつかないから解けない」という"立式病"にかかってしまう場合があります。さらに，「10の補数と九九」以外の暗算は厳禁です。計算は，必ず筆算を使ってください。

7 答えは単位に注意して式とは別に書き出す

　　筆算や計算式に単位が不要でも答えには必要です。指定されている単位を確認しましょう。

8 「わからん帳」を作る

　　できなかった問題はコピーし，ノート（どんぐり倶楽部ではこれを「わからん帳」といいます）に貼り付け，**間をおいて再挑戦**することをお勧めします。長期休みに消化するのがベストです。「わからん帳」は最終的に，お子さんの弱点だけが具体例付きで集まっている**世界で唯一の最も効果的な問題集・参考書**になります。

キーワードは
ゆっくり ジックリ 丁寧に

　子供が本来持っている力を稼働させるために，親が出来ることは，ただ，ゆったりと「待つこと」です。最初の一歩が待てないばかりに，いつまで経ってもヒントを待ち，教えられたことしかできない頭を育ててしまっては「もったいない限り」です。

　学習方法は簡単です。特別な知識も不要です。親御さんが，お子さんの隣で，違う問題を面白おかしく，子供よりちょっと下手な絵図を大きく「ゆっくり・ジックリ・丁寧に」描いて楽しんでいる姿を見せ続ければいいんです。
　「文章を絵にするだけでいいんだ」ということを，言葉の説明ではなく疑似体験させることで，最初の一歩が踏み出しやすくなるからです。

1週間に1問…これが効く！
問題を数多く解くことは，お勧めしません。

　数多く解こうとすると，速く終わらせようとしますので，せっかくの多様な思考回路の作成の時間を，単純な思考回路を強化する時間にしてしまう危険性があります。

　問題が解ければいい，あるいは，速く解けた方がいいというのは，**多種多様なオリジナルの思考回路作成を終えてからの学習方法です。低学年のときは，どれだけ多種多様なオリジナルの思考回路を作ることが出来るかが重要なことなので，問題を使ってどれだけ楽しみながら，寄り道・脇道・回り道ができるかが勝負なのです。**

　人間は，楽しく工夫をしているとき，最も効果的に思考回路が作られますので，どんぐり問題には，

類推力を育てるために，イメージが膨らむ設定
展開力を育てるために，ストーリー性のある文章
感情再現力を育てるために，
　　擬人化されたキャラクター
判断力を育てるために，
　　解くのには不要な数字や展開

などが仕組まれています。思考力養成にはこれら全てが必要だからです。

　擬人化にともなって，単位が（匹→人など）変わっている場合もありますが，訂正せずに楽しんで頂きたいと思います。

ナゼ，今，どんぐり？

　私たちの思考回路（考える力）はオリジナルの工夫をするときに産まれます。昔でしたら，遊びなど日常生活の中で，オリジナルの工夫をする機会がたくさんありました。
　ところが，現代は勉強でも遊びでも習い事でも日常生活でも応用の利く思考回路が自然に育つことは非常に難しくなっています。

　ですから，これからは，**思考回路そのものを作り育てる思考回路養成教材が必要なのです。**それが，今回の「どんぐり方式・おもしろ文章題　絵かき算」です。

　偶然を期待して，大量学習させる時代は終わりました。これからは「**視考力を活用した思考力養成**」で確実に，**本当の考える力・絶対学力**を育てるようにしてください。

※読解とは「文章を絵図化すること」ですので，「おもしろ文章題　絵かき算」は国語の読解力も育てます。

もくじ

1. イモムシくんと ダンゴムシくん ─ 6
2. きん肉どうふ ─ 7
3. ころがりっこきょうそう ─ 8
4. 電線がめ ─ 9
5. テントウムシ小学校の 2年生 ─ 10
6. きょ大ひまわりの たねを 食べたい ─ 11
7. フンコロガシと ウンコロガシ ─ 12
8. バッタの パタパタスケートボード ─ 13
9. ミミズの ニョロの たからばこ ─ 14
10. 国立サーカス学校 ─ 15
11. ガンバルドンの ふしぎな 木 ─ 16
12. センコウくんと デンコウくんの 火花とばしきょうそう ─ 17
13. イカくんと タコくんの CDとばし ─ 18
14. チェリーちゃんの おさんぽ ─ 19
15. ハサミンと カッターマン ─ 20
16. お小づかい きめるぞ 大会 ─ 21
17. ぜん校カード交かん会 ─ 22
18. きょ大カードせいぞうマシーン ─ 23
19. 兄弟アリンコの チビくんと チョビくん ─ 24
20. クジラの マッコくん, ザットくん, シロナガくん ─ 25
21. ユックリムカデさんの ピクニック ─ 26
22. 首ながパンダくん ─ 27
23. ヒカルぴょんの たんじょう日 ─ 28
24. ぜん校CDとばし大会 ─ 29
25. カタツムリの ムーリーくん ─ 30
26. 金太郎あめと 銀太郎あめ ─ 31
27. メエメエさんと メソメソくん ─ 32
28. サンタさんの プレゼント ─ 33
29. 花びらもんだい ─ 34
30. カタツムリの マイマイ ─ 35
31. カンジヤダコさんの かん字の 書きとり ─ 36
32. サイコロジャンケン ─ 37
33. レオンくんの 音風き ─ 38
34. コネズミチュー学校の 円形つな引き ─ 39
35. おもしろパズル：白黒の いた ─ 40
36. ヒッポくんと パタマスくんの はみがきごっこ ─ 41
37. スタスタかめさん ─ 42
38. ガリガリアリさん ─ 43
39. デンデン小学校の マラソン大会 ─ 44
40. おり紙もんだい ─ 45

イモムシくんと ダンゴムシくん

●答え→べっさつ正かい答しゅう57ページ

　イモムシくんの 家から ダンゴムシくんの 家までは 12cm はなれて います。イモムシくんは 3cm すすむのに 20分 かかります。今日は とちゅうの 公園と お花ばたけで 30分 ずつ お休みして ダンゴムシくんの 家まで あそびに いこうと 思って います。お昼の 12時に ダンゴムシくんの 家に つく ように するには, 何時何分に 自分の 家を 出れば いいでしょう。

2 きん肉どうふ

●答え→べっさつ正かい答しゅう57ページ

　朝早く 目ざめた ガンバルドンは，どういうわけか，とつぜん もっと きん肉を つけようと 思い，どうしたら きん肉が つくのかを いろいろと しらべました。すると，きん肉どうふの 半分が たんぱくしつで，その たんぱくしつの 半分が きん肉に なることが わかりました。では，50ｇのきん肉を つけるには きん肉どうふを 何ｇ 食べると よいでしょう。

3 ころがりっこきょうそう

ボールの コロコロと ゴロゴロは 100cm ころがりっこきょうそうで,今日の おそうじ当番を きめることに しました。コロコロは 10分で 20cm,ゴロゴロは 12分で 25cm すすみます。どちらが 何分 早く ゴール できるでしょう。

電線がめ

●答え→べっさつ正かい答しゅう57ページ

3本の 電線に，電線がめが とまっています。1本目の 電線には 9ひき，2本目の 電線には 6ぴき，3本目の 電線には 4ひきの 電線がめが とまっています。では，それぞれ 電線の 前から 4番目と 後ろから 3番目の 間に いる すべての 電線がめは，3本の 電線に とまっている すべての 電線がめより 何ひき 少ないでしょうか。

5 テントウムシ小学校の 2年生

● 答え→べっさつ正かい答しゅう57ページ

テントウムシ小学校の ２年生 ３２１人が 赤組・青組・みどり組の ３れつに ならんで います。赤組は 青組より １８人 多くて，青組は みどり組より ３人少ない そうです。では，赤組の れつの 人数と みどり組の れつの 人数を くらべると どちらの組が 何人 少ないでしょうか。

きょ大ひまわりの たねを 食べたい

●答え→べっさつ正かい答しゅう58ページ

　ある朝，ハム次郎は，とつぜん，きょ大ひまわりの たねを 食べたいと 思い，どうしたら 手に 入れることが できるのか しらべました。すると，1本の きょ大ひまわりに 6この 花が さき，その花に 5こずつの きょ大ひまわりの たねが できることが わかりました。では，60この きょ大ひまわりの たねを 食べるには 何本の きょ大ひまわりを じゅんびすれば いいでしょう。

 ## フンコロガシと ウンコロガシ

● 答え→べっさつ正かい答しゅう58ページ

フンコロガシ組は 毎朝 3人 いっしょに 2かしょの 公園へ 行って 1かしょに つき 1人 4こずつの フンを あつめます。ウンコロガシ組は 毎朝 4人 いっしょに 3かしょの 公園へ 行って 1かしょに つき 1人 2こずつの ウンチを あつめます。では，1週間で あつめた フンと ウンチの 数は どちらが 何こ 少ないでしょうか。

 **バッタの パタパタスケートボード**

●答え→べっさつ正かい答しゅう58ページ

　バッタの パタパタは, おたんじょう日に ずっと ほしかった ジェットエンジンつきの スケートボードを はかせに 作って もらいました。この スケートボードは 1回の ねんりょうほきゅうで 8cm すすめます。では, 64cm先の 学校に 行くには 走り出して から 何回の ねんりょうほきゅうが ひつようでしょうか。しゅっぱつ前は 1回分の ねんりょうが 入って いることに します。

ミミズの ニョロの たからばこ

●答え→べっさつ正かい答しゅう58ページ

　ミミズの ニョロは 3色の たからばこを 2はこずつ 見つけました。赤色の たからばこには 黄色の たからばこよりも 4こずつ 多い たから,黄色の たからばこには 青色の たからばこよりも 1こずつ 少ない たからが 入っています。たからばこを あけたら,みんなで 40この たからが ありました。では,赤色の たからばこには 何こずつの たからが 入っていたことに なるでしょうか。

国立サーカス学校

● 答え→べっさつ正かい答しゅう58ページ

国立サーカス学校で シーソーあそびを している 赤がめ組の 子どもたちと みどりがめ組の 子どもたちが います。赤がめ組の かめの 体じゅうは みんな 同じです。みどりがめ組の かめ 1人の 体じゅうは みんな 赤がめ組の かめの 体じゅうの 3人分 だそうです。さいしょに, 赤がめ組の かめの 子どもが 13人 シーソーの はしに かた車をして のりました。つぎに, みどりがめ組の 子ども1人が はんたいがわの はしに のりました。これから かた車で 赤がめ組の 子どもと みどりがめ組の 子どもが つり合うように ふえて いくのですが, いちばん 少ない人数で つり合うのは, 赤がめ組の かめが 何人で, みどりがめ組の かめが 何人 のって いるときに なるでしょうか。おりる人は いないこととします。

ガンバルドンの ふしぎな 木

●答え→べっさつ正かい答しゅう59ページ

　ある日，ガンバルドンが，ちょうど 24時間で 225mm のびる ふしぎな 木を 買って 来ました。きのうの 朝9時30分に 見た ときには 54cm9mm でした。では，あしたの 朝9時30分には どれだけの 高さに なっているでしょう。

センコウくんと デンコウくんの 火花とばしきょうそう

●答え→べっさつ正かい答しゅう59ページ

　センコウくんと デンコウくんが 火花とばしきょうそうを しました。2回で とばした 火花の 数を きそいます。1回目は センコウくんの 後に，デンコウくんが センコウくんの 4ばいの 火花を とばし，2回目は センコウくんが 1回目の デンコウくんの 2ばいの 火花を とばしました。では，デンコウくんが 2回目で，センコウくんと 同点に なるためには，1回目に センコウくんが 出した 何ばいの 火花を デンコウくんが とばせば いいでしょう。

13 イカくんと タコくんの CDとばし

●答え→べっさつ正かい答しゅう59ページ

イカくんと タコくんが 10まい CDとばしを しました。おもてが 出たら 7こ おかしを もらえ,うらだと 2こ かえす という ゲームです。さいしょは 2人とも 10こずつの おかしを もっています。では,2人が CD10まいを なげおわったとき,イカくんが 4まい,タコくんが 9まい おもてを 出して いたと すると,もって いる おかしの 数は,どちらが 何こ 少なく なって いるでしょう。

# チェリーちゃんの おさんぽ

●答え→べっさつ正かい答しゅう59ページ

　ハムスターの チェリーちゃんが おさんぽに 出かけました。まず，おうちから 950m 北にある お花見公園で たくさんの お花を 見てから，おひるごはんを 食べました。帰り道は，お花見公園から 南へ20m，西に100m，南に80m，東に200m，南に850m 歩きました。では，ここから チェリーちゃんが，いちばん みじかい きょりで 家に 帰りつくには，どちらの 方こう（東・西・南・北）に 何m 歩けば いいでしょう。

15 ハサミンと カッターマン

●答え→べっさつ正かい答しゅう59ページ

　ハサミンが 今までに たたかった あいては, 今までに カッターマンが たたかった あいての 6ばいです。また, ハサミンと カッターマンが たたかった あいての 数は 30ぴき ちがうそうです。では, ハサミンは 何びきの あいてと たたかったのでしょう。

お小づかい きめるぞ 大会

●答え→べっさつ正かい答しゅう60ページ

　赤たろう，青たろう，黄たろうの 3兄弟の 家では，毎朝，朝の「お小づかい きめるぞ 大会」で その日の お小づかいを きめます。それぞれが，5この たまごを，6m先に ならんでおいてある 十の くらいの はこと 一の くらいの はこに 目がけて われないように なげます。十の くらいの はこに たまごが 1こ 入ると 10円，一の くらいの はこに たまごが 1こ 入ると 1円が，もらえます。今日は，赤たろうは 32円，青たろうは 50円，黄たろうは 14円の お小づかいでした。では，3人で 十の くらいの はこに 入れた ぜんぶの たまごと 一の くらいの はこに 入れた ぜんぶの たまごでは，どちらが 何こ 少ないでしょう。今日の たまごは 1こも われませんでした。

ぜん校カード交かん会

● 答え→べっさつ正かい答しゅう60ページ

今日は 年に 1回, 先生が 古いカードを 新しいカードと 交かんして くれる「ぜん校カード交かん会」です。この日だけは 学校に カードを もって 来て いいのです。古い カードは 3しゅるい（ノーマル, スペシャル, レア）が あります。新しい カードは 1しゅるい（ニュー）だけ です。ノーマルは 3まいで ニュー1まい, スペシャルは 2まいで ニュー3まい, レアは 1まいで ニュー5まいと 交かんできます。古い カードを いちばん 少ない まい数で 18まい ピッタリの 新しい カードに 交かんして もらうには 何まいの 古い カードが いりますか。ただし, 古い カードは かならず 3しゅるいとも 1まいは つかいます。

きょ大カードせいぞうマシーン

●答え→べっさつ正かい答しゅう60ページ

　5分で 3まいの きょ大カードを 作ることが できる カードせいぞうマシーンが あります。できた カードは じゅん番に つみかさねます。1まいの カードの あつさは10mmです。この きかいは，つみかさねた カードの あつさが 18cmになると かってに とまって しまいます。では，11時45分から きかいを うごかし はじめると，何時何分に きかいは とまるでしょう。

 ## 兄弟アリンコの チビくんと チョビくん

● 答え→べっさつ正かい答しゅう60ページ

　兄弟アリンコの チビくんと チョビくんが います。チビくんは 1歩で 3mm, チョビくんは 1歩で 5mm すすむことが できます。今日は, とても 天気が いいので 2人は おさんぽに 出かけることに しました。目ひょうは 家から 6cm はなれている 小高い はっぱの 上です。2人は 同時に 出ぱつして, 2秒で 1歩すすみます。では, どちらが どれくらい 早く はっぱの 上に つくでしょう。

クジラの マッコくん，ザットくん，シロナガくん

●答え→べっさつ正かい答しゅう60ページ

　クジラの マッコくん，ザットくん，シロナガくんが たからさがしを して います。どの たからばこにも 2この たからが 入って います。今回は 3はこの たからばこを 見つけたら いちど ゴールに もどることに して います。今，マッコくんが 2回，ザットくんが 4回，シロナガくんが 3回 ゴールに もどり ました。では，みんなで 90この たからを あつめるには，たからばこを あと 何はこ あつめなければ ならないでしょうか。

ユックリムカデさんの ピクニック

●答え→べっさつ正かい答しゅう61ページ

1時間で 3歩しか 進めない ユックリムカデさんがいます。今日は 天気が いいので, みんなで ピクニックに 行くことに しました。家から 3cm はなれた 公園が あつまる ばしょです。ユックリムカデさんは 公園まで 行くのに 何歩で, 何時間 かかるでしょうか。ユックリムカデさんは 1歩で 2mm すすみます。

22 首ながパンダくん

●答え→べっさつ正かい答しゅう61ページ

　ある日,首ながパンダくんは スペシャル首ながパンダに なりたくて 6mの 首のばしを めざしました。ケーキ1こで 1m,ジュース1本で 25cm 首が のびます。食じは ケーキ1こと ジュース4本が セットに なっていると すると 目ひょうまでには ジュースを 何本 のまないと いけないでしょう。

 ## ヒカルぴょんの たんじょう日

●答え→べっさつ正かい答しゅう61ページ

　今日は ヒカルぴょんの たんじょう日です。カラスさんからは 高きゅうクモを 5ひき, モグラさんからは やわらかミミズを 8ひき もらいました。クモ 1ぴきの ねだんは ミミズ 1ぴきの ねだんの 4ばいの ねだんです。クモ 1ぴきが 60円なら, クモ ぜんぶの ねだんと ミミズ ぜんぶの ねだんは 何円 ちがうでしょうか。

24 ぜん校CDとばし大会

● 答え→べっさつ正かい答しゅう61ページ

　今日は ぜん校CDとばし大会の 日です。50人が いっしょに CDを とばします。せいせきが 上から 3人の 人の きろくを 合わせると，下から 2人の 人の きろくの 合計の ちょうど3ばいでした。また，この 5人の きろくを 合わせると 200mに なりました。下から 2人の 人の きろくの ちがいは 20mとすると いちばん 下の 人の きろくは 何mに なりますか。

# カタツムリの ムーリーくん

● 答え→べっさつ正かい答しゅう61ページ

11時50秒に カタツムリの ムーリーくんが, いつものように 学校に むかって 歩き はじめました。学校までの きょりは ちょうど30mです。ムーリーくんは いつも 10mを 5分55秒で 歩きます。ムーリーくんが 学校に つくのは 何時何分何秒ですか。

金太郎あめと 銀太郎あめ

● 答え→べっさつ正かい答しゅう62ページ

　今日は まんかいの さくらの下で，お花見です。ごちそうは 金太郎あめと 銀太郎あめの やわらかステーキです。金太郎あめは 銀太郎あめの 3ばいの 長さです。みんなで 午前中に 金太郎あめと 銀太郎あめを ちょうど半分ずつ 食べたところ，のこりの 長さを 合わせると 16cm でした。では，金太郎あめは もともと 何cm だったのでしょうか。

メエメエさんと メソメソくん

● 答え→べっさつ正かい答しゅう62ページ

メエメエさんが, メソメソくんに 同じねだんの おかしを 5こと, その おかし 1この ねだんの ちょうど 5ばいの ねだんの アイスクリームを 2こ 買って あげます。みんなで 1500円 だそうです。では, おかし 1この ねだんと アイスクリーム1この ねだんを 考えて みましょう。

サンタさんの プレゼント

●答え→べっさつ正かい答しゅう62ページ

　サンタさんが，子ども 4人に，それぞれ 同じ ねだんの おかしを 2こずつと，その おかし 1この ちょうど 3ばいの ねだんの おもちゃを 1つずつ 買って あげようと 思って います。ただし，サンタさんが つかえる お金は ぜんぶで 4400円です。サンタさんは 1こ 何円の おかしと 1つ 何円の おもちゃを 買って あげれば いいでしょう。

　ただし，4400円 ぜんぶを つかいきりますよ。

29 花びらもんだい

●答え→べっさつ正かい答しゅう62ページ

　花びらが 5まいの 赤い花と 白い花が あります。赤は 白より 28本 多く,赤と 白を ぜんぶ 合わせると 32本です。今,白い 花びら 2まいと 赤い 花びら 20まいを 1ふくろに 入れて くばります。ふくろの かずを なるだけ おおく するには 何ふくろが できて 何色の 花が 何本 あまりますか。

30 カタツムリの マイマイ

●答え→べっさつ正かい答しゅう62ページ

　カタツムリの マイマイが 子どもを うむことに しました。今日は ガンバッて 5分ごとに 2ひきずつを うみます。午前11時50分から うみ はじめると, ちょうど 100ぴき うむには 何時何分まで うめば いいでしょうか。

31 カンジヤダコさんの かん字の書きとり

●答え→べっさつ正かい答しゅう63ページ

　カンジヤダコさんの クラスでは，40日間の 夏休みの しゅくだいとして，ヤダコさんが 大きらいな かん字の 書きとりが 出されました。そこで，夏休み ぜんぶを つかい，毎日 同じ 数の かん字を 書いて しゅくだいが おわるように 計画を 立てることに しました。ですが，計算してみると，1日に 5文字では，8日分 たりません。ということは，いったい 1日に 何文字ずつ 書けばいいのでしょうか。

32 サイコロジャンケン

●答え→べっさつ正かい答しゅう63ページ

　サイコロは 上の めんと 下の めん（はんたいがわ）の 数を 合わせると かならず 7に なります。グーくんと，チョキさんは，上の めんの 数を 見て，下の めんの 数を 考え，下の めんの 数を もち点とし，もち点の 多いほうが かちとする サイコロジャンケンを しました。ジャンケンで かった 場合は，自分の もち点と あい手の もち点の 合計が 自分の とく点と なるそうです。このジャンケンを 3回 したところ，グーくんは 上の めんの 数字が じゅん番に 5，2，6，チョキさんは 6，2，2と なりました。3回の ジャンケンを おわったあと，2人の とく点は，なん点 ちがうでしょう。アイコ（引き分け）の 場合は とく点に なりません。

33 レオンくんの 音風き

● 答え→べっさつ正かい答しゅう63ページ

　風の音が 大すきな ウサギの レオンくんが, 風の音が 出て来る 音風きを 買いに 行きました。7色の 音色が 出る 7色音風きは, もって 行った お金の 半分より 30円 高い ねだん でした。また, 13色音風きは 7色音風きより 100円 高かったので, もって 行った お金では 20円 たりませんでした。では, ウサギの レオンくんは 何円 もって 音風きを 買いに 行ったので しょうか。

34 コネズミチュー学校の 円形つな引き

●答え→べっさつ正かい答しゅう63ページ

　コネズミチュー学校では まい朝,円形つな引き用の ワッカ(ヒモを 円形に むすんだもの)を それぞれの クラスで 1つずつ 作ります。ワッカは 同じ 長さの 7本の ヒモを むすんで 作ります。むすび目には りょう方の ヒモを 10mmずつ つかいます。では,でき上がった ワッカが 56cm(円しゅう)に なるとしたら,つかった ヒモは 1本 何cmの 長さ だったので しょうか。

35 おもしろパズル：白黒のいた

● 答え→べっさつ正かい答しゅう63ページ

　おもしろい パズルを さがして いたところ，たて8㎝，よこ2㎝（白）と たて6㎝，よこ2㎝（黒）の 長方形の 四角い いたが 20まいずつ 入っている ものを 見つけました。せつ明書には「このいたを なるべく 少なく つかって，1ぺんが 18㎝の 正方形を 作るには 白と 黒の いたは それぞれ 何まいずつ ひつようでしょうか」と 書いて あります。さて，白と 黒の いたは それぞれ 何まいずつ ひつよう なのでしょうか。

36 ヒッポくんと パタマスくんの はみがきごっこ

●答え→べっさつ正かい答しゅう64ページ

今日も，カバの ヒッポくんと パタマスくんが はみがきごっこを はじめました。ヒッポくんは，いつもの ように 上の 右から 左，下の 左から 右の じゅん番で はを みがき だしましたが，パタマスくんは，今日は 下の 右から 左，上の 左から 右の じゅん番で 1本ずつ はを みがき だしました。ヒッポくんが 1秒間で 3本，パタマスくんが 1秒間で 5本 はみがきを すると，同時に 同じ 場所の はを みがいているのは，どこの はを みがいている ときで しょうか。ヒッポくんも パタマスくんも，はは 上下 10本ずつ です。

37 スタスタかめさん

●答え→べっさつ正かい答しゅう64ページ

今朝も 同じ はやさで 歩く スタスタがめの 緑カメオくんと 色白カメコさんが 自分の 家を 同じ 時こくに 出てから 学校に むかいました。カメコさんの 家は カメオくんの 家よりも 7mも 学校に 近いのですが, 今日は 学校まで のこり 2mの ところで ランドセルを わすれて きた ことに 気づいて 引きかえしました。ですが, 5m 引きかえした ところで お母さんが ランドセルを もって 来て くれていたので, ランドセルを もらって また学校に むかいました。では, 25m はなれている 自分の 家から 通っている カメオくんが 学校に ついたときに カメコさんは 学校から 何mの 場所に いることに なるでしょうか。

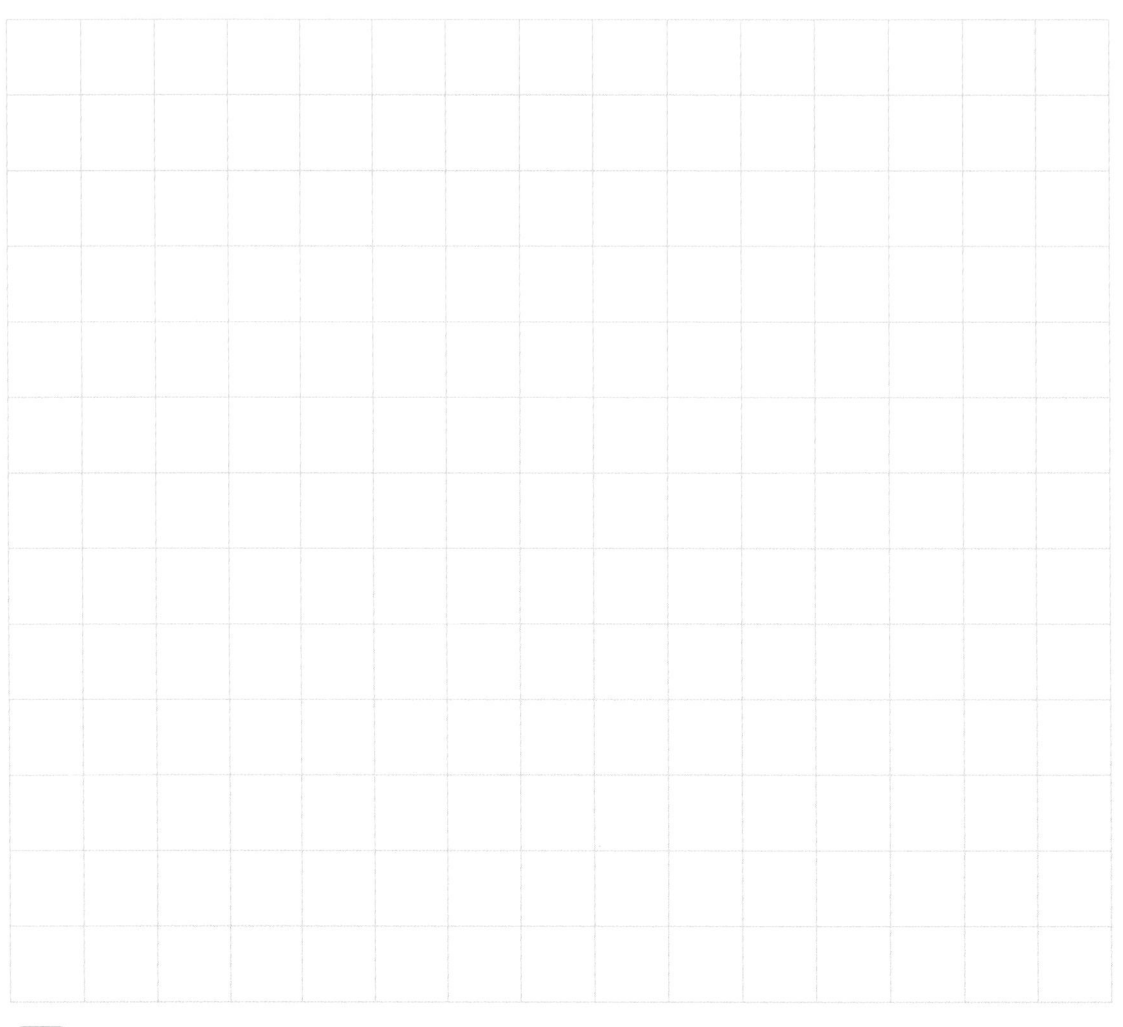

38 ガリガリアリさん

●答え→べっさつ正かい答しゅう64ページ

　ガリガリアリさんたちが，ながれが はやい 小川を 前にして こまって います。川の はばは 49cmも あり，およいでは わたれません。そこで，はば 2cmの はしを 作る ことに しましたが，ざいりょうは たて 10cm，よこ 12cmの いた 1まいです。でも，ガリガリアリさんたちは，まっすぐになら かんたんに いたを かみ切る ことが できますので，かみ切った いたを つなぎ合わせて 50cmの 長さの はしを 作ることに しました。つなぎ目（のりしろ）には 2cmが ひつようです。では，この いたから あまりの ぶぶんが ないように，また，すべて 同じ 形の ざいりょうを 切り出すと すると，どのような 形（何cm×何cm）の いたを 何まい 作れば いいのでしょうか。いたは 木目の かんけいで ななめには 切れません。

39 デンデン小学校の マラソン大会

●答え→べっさつ正かい答しゅう64ページ

　今日は デンデン小学校の 5cm マラソン大会 です。体いくがかりの ムーリーくんは, いつものように はっぱの 上に マラソン用の 走る 道を リボンで 作る じゅんびを しています。ところが どこを さがしても はば1cm8mmの リボンが 1本しか ありません。そこで, リボンを 3mm はばに 切って はりつけることに しました。すると, 作った 3mmはばの リボンが 長さ4mm あまりました。では, もとの リボンの 長さは 何mm だったのでしょうか。リボンが かさなっている ぶぶん（のりしろ）は ない ことにして 考えましょう。

40 おり紙もんだい

●答え→べっさつ正かい答しゅう64ページ

　たて10m, よこ12mの 大きな 長方形の わくの中に きょ大おり紙を 3まい 入れます。おり紙は, それぞれ 1ぺんが 5m, 6m, 7mの 正方形を していて, 中心と 四すみに 黒い点が かいて あります。1ぺんが 6mの おり紙の 中心の 黒い点に ほかの 2まいの おり紙の 四すみの 黒い点の うちの 1かしょずつを くっつけて, さらに 3まいの おり紙の 少なくとも 1ぺんは わくに ピッタリ くっつく ように おいたとき, おり紙が わくに さわっていない ぶぶんの わくの 長さは, みんなで 何m に なるでしょうか。おり紙どうしは かさなっても いいです。

どんぐりギャラリー

どんぐり倶楽部の子供たちの作品です。子供たちの生き生きとした思考のあとをごらんください。

しんたろうくんは 空をとぶ おさかなを きのう みました。おさかなは 赤いおさかなと 青いおさかなが いました。赤いおさかなが 3びき いたのですが 青い おさかなはなんびきかわかりません。その日の しんぶんで きのうのおさかなは みんなで 8ひきだった ことが わかりました。では, 青いおさかなは なんびき だったのでしょう。

ありんこの りんこちゃんが たびにでました。とてもとても とおい たびです。りんこちゃんは とちゅうで さびしくなって なきだしてしまいました。なみだが 一つ 二つと おちてきて, ついには おおきな おおきな いけが できました。そこで, りんこちゃんは, そのいけの なみだみずを のんでみることにしました。すると, 6かいで のんでしまうことが できました。では, 1かいで 3こ のなみだみずを のんだとしたら りんこちゃんが ながした なみだは なんこだったのでしょう。

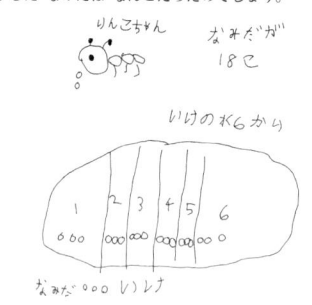

3本の でんせんに でんせんがめが とまっています。1本めの でんせんには 8ひき, 2本めの でんせんには 6ぴき, 3本めの でんせんには 4ひき とまっています。では, まえから 4ばんめと うしろから 3ばんめの あいだに いる すべての かめを たした かずと 3ほんの でんせんに とまっている すべての かめの かずとの さは なんびき でしょう。

ミミズのニョロは 3しょくの たからばこを みつけました。赤いろの たからばこには きいろの たからばこよりも 4こ おおい たからが, きいろの たからばこには 青いろの たからばこよりも 2こ すくない たからが はいっています。たからばこを あけたら, みんなで 30この たからが ありました。では, 赤いろの たからばこには なんこの たからが 入っていたことに なるでしょうか。

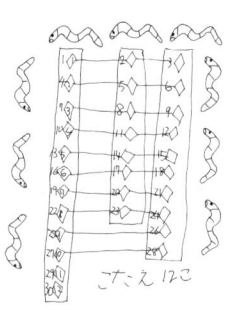

ニョロは 1時間で 3歩しか進めないユックリミミズです。今日は天気がいいので, みんなでピクニックに行くことにしました。家から 6cm離れた公園に集合するのですが公園まで行くのに何歩で, 何時間かかるのでしょうか。ニョロの3歩は 2mmと考えて答えましょう。

ボールのコロコロとゴロゴロは100cm転がりっこ競争で, 今日のお掃除当番を決める事にしました。コロコロは50分で20cm, ゴロゴロは60分で25cm進みます。どちらが何分早くゴールできるでしょう。

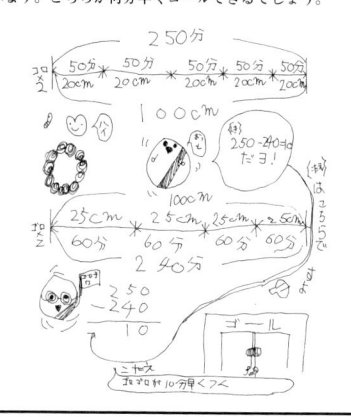

ごはん御飯は小魚プランクトンです。赤プランクトンと青プランクトンを合わせると12428匹います。赤プランクトンは青プランクトンのちょうど12倍だとすると、赤プランクトンと青プランクトンは、それぞれ何匹いるでしょう。

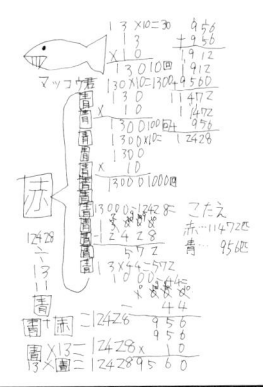

イカ君とタコ君が10枚CD飛ばしをしています。表が出たら7個お菓子をもらえますが裏だと、2個返します。最初は2人とも20個ずつのお菓子を持っています。では、イカ君が4枚、タコ君が9枚表を出したとすると、どちらが何個少なくもっているでしょう。

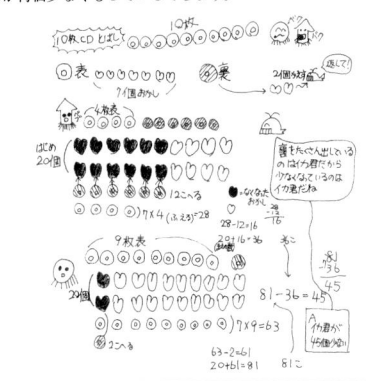

カニの介は一歩で25mm、カニの心は一歩で30mm歩く事が出来ます。二人は、お母さんに頼まれてお使いに行く事になりました。カニの介は15cm離れている魚屋さんへ、カニの心は12cm離れたパン屋さんへ行きました。二人が、家を出て帰って来るまでには、どちらが何歩多く歩くことになるでしょうか。

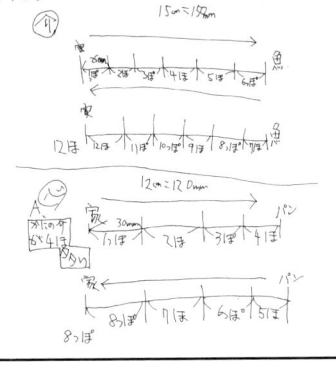

今日は、亀丸小学校の首延ばし大会の日です。決勝戦に残ったのは、赤亀君、青亀君、緑亀君、黄亀君の4人でした。青亀君は赤亀君より2m6cm長く、赤亀君は緑亀君よりも1m25cm長かったそうです。黄亀君が6m丁度で緑亀君の半分だったとすると、4人の合計の首の長さは何m何cmになるでしょうか。

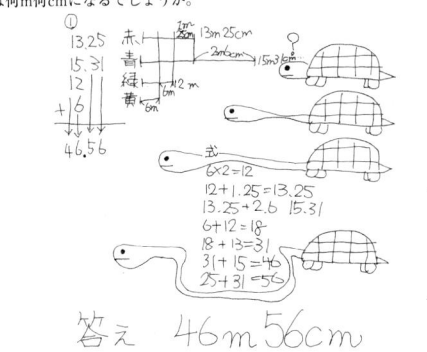

カブト3匹とクワガタ4匹を缶に入れて重さをはかったら2kg600gでした。缶はカブトと同じ重さで、カブトは3匹とも同じ重さです。また、クワガタは1匹がカブトと同じで、他の3匹はカブトのちょうど半分の重さです。では、軽いクワガタ1匹の重さは何gかな。★

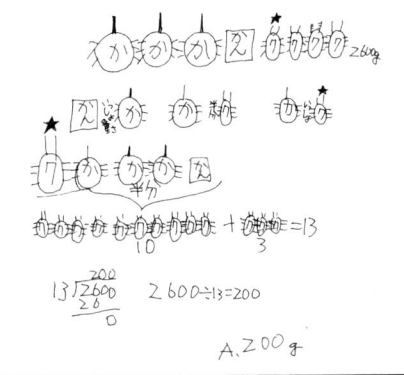

今日はハムスターのチェリーちゃんの誕生日です。毎年チェリーちゃんはハムハムマーケット商品券を貰うことにしています。今年は大好きな巨大ひまわりの種2個と立方体クルミ6個が買える280円の商品券3枚と、巨大ひまわりの種4個と立方体クルミ5個が買える350円の商品券2枚を貰いました。では、商品券全部の金額は巨大向日葵の種1個の何倍にあたるでしょうか。

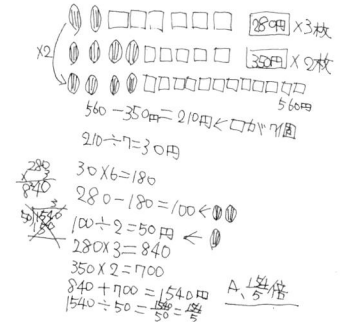

終わりに…
（健全な中学受験のために）

「わかる」とは，文字・言葉を視覚イメージで再現できること。

「考える」とは再現した視覚イメージを操作すること。

「判断する」とは視覚イメージ操作後に出来たものから最適な視覚イメージを選択すること。また，判断には自分の本当の感情を土台として作り上げてきたオリジナルの確かな判断基準が重要です。

勉強でも同じです。**自分で生みだしたもの（文章問題ならば自分で描いた絵図）を使うことが重要なのです。**感情を無視しても論理的思考は強化できますが，その理論を人間的に使いこなすことはできません。**感情再現を味わいながら論理的思考を育てることとは決定的に異なるのです。**同じように見えても，子供の豊かさ・温かさが全く違ってきます。これは**子供自身が自分の人生を楽しもうとするときに大変重要な要素となることです。**そして，大人になってからでは，取り返すことの出来ないものなのです。

考えることが楽しい，楽しいから考える，楽しく考えるから様々な工夫を生み出せる。これが**「生きる力」「人生を楽しむ力」**です。受験に関係なく，この考える力・絶対学力を育てるために「どんぐり方式・おもしろ文章題　絵かき算」を使っていただければ嬉しく思います。

■どんぐり倶楽部ホームページ（http://homepage.mac.com/donguriclub/）では「頭の健康診断」「漢字を一度も書かずに覚えてしまうIF法」「5分で無限暗算ができるようになる，デンタくん＋横筆算」等も公開しています。

　　連絡先：メール・donguriclub@mac.com
　　FAX：020-4623-6654

■「おもしろ文章題」の作品を募集しています。HPで公開しますので，希望者は，問題番号を添えて作品をメールかFAXにてお送りください。

B

Σ BEST シグマベスト

スーパーエリート問題集
算数 小学2年

前田卓郎
糸山泰造　編著

文英堂

読者のみなさんへ

▌多くのお父様・お母様方から

「受験に強い子どもに育てるには，低学年のときにはどんなことをさせたらいいのでしょうか。」

という声をおよせいただきます。

子供の個性は一通りではありませんから，万人に向く教材はありません。コツを捕まえるのが上手なお子様は，中学受験など，早めの受験に向く可能性が高いといえます。また，ゆっくりでも自分で問題解決していきたいお子様は，たとえ，小・中の間は目立った成績でなくても，もっと後で花開くこともあります。子供ののびる時期はその子独自のものですから，お子様に合った教材と時期を見極めることが，学力をのばす上では，最も重要です。

▌しかし，**将来にわたってのびる本当の思考力を育成したい**，これは多くのお父様・お母様方がお考えになることではないでしょうか。特に低学年の時期は学習に対して白紙の状態なので，**この時期の学習方法がその後の勉強スタイルを決める場合も少なくありません。**

▌本書は，低学年のとき，このような「知能の耕し」をしておいたら，高学年になってぐんぐんのびるという教材を目標に編集しました。すなわち

> ① 知能レベルの高い子が，満足するようなハイレベルの教材であり，かつ学校では先の学年で習うことでも，既習のことの発展として，先取り学習ができる教材
> ② じっくりゆっくり時間をかけ，自分なりの解法を見つけて思考力を育成する教材

を目指しています。

▌お子様が，いきいきと自分の力で考えて勉強に取り組むような態度の育成，これこそが，低学年のときに本当にやっておきたいことではないでしょうか。ものごとをじっくり考える思考力は一生ものですから，大事に育てていきたいもの。本書がその一助になることを願ってやみません。

特色と使い方

■ 無理なく力が付く3ステップ学習

教科書の学習内容と，その発展的内容を，☆ 標準（ひょうじゅん）レベル，☆☆ 発展（はってん）レベル，☆☆☆ トップレベルの3段階で学習できる仕組みになっています。学習指導要領では，その学年では学ばないことでも，既習内容の発展で学べることについては，先取りして掲載し，レベルの高いお子様が飽きない内容になっています。さらに，中学受験で問われる素材を，その学年に合わせて，ゲーム感覚で楽しめるように工夫して取り入れました。低学年のときにこのような問題にあたっておくことで，高学年になって本格的な受験学習を始めたときに，スムーズに取り組めるようになります。

■ 復習テスト，実力テストでさらに力がつく

複数章ごとに**復習テスト**を，さらに，巻末に**実力テスト**を掲載しています。
これまでに学習してきたことが定着しているか，確認できます。

■ 考える力をのばす　スペシャルふろく

別冊に「どんぐり方式　おもしろ文章題　絵かき算」を用意しました。
この教材は
　　①文章をじっくり読み，絵図に表す力をつける
　　②絵を描く作業の中から，解法の道筋を考え，答えを求める
ことを目標としています。パターンにはまらない文章題なので，はじめはとっつきにくいかもしれませんが，次第に**未知のパターンの問題に出会っても，自力で解決できる力**が育成できるようになります。お子様が楽しんで取り組めるように，お子様の生活経験で考えられ，そして，ちょっとユーモアあふれる問題設定になるよう，工夫されています。
大人の皆さまにも十分楽しめる内容ですので，じっくり時間の取れる週末などに，親子二人三脚で取り組んでみてください。

■ くわしい正解答集

別冊の正解答集で，くわしく本問の解説をしています。
コラム「**受験指導の立場から**」では，本問の問題が今後，受験にどうつながっていくかを解説しています。

もくじ

① たし算(1) ………………………… 4
② ひき算(1) ………………………… 10
③ 時間の単位 ……………………… 16
◆ 復習テスト1 …………………… 22
④ たし算(2) ………………………… 24
⑤ ひき算(2) ………………………… 30
⑥ 長さ(1) …………………………… 36
◆ 復習テスト2 …………………… 42
⑦ 10000までの くらいどり …… 44
⑧ 三角形, 四角形 ………………… 50
⑨ かんたんな分数 ………………… 56
◆ 復習テスト3 …………………… 62
⑩ かけ算(1) ………………………… 64
⑪ かけ算(2) ………………………… 70
⑫ かんたんな ひょうや グラフ … 76
◆ 復習テスト4 …………………… 82

⑬ 長さ(2) …………………………… 84
⑭ 面　積 …………………………… 90
⑮ 水のかさ ………………………… 96
◆ 復習テスト5 …………………… 102
⑯ 正方形, 長方形, 直角三角形 … 104
⑰ はこの形 ………………………… 110
⑱ はこを ひらく ………………… 116
◆ 復習テスト6 …………………… 122
⑲ 難問研究1(和差算・分配算) … 124
⑳ 難問研究2(植木算) …………… 130
㉑ 難問研究3(規則性1) ………… 136
㉒ 難問研究4(規則性2) ………… 142
◆ 実力テスト1 …………………… 148
◆ 実力テスト2 …………………… 152
◆ 実力テスト3 …………………… 156

1 たし算(1)

☆ **標準レベル**

●時間 15分
●答え→別冊2ページ

1 つぎの たし算を しなさい。(2点×5=10点)

① 　13　　② 　68　　③ 　47　　④ 　32　　⑤ 　69
　+72　　　+31　　　+38　　　+69　　　+78

2 つぎの たし算を しなさい。(2点×8=16点)

① 　148　　② 　283　　③ 　452　　④ 　387
　+ 32　　　+ 65　　　+ 48　　　+ 85

⑤ 　 34　　⑥ 　 45　　⑦ 　 54　　⑧ 　 68
　+154　　　+246　　　+387　　　+489

3 つぎの たし算を しなさい。(2点×8=16点)

① 　132　　② 　246　　③ 　374　　④ 　532
　+245　　　+523　　　+518　　　+384

⑤ 　283　　⑥ 　532　　⑦ 　682　　⑧ 　462
　+317　　　+483　　　+388　　　+759

4 つぎの □に あてはまる 数を 入れなさい。(2点×16＝32点)

(れい) 8 →+3→ 11 →+3→ 14 →+3→ 17 →+3→ 20

① 24 →+8→ ☐ →+8→ ☐ →+8→ ☐ →+8→ ☐

② 48 →+16→ ☐ →+16→ ☐ →+16→ ☐ →+16→ ☐

③ 26 →+83→ ☐ →+83→ ☐ →+83→ ☐ →+83→ ☐

④ 43 →+145→ ☐ →+145→ ☐ →+145→ ☐ →+145→ ☐

5 りんごが 18こ，みかんが 46こ あります。りんごと みかんを 合わせると 何こ ですか。 (しき7点，答え6点，計13点)

しき

答え ☐

6 よりこさんは 本を 38ページまで 読んで いました。今日，つづきを 23ページ 読みました。よりこさんは この本を 何ページまで 読みましたか。 (しき7点，答え6点，計13点)

しき

答え ☐

> **おとなの方へ**
> たし算のくり上がりは，最初のハードルです。一の位での計算結果が10を超えたら十の位の数が1つ増えることを理解させてください。筆算ではくり上がりの数を小さく書かせるようにしましょう。1円玉，10円玉，100円玉を使うと，くり上がりの意味を実感させることができます。

1 たし算(1)

★★ 発展レベル

●時間 20分
●答え→別冊2ページ
得点 /100

1 つぎの たし算を しなさい。(3点×4=12点)

① 135 + 68　② 283 + 45　③ 63 + 457　④ 78 + 684

2 つぎの たし算を しなさい。(3点×4=12点)

① 345 + 632　② 487 + 493　③ 587 + 898　④ 788 + 935

3 つぎの たし算を しなさい。(3点×8=24点)

① 1234 + 658　② 3487 + 834　③ 4867 + 465　④ 7903 + 287

⑤ 483 + 2745　⑥ 632 + 4759　⑦ 683 + 4752　⑧ 987 + 4898

4 つぎの たし算を しなさい。(3点×4=12点)

① 2845 + 3254　② 4863 + 4528　③ 8248 + 2752　④ 4657 + 2353

発展レベル ☆☆

5 たくろうくんは お母さんと 買いものに 行きました。お母さんは たくろうくんに 1850円の プラモデルを 買って くれた後，スーパーで 2684円の ごはんの おかずを 買いました。お母さんは ぜんぶで 何円 つかったでしょう。
(しき7点，答え6点，計13点)

しき

答え

6 よりこさんは たくさんの おはじきを もって います。1時間 かかって 2860こまで 数えました。それから また 1時間 かかって 1654こ 数えた ところ，おはじきを ぜんぶ 数え おわりました。よりこさんは ぜんぶで おはじきを 何こ もって いたのでしょう。
(しき7点，答え6点，計13点)

しき

答え

7 あきらくんの 小学校の 2年生は ぜんぶで 3クラス あります。1組には 38人，2組には 42人，3組は 1組より 6人 多い じどうが います。あきらくんの 小学校の 2年生は ぜんぶで 何人 いますか。
(しき7点，答え7点，計14点)

しき

答え

1 たし算(1)

★★★ トップレベル ●時間20分 ●答え→別冊3ページ 得点 /100

1 つぎの 計算を しなさい。(3点×4=12点)

① 6845
　+8973

② 3924
　+2486

③ 5327
　+4673

④ 4968
　+3095

2 つぎの □に あてはまる 数を 書きなさい。(3点×4=12点)

① □3
　+1□
　 57

② 48
　+□7
　 8□

③ 4□
　+27
　□6

④ 8□
　+□3
　□20

3 つぎの □に あてはまる 数を 書きなさい。(3点×4=12点)

① 2□5
　+□9□
　 697

② 3□4
　+□1□
　 799

③ □83
　+2□7
　 93□

④ 384
　+□9□
　10□0

4 つぎの 計算を しなさい。(3点×4=12点)

① 38
　48
　+65

② 160
　259
　+363

③ 384
　483
　+287

④ 594
　632
　+759

5 つぎの □に あてはまる 数を 書きなさい。(3点×4=12点)

① □3
　 2□
　+41
　□05

② 7□
　□4
　+69
　□96

③ 69
　9□
　+□8
　□90

④ 8□
　□8
　+99
　□65

6 よりこさんは なわとびを しました。1回目は 84回 とびました。2回目は 1回目より 38回 多く とびました。よりこさんは ぜんぶで 何回 とびましたか。　(しき7点，答え6点，計13点)

しき

答え

7 たくろうくんは なわとびを 3回 しました。1回目は 123回 とびました。2回目は 1回目より 48回 多く とびました。3回目は 2回目より 20回 多く とびました。たくろうくんは ぜんぶで 何回 とびましたか。　(しき7点，答え6点，計13点)

しき

答え

8 よりこさんは もって いた おはじきの 半分を いちろうくんに あげました。そして，のこりの うちの 25こを あきこさんに あげると，もっている おはじきは 18こに なりました。よりこさんは はじめに おはじきを 何こ もって いましたか。　(しき7点，答え7点，計14点)

しき

答え

2 ひき算(1)

☆ **標準レベル** ●時間20分 ●答え→別冊4ページ 得点/100

1 つぎの ひき算を しなさい。(3点×8=24点)

① 68 − 24

② 76 − 45

③ 42 − 28

④ 83 − 55

⑤ 90 − 47

⑥ 73 − 69

⑦ 80 − 48

⑧ 96 − 47

2 つぎの ひき算を しなさい。(3点×6=18点)

① 287 − 45

② 647 − 52

③ 345 − 86

④ 268 − 99

⑤ 384 − 69

⑥ 400 − 87

3 つぎの ひき算を しなさい。(3点×8=24点)

① 348 − 235

② 683 − 492

③ 352 − 297

④ 832 − 583

⑤ 632 − 499

⑥ 706 − 387

⑦ 400 − 328

⑧ 800 − 687

4 のりこさんは おはじきを 80こ もって います。よりこさんは おはじきを 45こ もって います。どちらが 何こ 多く おはじきを もって いますか。
(しき6点,答え5点,計11点)

しき

答え （　　　）さんが （　　　）こ 多く もっている。

5 たくろうくんは ビー玉を 68こ もって います。たかしくんは たくろうくんより 42こ 少ない ビー玉を もって います。たかしくんは 何この ビー玉を もって いますか。
(しき6点,答え5点,計11点)

しき

答え

6 白い はこに みかんが 284こ 入って います。青い はこには みかんが 342こ 入って います。どちらの はこに 何こ 多く みかんが 入って いますか。
(しき6点,答え6点,計12点)

しき

答え （　　　）に （　　　）こ 多く 入っている。

おとなの方へ ひき算では計算ミスがよく起こります。一の位にくり下がったときに十の位から1ひくことを忘れてしまうからです。それを防ぐには，くり下がる数を2つに分けて小さく書いておくことです。例えば70が一の位へくり下がるなら，60+10となるので，7の上に小さく6と1を書きます。

2 ひき算(1)

★★ 発展レベル

●時間20分
●答え→別冊4ページ
得点 /100

1 つぎの ひき算を しなさい。(4点×4＝16点)

① 435 − 213
② 893 − 457
③ 734 − 545
④ 583 − 394

2 つぎの ひき算を しなさい。(4点×4＝16点)

① 4568 − 947
② 7436 − 847
③ 3000 − 494
④ 4800 − 392

3 つぎの ひき算を しなさい。(4点×4＝16点)

① 3465 − 2342
② 6432 − 4709
③ 3847 − 2598
④ 9804 − 7985

4 つぎの □に あてはまる 数を 書きなさい。(4点×8＝32点)

① 8□ − □5 = 22
② 65 − □8 = 2□
③ 8□ − 48 = □6
④ □6 − 5□ = 34

⑤ 8□ − 59 = □8
⑥ 65 − □7 = 1□
⑦ 12□ − 83 = □2
⑧ □38 − 8□ = 1□9

発展レベル ☆☆

5 バスに 何人か のって いました。1つ目の バスていで 14人 おりて，20人 のって きました。2つ目の バスていで 17人 おりて，28人 のって きたので，45人に なりました。はじめに バスに のって いた 人は 何人 いましたか。
（しき3点，答え3点，計6点）

しき

答え

6 たくやくんの お母さんは 33才 です。お父さんは お母さんより 5才 年上で たくやくんは お父さんより 30才 年下です。たくやくんは 何才ですか。
（しき4点，答え3点，計7点）

しき

答え

7 女の子が 123人 1れつに ならんで います。よりこさんは 前から 48番目で よりこさんと ありささんの 間には 18人 います。ありささんは 後ろから 何番目ですか。ただし，よりこさんは ありささんの 前に います。
（しき4点，答え3点，計7点）

しき

答え

2 ひき算(1)

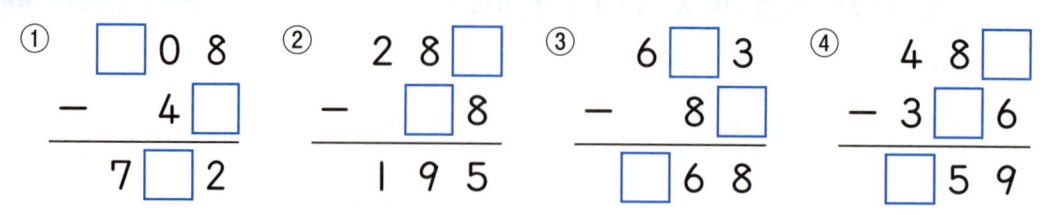

★★★ トップレベル

●時間20分
●答え→別冊5ページ

1 つぎの □ に あてはまる 数を 書きなさい。(6点×4＝24点)

① ```
   □ 0 8
 -   4 □
 ─────
   7 □ 2
```

② ```
   2 8 □
 -   □ 8
 ─────
   1 9 5
```

③ ```
   6 □ 3
 -   8 □
 ─────
   □ 6 8
```

④ ```
   4 8 □
 - 3 □ 6
 ─────
   □ 5 9
```

2 つぎの □ に あてはまる 数を 書きなさい。(6点×4＝24点)

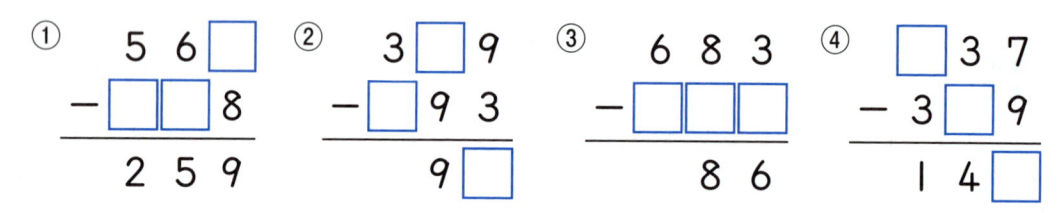

① ```
   5 6 □
 - □ □ 8
 ─────
   2 5 9
```

② ```
   3 □ 9
 - □ 9 3
 ─────
     9 □
```

③ ```
   6 8 3
 - □ □ □
 ─────
     8 6
```

④ ```
   □ 3 7
 - 3 □ 9
 ─────
   1 4 □
```

3 えりこさんは 280円, まゆみさんは 365円 もって います。えりこさんは 145円の おかしを 買い, まゆみさんは 225円の おかしを 買いました。今, どちらが 何円 多く もって いますか。

(しき7点, 答え6点, 計13点)

しき

答え ( ) が ( ) 円 多く もって いる。

4 おはじきが 何こか あります。ある小学校の 1年生と 2年生に 1人に 2こずつ くばったら，89こ のこりました。1年生は 2年生より 14人 多く 1年生は 78人 います。おはじきは はじめ 何こ ありましたか。

(しき7点，答え6点，計13点)

しき

答え

5 よりこさんは 133ページ ある 算数の ドリルを 3月3日から まい日 1ページずつ しました。ぜんぶ おわるのは 何月何日ですか。（3月・5月は 31日まで，4月・6月は 30日まで あります。）

(しき7点，答え6点，計13点)

しき

答え

6 みんなが 1れつに ならんで います。今，ゆきえさんは 前から 28番目で，ゆきえさんと まみさんの 間には 28人 います。まみさんの 後ろには 18人 います。ぜんぶで 何人 ならんで いますか。

(しき7点，答え6点，計13点)

しき

答え

3 時間の単位

☆ 標準レベル

● 時間 15分
● 答え→別冊6ページ

1 つぎの □ に あてはまる ことばや 数を 書きなさい。(4点×8=32点)

① 1時間は（数）□ 分です。

② 1日は（数）□ 時間です。

③ 午前9時は 朝の（数）□ 時です。

④ 今，10時50分です。あと，（数）□ 分 たてば，11時に なります。

⑤ 夜の9時を（ことば）□ 9時と いいます。

⑥ 9時から 12時まで（数）□ 時間 あります。

⑦ 6時55分は（数）□ 時 □ 分前です。

⑧ 2日と 2時間を 合わせると（数）□ 時間に なります。

2 つぎの 時こくは 何時何分ですか。(4点×3=12点)

① （　時　　分）　② （　時　　分）　③ （　時　　分）

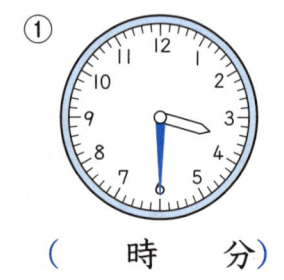

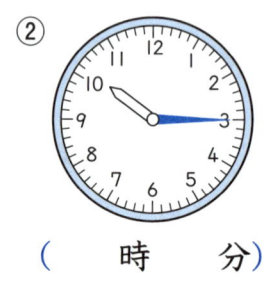

3 つぎの 時こくを 時計に 書き入れなさい。(4点×3=12点)

① 4時　　② 5時30分 　　③ 8時15分

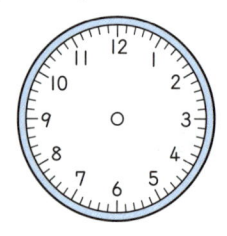

4 つぎの □ に あてはまる 数を 書きなさい。(4点×4=16点)

① 午前9時から 午前11時まで □ 時間 あります。

② 午前10時から 午後4時まで □ 時間 あります。

③ 午後10時から つぎの 日の 午前4時までは □ 時間 あります。

④ 午後4時30分から 午後8時30分までは □ 時間 あります。

5 つぎの 時こくを 答えなさい。(4点×3=12点)

① から 15分 たった 時こく
（　時　　分）

② から 2時間 たった 時こく
（　時　　分）

③ より 15分前の 時こく
（　時　　分）

6 よりこさんは ある日，午前7時15分に おきました。たくやくんは よりこさんよりも 20分 おそく おきました。たくやくんの おきた 時こくは 何時何分ですか。(8点)

答え（　　時　　　分）

7 たろうくんは バスに のろうと 思って 近くの バスていりゅうじょに 行きました。バスていりゅうじょに ついたのは 9時50分でした。たろうくんが のることが できる いちばん はやい バスは 何時何分はつですか。

山の上えき はっ車 時こくひょう			
時	分		
9	05	25	45
10	10	30	55
11	15	25	50

(8点)

答え（　　時　　　分はつ）

おとなの方へ 時計から時刻を読んだり，時刻を時計の針で表すときは，どちらも短針から先に読む，書くことがポイントです。時間の計算では，1日＝24時間，1時間＝60分という単位の換算を使います。10でくり上がったり，くり下がったりするわけではないので，慣れるまでていねいに指導してください。

3　時間の単位

★★ 発展レベル
● 時間 20分
● 答え→別冊7ページ
得点 /100

1 つぎの □ に あてはまる ことばや 数を 書きなさい。(4点×6＝24点)

① 2時間は（数）□ 分です。

② 3日間は（数）□ 時間です。

③ 朝の8時15分は（ことば）□ 8時15分と いいます。

④ 8時45分は（数）□ 時 □ 分前です。

⑤ 6時30分から 7時まで（数）□ 分 あります。

⑥ 8時45分から 9時30分まで（数）□ 分 あります。

2 つぎの 時計は 何時何分を さして いますか。(4点×4＝16点)

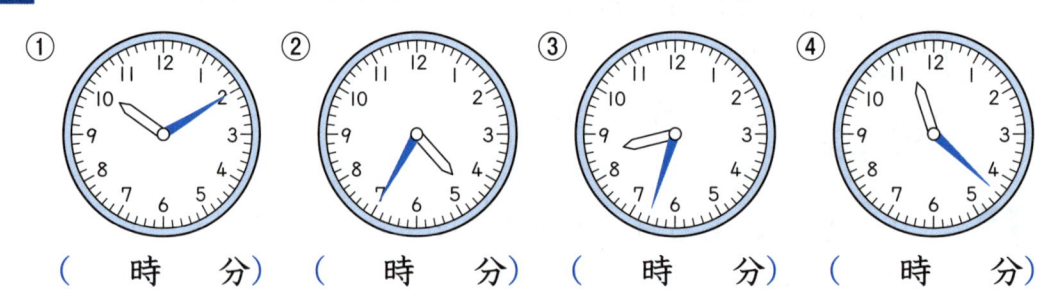

① ② ③ ④

（　時　　分）（　時　　分）（　時　　分）（　時　　分）

3 つぎの 時こくを 時計に 書き入れなさい。(5点×6＝30点)

① 1時30分　　② 3時45分 　　③ 9時20分

④ 6時35分 　　⑤ 4時23分 　　⑥ 6時5分前

発展レベル ☆☆

4 つぎの □ に あてはまる 数を 書きなさい。(5点×4=20点)

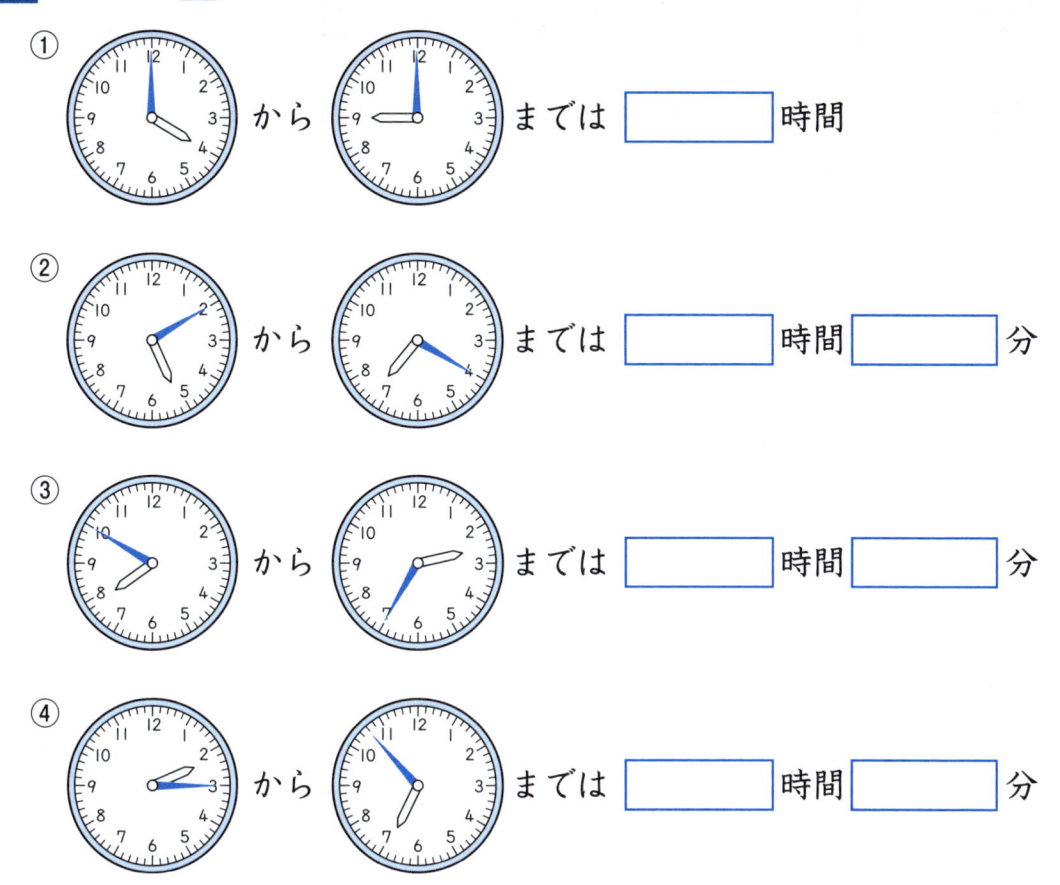

① [時計] から [時計] までは □ 時間

② [時計] から [時計] までは □ 時間 □ 分

③ [時計] から [時計] までは □ 時間 □ 分

④ [時計] から [時計] までは □ 時間 □ 分

5 たくやくんは 午後4時29分に 家を出て、自てん車に 16分 のって、よりこさんの 家に 行きました。すると、よりこさんは「やくそく して いた 時こく よりも 10分 おそかったわね。」と 言いました。たくやくんが よりこさんと やくそく して いた 時こくは 午後何時何分でしたか。

(10点)

答え（午後　　時　　分）

3 時間の単位

★★★ トップレベル

1 つぎの □ に あてはまる 数を 書きなさい。(5点×6=30点)

① 1時間15分 は □ 分です。

② 1日と8時間は □ 時間です。

③ 9時40分から 11時40分まで □ 時間 あります。

④ 10時15分から 10時55分まで □ 分 あります。

⑤ 7時30分から 8時15分まで □ 分 あります。

⑥ 9時43分から 11時20分まで □ 分 あります。

2 つぎの 時こくを 時計に 書き入れなさい。(5点×6=30点)

① 7時50分より 30分前

② 4時15分より 55分前

③ 11時10分より 2時間20分前

④ 1時35分から 4時間15分後

⑤ 10時58分から 3時間23分後

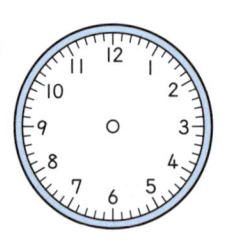

⑥ 3時43分から 7時間43分後

3 よりこさんの お父さんは 新大さかから 東京まで 新かん線「のぞみごう」で 帰ってきました。新大さかを 午前8時5分はつの「のぞみごう」に のりました。ふだんは「のぞみごう」は 新大さかから 東京まで 2時間20分で とうちゃくします。つぎの □ に あてはまる 数字を 書きなさい。

① ふだんだと お父さんの のった「のぞみごう」は 午前何時何分に 東京に つく よてい でしたか。(8点)

(午前　　時　　分)

② ところが この日，お父さんの のった「のぞみごう」は おくれて 午前11時25分に 東京に つきました。この「のぞみごう」は とうちゃくが 何分 おくれたのでしょうか。(8点)

(　　　分おくれた。)

4 まりこさんの 学校では，土曜日は 1時間目の べん強 を 午前8時30分から 40分間 します。その後，10分間 休けいを して，2時間目も 40分間 べん強 します。その 後，20分間 休けい時間が あって，3時間目の 40分間の べん強を した 後，おわりの会を 20分間 してから 帰ります。つぎの □ に あてはまる 数字を 書きなさい。

① まりこさんは この日の 1時間目の べん強が おわるのは 午前何時何分ですか。(8点)

(午前　　時　　分)

② まりこさんの この日の 3時間目は 午前何時何分に はじまりましたか。(8点)

(午前　　時　　分)

③ まりこさんは「おわりの会」が おわると すぐに 23分 歩いて 家に 帰りました。まりこさんが 家に ついた 時こくは 午前何時何分 ですか。(8点)

(午前　　時　　分)

復習テスト 1

● 時間 20分
● 答え→別冊8ページ

1 つぎの たし算を しなさい。(3点×8＝24点)

① 23
　+56
―――

② 48
　+98
―――

③ 　38
　+459
―――

④ 389
　+ 46
―――

⑤ 285
　+632
―――

⑥ 2845
　+ 485
―――

⑦ 　497
　+3963
―――

⑧ 4987
　+6070
―――

2 つぎの ひき算を しなさい。(3点×8＝24点)

① 49
　-28
―――

② 63
　-49
―――

③ 387
　- 95
―――

④ 428
　- 99
―――

⑤ 888
　-699
―――

⑥ 3845
　- 908
―――

⑦ 4007
　-1898
―――

⑧ 4080
　-1909
―――

3 つぎの □に あてはまる 数を 入れなさい。(4点×4＝16点)

① 　□8□
　+4□6
―――
　801

② 31□4
　+□38□
―――
　7□93

③ 　□4□
　-2□5
―――
　560

④ 28□5
　-□90□
―――
　□38

4 よりこさんは，おはじきを 123こ もって います。なつこさんの もって いる おはじきの こ数と 合わせると ちょうど 300こに なります。なつこさんは おはじきを 何こ もって いますか。 (6点)

答え _____

5 つぎの □に あてはまる 数を 入れなさい。(4点×4=16点)

① 今，朝の 9時50分 です。これから 8時間20分 たつと 午後 ____ 時 ____ 分に なります。

② 2日と 3時間を 合わせると ____ 時間に なります。

③ ある 日の 午後9時30分から つぎの 日の 午前4時30分までは ____ 時間 あります。

④ 午前8時45分から 90分 たった 時こくは 午前 ____ 時 ____ 分です。

6 たくろうくんは ある 日の 午前8時30分から 40分間 べん強すると 10分 休けいを とる ことに しました。3回目の べん強が おわった ところで，この 日の べん強は おわりました。このとき，つぎの といに 答えなさい。

① 1回目の べん強が おわったのは 午前何時何分ですか。 (7点)

答え _____

② 3回目の べん強が おわったのは 午前何時何分ですか。 (7点)

答え _____

4 たし算(2)

★ 標準レベル

●時間 20分
●答え→別冊9ページ

1 つぎの 計算を しなさい。(5点×4=20点)

① 　283
　　165
　+333

② 　405
　　682
　+198

③ 　210
　　605
　+396

④ 　383
　　142
　+538

2 つぎの 計算を しなさい。(5点×4=20点)

① 387+108+394=

② 205+483+119=

③ 394+243+807=

④ 456+820+945=

3 つぎの 計算を しなさい。(5点×4=20点)

① 323+145−336=

② 384+555−650=

③ 835−628+123=

④ 675−365+590=

4 つぎの 計算を しなさい。(5点×4=20点)

① 384−168−139=

② 693−280−308=

③ 293−193−85=

④ 876−280−309=

5 ひろしくんは 1週間に お母さんから お金を あずかりました。まず, 月曜日には 2865円, 水曜日には 1208円, 金曜日には 3280円 あずかりました。ひろしくんは この1週間で 合わせて 何円の お金を あずかりましたか。

(しき6点, 答え4点, 計10点)

しき

答え

6 チューリップえきの ちゅう車場は とても 大きくて たくさんの 車を 止める ことが できます。ある日の 朝に 車が 238台 止まって いました。お昼までに 1806台の 車が 入って 980台の 車が 出て いきました。お昼から 夕方までに 845台の 車が 入って, 1110台の 車が 出て いきました。夕方には, 何台の 車が のこって いますか。

(しき6点, 答え4点, 計10点)

しき

答え

> **おとなの方へ**
> 3つの数をたすときには, 順にたすのではなく, 3つまとめて筆算した方が速く計算できます。たし算とひき算の混じった計算では, たし算の部分とひき算の部分を分けて, それぞれの合計を出してから計算するのがポイントです。ひき算が1回ですむので, ミスを減らすことができます。

4 たし算(2)

★★ 発展レベル
●時間20分
●答え→別冊10ページ
得点 /100

1 つぎの 計算を しなさい。(4点×6=24点)

① 238+685−407=

② 830+107−580=

③ 888−335+608=

④ 495−352+298=

⑤ 640−354−205=

⑥ 735−108−345=

2 つぎの □に あてはまる 数を 書きなさい。(4点×6=24点)

① □+38+45=184

② □+65−80=85

③ □−89−138=235

④ □+682−385=507

⑤ □+285−984=58

⑥ □−485−235=138

3 つぎの □に あてはまる 数を 書きなさい。(4点×6=24点)

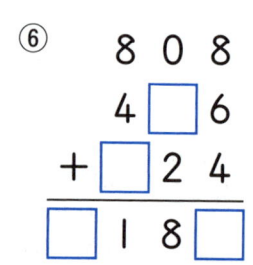

①
```
   3 8 □
   1 □ 3
 + □ 2 4
 ───────
   8 5 0
```

②
```
   4 □ 5
   3 4 0
 + □ 4 2
 ───────
   1 6 2 □
```

③
```
   □ 0 5
   3 □ 6
 + 5 0 8
 ───────
   1 6 4 □
```

④
```
   □ 4 5
   1 □ 0
 + 3 8 □
 ───────
   1 4 3 0
```

⑤
```
   4 □ 6
   3 8 □
 + □ 4 4
 ───────
   1 3 5 2
```

⑥
```
   8 0 8
   4 □ 6
 + □ 2 4
 ───────
   □ 1 8 □
```

4 よしみさんは おはじきを 156こ もって います。さやかさんは よしみさんより 35こ 多く おはじきを もって います。ちずこさんは さやかさんより 246こ 多く もって います。ゆうみさんは さやかさんより 180こ 少なく もって います。
よしみさん、さやかさん、ちずこさん、ゆうみさんの 4人が もって いる おはじきを 合わせると 何こに なりますか。

（しき6点，答え4点，計10点）

しき

答え　795こ

5 右の ひょうは 11から 19までの 9この 数を つかって，たて，よこ，ななめの どの 3つの 数を たしても 同じ 数に なるように なって います。あいて いる □に あてはまる 数を 書きなさい。 （8点）

18		16
14		12

6 よりこさんは 2500円，あいこさんは 1800円 もって お買いものに 行きました。あいこさんは 1500円の おもちゃを 買いました。よりこさんは 1800円の おもちゃと 何円かの 本を 1さつ 買おうと 思いましたが，お金が たりないので，お母さんから さらに 500円を もらって，買いものを した ところ，あいこさんと 同じ 金がくの お金が のこりました。よりこさんの 買った 本の ねだんは 何円ですか。

（しき6点，答え4点，計10点）

しき

答え

4 たし算(2)

★★★ トップレベル

1 つぎの □ に あてはまる 数を 書きなさい。(6点×7=42点)

① 68+ □ +140=250
② □ −48−158=346
③ 305− □ +48=256
④ 248−59− □ =38
⑤ □ +2684+345=4800
⑥ 4309+ □ −2852=2050
⑦ 4032− □ +3865=3924

2 つぎの □ に あてはまる 数を 書きなさい。(6点×4=24点)

①
```
   3 0 4 8
   2 □ 3 1
 + 1 6 □ 4
 ─────────
   □ 3 4 □
```

②
```
   □ 3 4 6
   1 □ 3 1
 + 3 8 □ 4
 ─────────
   □ 2 6 5 □
```

③
```
   2 □ 3 1
   6 3 □ 2
 + 4 3 0 □
 ─────────
   □ □ 8 2 9
```

④
```
   2 0 0 □
   3 8 □ 2
 + 2 □ 3 4
 ─────────
   □ 3 4 6
```

3 たて, よこ, ななめの どの 3つの 数を たしても 同じ 数に なるように します。あいている □ に あてはまる 数を 書きなさい。(10点)

	290	380
	500	
620		

4 右の ひょうは 584から 592までの 9こ の 数を つかって, たて, よこ, ななめ の どの 3つの 数を たしても 同じ 数に なるように なって います。あいて いる □ に あてはまる 数を 書きなさい。(12点)

585		587
589	584	591

5 よりこさん, ゆうみさん, えりこさんの 3人が それぞれ 青色と 赤色の おはじきを もって います。よりこさんの もって いる おはじきの こ数は 青色が 286こ, 赤色が 青色よりも 53こ 多いです。ゆうみさんの もって いる おはじきの こ数は 赤色が 180こ で, それは 青色の 2ばい です。えりこさんは 赤色の おはじきと 青色の おはじきを 同じ 数だけ もって います。そして, よりこさん, ゆうみさん, えりこさんの 3人が もって いる おはじきを ぜんぶ 合わせると 1145こ ありました。えりこさんは 赤色の おはじきを 何こ もって いますか。 (しき7点, 答え5点, 計12点)

しき

答え

5 ひき算(2)

☆ **標準レベル** ●時間 20分 ●答え→別冊12ページ 得点 /100

1 つぎの 計算を しなさい。(3点×6=18点)

① 2468－350＝　　② 3800－680＝
③ 4905－1243＝　　④ 6500－4398＝
⑤ 4006－2908＝　　⑥ 3096－2748＝

2 つぎの 計算を しなさい。(3点×6=18点)

① 3845－685－392－683＝
② 4200－820－406－982＝
③ 6000－1832－688－2500＝
④ 6080－2008－2409－832＝
⑤ 8240－1050－4284－2308＝
⑥ 9200－2842－1907－3809＝

3 つぎの □に あてはまる 数を 書きなさい。(4点×6=24点)

① 　3 □ 4
　－ □ 4 □
　　1 6 7

② 　□ 3 5
　－ 3 8 □
　　　4 □ 9

③ 　8 6 □
　－ □ 4 5
　　 3 □ 7

④ 　4 □ □
　－ 2 4 9
　　 □ 3 3

⑤ 　4 3 9
　－ □ 2 □
　　 2 □ 4

⑥ 　□ □ 2
　－ 3 4 □
　　 1 2 3

4 つぎの □ に あてはまる 数を 書きなさい。(3点×6=18点)

① 367－□＝234 ② 834－□＝432
③ □－438＝235 ④ □－987＝480
⑤ 2345－□＝486 ⑥ 4005－□＝687

5 たくやくんは シールを 120まい もって います。よしこさんに 48まい あげた 後, ともこさんに 24まい あげました。今, たくやくんは シールを 何まい もって いるでしょう。(しき6点, 答え5点, 計11点)

しき

答え

6 A, B, Cの 3つの 数が あります。Aは 1234で Bは Aより 769 大きく, Cは Bより 1435 小さい 数です。A, B, Cの 3つの 数に ある 数を たし合わせると, 5000に なりました。ある 数を もとめなさい。(しき6点, 答え5点, 計11点)

しき

答え

おとなの方へ ただでさえ計算ミスが起きやすいひき算です。桁数が増えた分慎重に計算させましょう。くり下がる数を2つに分けて小さく書くことは「ひき算(1)」でもやりましたが、くり下がりが続くときは、どちらの数のくり下がりかわかるように、少し離して書くことがポイントです。

5 ひき算(2)

★★ 発展レベル

1 つぎの 計算を しなさい。(4点×6＝24点)

① 8809−468−5012＝
② 6432−2521−299＝
③ 5284−3209−1289＝
④ 6377−3800−2039＝
⑤ 9832−4008−2931＝
⑥ 8000−3845−2768＝

2 つぎの 計算を しなさい。(4点×8＝32点)

① 2865−1977+4532＝
② 6231+523−5497＝
③ 4278−1800+1308＝
④ 3926+8987−6098＝
⑤ 2456−1908+3260＝
⑥ 8456−2450−4083＝
⑦ 7340−4907−1009＝
⑧ 8007−3055−4066＝

3 つぎの □ に あてはまる 数を 書きなさい。(4点×6＝24点)

①
```
   3 8 □ 2
 − 1 0 9 □
 ─────────
   □ □ 2 3
```

②
```
   4 □ □ 7
 − □ 2 5 6
 ─────────
   2 9 3 □
```

③
```
   4 0 □ □
 − □ □ 3 2
 ─────────
   1 9 9 9
```

④
```
   □ 3 8 □
 − 3 8 5 5
 ─────────
   1 □ □ 4
```

⑤
```
   8 □ 4 □
 − □ 6 □ 2
 ─────────
   3 7 8 6
```

⑥
```
   □ 2 4 4
 − 3 □ □ 5
 ─────────
   5 3 3 □
```

発展レベル ☆☆

4 たろうくんは どんぐりを 284こ ひろいました。しんすけくんは たろうくんよりも 124こ 少なく,よりこさんは しんすけくんよりも 65こ 少なく どんぐりを ひろいました。3人 合わせて ぜんぶで 何この どんぐりを ひろいましたか。

(しき3点,答え3点,計6点)

しき

答え

5 りんごの ねだんは パパイヤの ねだん よりも 205円 やすく,バナナの ねだん よりも 80円 高いです。3つの くだものの ねだんを 合わせると 485円に なります。りんご 5こと パパイヤ 2こと バナナ 5本を 買うと,いくらに なりますか。

(しき4点,答え3点,計7点)

しき

答え

6 4つの 数 A,B,C,D は つぎの ような 数です。AはBよりも 609 小さく,CはBよりも 1497 大きく,DはCよりも 540 小さい数で,A,B,C,D ぜんぶ たし合わせると 5217に なります。A,B,C,D それぞれの 数を もとめなさい。

(しき4点,答え3点,計7点)

しき

答え

5 ひき算(2)

☆☆☆ トップレベル

1 つぎの 計算を しなさい。(4点×6＝24点)

① 1294−893+635＝

② 3468+2532−497＝

③ 2068−1893+3456＝

④ 4802+6542−7856＝

⑤ 8324−3407−2009＝

⑥ 9009−2907−1468＝

2 つぎの 計算を しなさい。(4点×6＝24点)

① 4865−3930+2009−2462＝

② 3924+8316−5208−2097＝

③ 8240−4862+9080−4006＝

④ 7008+4290−4907−5806＝

⑤ 2009−1869+9008−8065＝

⑥ 4924+8207−5009−4094＝

3 つぎの □に あてはまる 数を 書きなさい。(4点×6＝24点)

① 294+□−432＝830

② 390+1487−□＝708

③ 2460+3456−□＝2007

④ □−4586+3427＝4000

⑤ 3324+□−6432＝3898

⑥ 7248+4867−□＝8093

4 右の ひょうは 2345から 2353までの 9この 数を つかって，たて，よこ，ななめの どの 3つの 数を たしても 同じ 数に なるように なって います。あいている □に あてはまる 数を 書きなさい。

（8点）

2346	2353	
	2349	
	2345	

5 4つの数 A，B，C，Dが あります。Aは Bよりも 2865 小さく，Cは Bよりも 3456 小さく，Dは Cの 半分の 大きさ です。また，A，B，C，Dの 4つ ぜんぶ 合わせると，8506に なります。Bの 数を もとめなさい。

（しき6点，答え4点，計10点）

しき

答え _____

6 よりこさん，ともこさん，りえこさんの 3人が それぞれ いくつかの マメを もって います。よりこさんは ともこさんの 半分の こ数 もって います。りえこさんは ともこさんより，230こ 少なく もって います。3人の もって いる マメの 数を 合わせると 1445こ あります。よりこさんは マメを いくつ もって いますか。

（しき6点，答え4点，計10点）

しき

答え _____

6 長さ(1)

☆ **標準レベル** ●時間 15分 ●答え→別冊15ページ

1 つぎの ①～④の 長さを それぞれ もとめなさい。(4点×4＝16点)

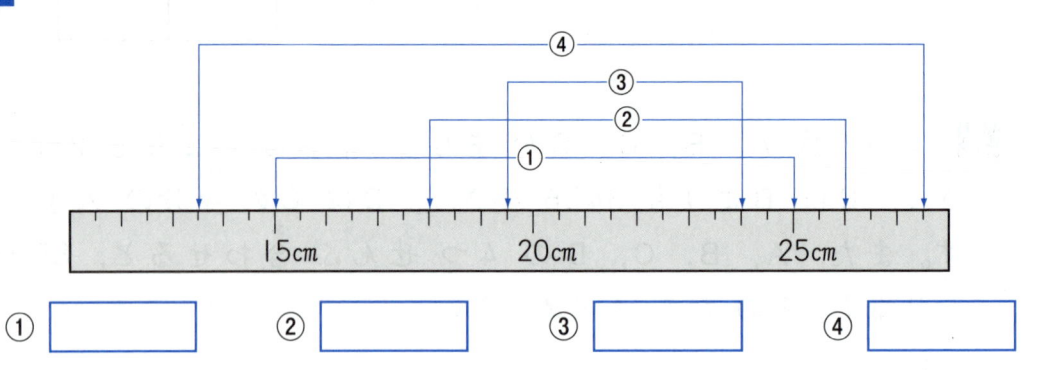

① ② ③ ④

2 つぎの □に あてはまる 数を 書きなさい。(4点×8＝32点)

① 80mm＝ □ cm

② 6cm＝ □ mm

③ 2cm 5mm＝ □ mm

④ 18mm＝ □ cm □ mm

⑤ 380mm＝ □ cm

⑥ 10cm 6mm＝ □ mm

⑦ 238mm＝ □ cm □ mm

⑧ 608mm＝ □ cm □ mm

3 つぎの □に あてはまる 数を 書きなさい。(4点×6＝24点)

① 1cmが 5つ分と 2cmを 1つ分 合わせた 長さは □ cm です。

② 7cmより 3cm 長い 長さは □ cmです。

③ 10cmより 6cm みじかい 長さは □ cmです。

④ 6cmより 8cm5mm 長い 長さは □cm □mmです。

⑤ 5mmが 4つ分と 4cm5mmを 合わせると
□cm □mmです。

⑥ 3cm5mmが 2つ分と 10cm5mmを 合わせると
□cm □mmです。

4 ひろしくんが もって いる 画用紙の たての 長さを はかると, 22cmと 5mm ありました。
この 画用紙の たての 長さは □mm あります。(8点)

5 よりこさんと あきこさんは それぞれ 赤い ひもを 1本ずつ もって います。よりこさんの ひもは 15cmで, あきこさんの ひもより 8mm 長いです。
あきこさんの ひもの 長さは □cm □mmです。(10点)

6 いちろうくん, たろうくん, まさきくんの 3人は それぞれ 青い ひもを 1本ずつ もって います。いちろうくんの ひもは たろうくんの ひもより 6cm8mm 長く, たろうくんの ひもは まさきくんの ひもより 5cm8mm 長いです。いちろうくんの ひもは まさきくんの ひもより □cm □mm 長いです。(10点)

> **おとなの方へ**
> 長さの単位の換算は図形の基本です。面積や体積でも使います。ここでしっかり習熟させてください。次のページにあるような, 複雑な形をした図形の周りの長さを求める問題では, 内側にある辺をずらして, 同じ長さの外周の辺に置き換えることで, 簡単に求めることができます。

6 長さ(1)

★★ 発展レベル

●時間20分
●答え→別冊16ページ

1 つぎの ①〜④の テープの 長さは 何cm何mm ですか。(5点×4=20点)

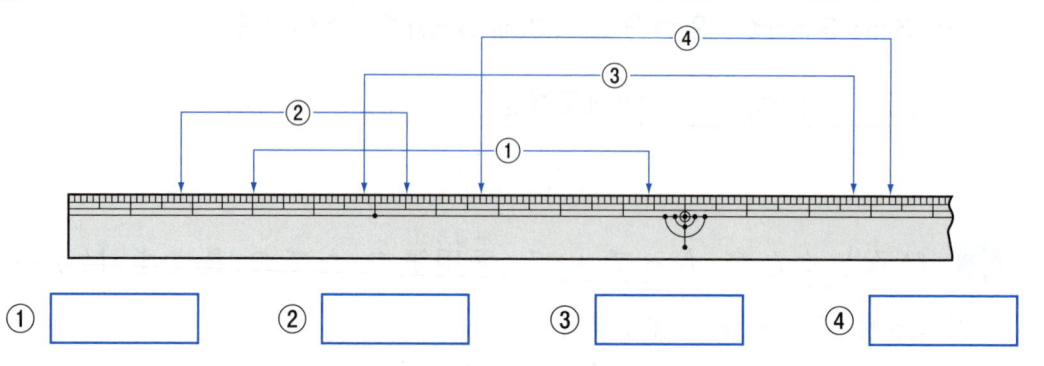

① [　　　]　② [　　　]　③ [　　　]　④ [　　　]

2 つぎの □に あてはまる 数を 書きなさい。(5点×4=20点)

① 2cmが 2つ分と 6cmが 3つ分で [　　　] cm になります。

② 3cmが 4つ分と 1mmが 15こ分で [　　　] cm [　　　] mm になります。

③ 4cm5mmが 2つ分と 1cm5mmが 5つ分で [　　　] cm [　　　] mm の長さになります。

④ 2cm3mmが 2つ分と 1cm5mmが 3つ分では [　　　] cm [　　　] mm になります。

3 つぎの □に あてはまる 数を 書きなさい。(5点×6=30点)

① 5cm= [　　　] mm

② 80mm= [　　　] cm

③ 6cm5mm= [　　　] mm

④ 134mm= [　　　] cm [　　　] mm

⑤ 12cm6mm= [　　　] mm

⑥ 1235mm= [　　　] m [　　　] cm [　　　] mm

発展レベル ★★

4 30cmの ものさしで ちょうど 5つ分の 長さのテープが あります。この テープの はしから, 15cmの テープを 7つ 切りとりました。さらに, 25mmの テープを 切りとりました。のこりの テープの 長さは 何cm何mm ですか。

(しき5点, 答え4点, 計9点)

しき

答え

5 右の 図の ような タイルが たくさん あります。この タイルを 5まい ならべて ①から ③のような 形を 作りました。このとき, それぞれの 形の まわりの 長さ(太線部分)は 何cmに なりますか。

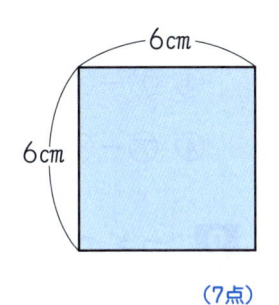

6cm
6cm

(7点)

①

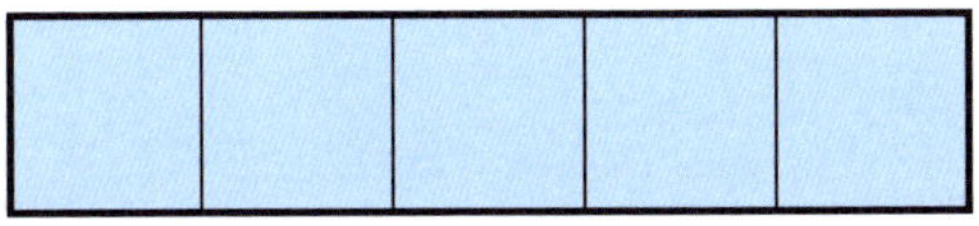

(7点)

②

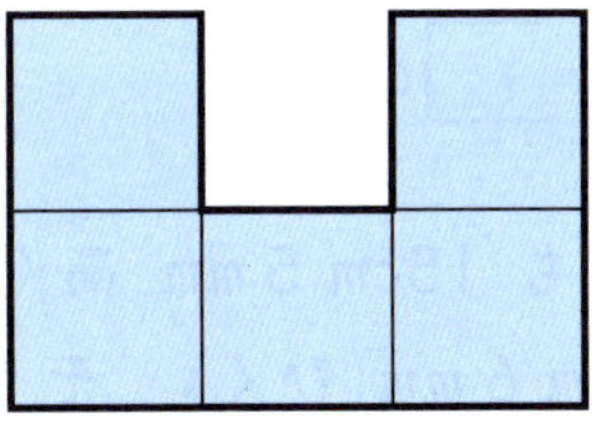

(7点)

③

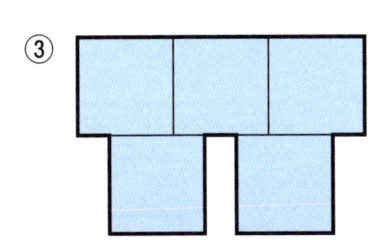

(7点)

6 長さ(1)

★★★ トップレベル 時間20分 答え→別冊16ページ

1 下の図のような A から B までが 5cm のものさしがある。⑦,
 ⑦, ⑨の長さをつかって, つぎの □ にあてはまる数を書きな
 さい。 （5点×4＝20点）

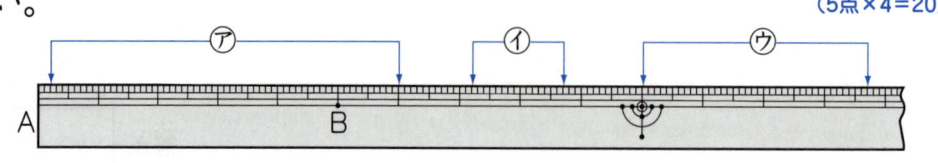

① ⑦＋⑦＝ □ cm □ mm
② ⑦＋⑦＋⑨＝ □ cm
③ ⑦－⑦＝ □ cm □ mm
④ ⑦－⑦－⑨＝ □ mm

2 つぎの □ にあてはまる数を書きなさい。（5点×6＝30点）

① 1400cm＝ □ m
② 5m 40cm＝ □ cm
③ 1800cm＝ □ m
④ 1809cm＝ □ m □ cm
⑤ 4089mm＝ □ m □ cm □ mm
⑥ 180cm＋360cm＝ □ m □ cm

3 お父さんのせの高さはお母さんよりも 15cm 5mm 高く, 175
 cm 8mm です。妹はお母さんよりも 42cm 6mm ひくいそうです。
 妹のせの高さは何cm何mm ですか。 （しき6点, 答え4点, 計10点）

しき

答え □

4

同じ 大きさの カードが たくさん あります。カード 3まいを ㋐の 図の ように ならべると，よこの 長さが 12cmに なります。また，カード 3まいを ㋑の 図のように ならべると，よこの 長さが 15cmに なります。

㋐　㋑　㋒　㋓　㋔

　12cm　15cm　　□　　△

① カード 3まいを ㋒の 図の ように ならべると，□の 長さは 何cmに なりますか。

(しき6点，答え4点，計10点)

しき

答え

② カード 4まいを ㋓の 図の ように ならべると，△の 長さは 何cmに なりますか。

(しき6点，答え4点，計10点)

しき

答え

③ カード 4まいを ㋓の 図の ように ならべると，まわり（太い線）の 長さは 何cmに なりますか。

(しき6点，答え4点，計10点)

しき

答え

④ カード 5まいを ㋔の 図の ように ならべると，まわり（太い線）の 長さ は 何cmに なりますか。

(しき6点，答え4点，計10点)

しき

答え

復習テスト2

●時間 20分
●答え→別冊17ページ
得点 /100

① つぎの 計算を しなさい。（4点×8＝32点）

① 283+692+397＝ ☐
② 638+2942+1245＝ ☐
③ 3080+5465+2099＝ ☐
④ 874-243-123-205＝ ☐
⑤ 6980-2480-1305-2803＝ ☐
⑥ 7208-1908-1083-2907＝ ☐
⑦ 6cm 8mm＝ ☐ mm
⑧ 1040mm＝ ☐ m ☐ cm

② つぎの ☐に あてはまる 数を 書きなさい。（5点×6＝30点）

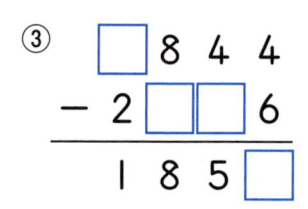

①　　3☐6
　　－24☐
　　――――
　　　☐41

②　　5☐6
　　－☐9☐
　　――――
　　　188

③　　☐844
　　－2☐☐6
　　――――
　　　185☐

④　　4☐9☐
　　－☐657
　　――――
　　　　6☐8

⑤ 240cm＋180cm＝ ☐ m ☐ cm
⑥ 2m10cm＋7m50cm＝ ☐ mm

3 つぎの 計算を しなさい。(4点×4＝16点)

① 3245−2783+6205=□
② 9876−4507+3005=□
③ 387−□+325=547
④ 2876−1205+□=6658

4 よりこさんは，どんぐりを 48こ ひろいました。ゆうこさんは どんぐりを よりこさんより 75こ 多く ひろいました。まさこさんは どんぐりを ゆうこさんより 42こ 少なく ひろいました。どんぐりを 3人合わせて 何こ ひろったのでしょう。(しき4点, 答え4点, 計8点)

しき

答え □

5 つぎの 図の まわりの 太い 線の 長さを もとめなさい。

(7点×2＝14点)

① 22cm, 15cm, 15cm, 15cm, 15cm, 20cm, 15cm

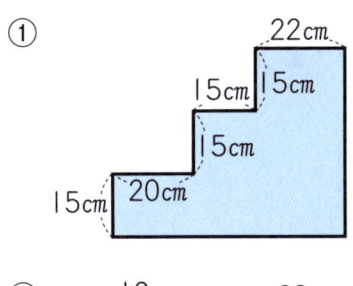

□ m □ cm

② 10cm, 28cm, 10cm, 40cm, 32cm, 20cm, 20cm

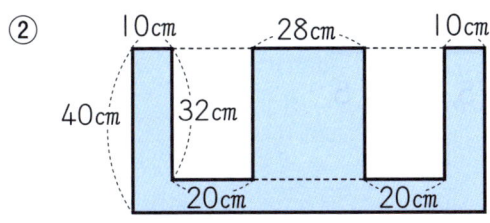

□ m □ cm

7 10000までの くらいどり

☆ 標準レベル

● 時間 15分
● 答え → 別冊18ページ

1 つぎの □に あてはまる 数を 書きなさい。(4点×5＝20点)

① 一のくらいが 3，十のくらいが 5，百のくらいが 8，千のくらいが 6の 数は，□ です。

② 一のくらいが □，十のくらいが □，百のくらいが □，千のくらいが □の 数は，6805です。

2 つぎの 図に ついて 答えなさい。(4点×3＝12点)

```
7000      8000      9000      10000
  |---+---+---+---+---+---+---+---|
          ↑アの位置          ↑イの位置
          ア                  イ
```

① アは いくら ですか。　　　　　　　　　(　　　)
② イは いくら ですか。　　　　　　　　　(　　　)
③ アと イの まん中の 数を もとめなさい。(　　　)

3 つぎの 数は きそくてきに ならんで います。このとき，□に あてはまる 数を 書きなさい。(4点×4＝16点)

① □, 2800, 3000, □

② 3890, □, 3910, □

③ 8900, 8860, □, □

④ □, □, 4045, 4015

44

4 つぎの 数の 読み方を かん数字で 書きなさい。(4点×6＝24点)

① 2000　　　　　[　　　　　]
② 4500　　　　　[　　　　　]
③ 3870　　　　　[　　　　　]
④ 4502　　　　　[　　　　　]
⑤ 9050　　　　　[　　　　　]
⑥ 4003　　　　　[　　　　　]

5 つぎの □に「＜」か「＞」を 書きなさい。(5点×4＝20点)

① 3099 [　] 3100　　② 8789 [　] 8879
③ 2022 [　] 2202　　④ 5121 [　] 5112

6 よりこさんは 2345円の 本を 1さつと，1355円の おかしを 買って，5000円さつを 1まい 出しました。おつりは いくらですか。(しき4点，答え4点，計8点)

しき

答え [　　　]

7 10000までの くらいどり

☆☆ 発展レベル
● 時間 20分
● 答え→別冊19ページ

1 つぎの 数を 大きい じゅんに ならべなさい。(12点×2＝24点)

① 3507, 3057, 3570, 3705

　□ ＞ □ ＞ □ ＞ □

② 5678, 5857, 5768, 5687

　□ ＞ □ ＞ □ ＞ □

2 つぎの 数は きそくてきに ならんで います。このとき, □に あてはまる 数を 書きなさい。(6点×4＝24点)

① 1230, □, 1260, □, 1290

② 4065, 4020, □, □, 3885

③ 1200, 1250, □, □, 1400

④ 8700, □, 8500, □

3 つぎの 数の 読み方を かん字で 書きなさい。(3点×4＝12点)

① 10000

② 5500

③ 3603

④ 2345

発展レベル ☆☆

4 つぎの 数を 数字で 書きなさい。(3点×4＝12点)
① 二千五百　　□
② 九千百　　□
③ 四千五十一　　□
④ 六千十一　　□

5 つぎの 計算をして，答えは 数字で 書きなさい。(4点×4＝16点)
① 三千 ＋ 四百 ＝ □
② 六千三百 ＋ 七百六 ＝ □
③ 千九百六十 － 五百三十 ＝ □
④ 七千 － 三千七百六十五 ＝ □

6 つぎの 4まいの カードを つかって，4けたの 数を つくります。つぎの といに 答えなさい。

4　2　3　1

① いちばん 大きい 数は いくつですか。(4点)　□

② いちばん 小さい 数は いくつですか。(4点)　□

③ 3000よりも 小さくて，3000に いちばん 近い 数は いくつですか。(4点)　□

7 10000までの くらいどり

★★★ トップレベル ●時間20分 ●答え→別冊19ページ

1 つぎの □ に あてはまる 数を 書きなさい。(6点×3=18点)
②, ③は □ に 入る 数が できるだけ 小さく なるように しましょう。

① 4500は 100が □ こ あつまった 数です。

② 3860は 1000が □ こと 10が □ こ あつまった 数です。

③ 8065は 100が □ こと 1が □ こ あつまった 数です。

2 つぎの しきに 合うように, □ に あてはまる 数字を ぜんぶ 書きなさい。(6点×4=24点)

① 2056 < 20□6

② 4□83 < 4532

③ 4257 < 42□8 < 4288

④ 2385 < 2□35 < 2798

3 つぎの □ に あてはまる 数を 書きなさい。(7点×2=14点)

① 五百円玉が 5まい, 五十円玉が 5まい, 十円玉が □ まいで 合わせて 2880円 あります。

② 4860円の 買いものを しました。千円さつを 3まい つかって, のこりを おつりが ないように, 五百円玉と 百円玉と 五十円玉と 十円玉で はらいます。出す お金が いちばん 少ない まい数に なる とき, 五百円玉は □ まい, 百円玉は □ まい, 五十円玉は □ まい, 十円玉は □ まい です。

4 ☐に，1から 9までの 数字を 1つずつ 入れて，たても よこ も しきが 正しく なるように します。いま，5と 6を 入れまし た。のこりの 数字を 入れて いく とき，つぎの といに 答えなさ い。

```
 5  +  □  +  ア  =  8
 +     +     +
 □  +  □  +  6  = 23
 +     +     +
 □  +  イ  +  □  = 14
 =     =     =
21    14    10
```

① アに 入る 数字は 何ですか。　（8点）

② イに 入る 数字は 何ですか。　（8点）

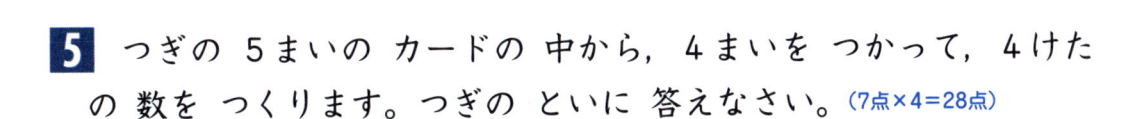

5 つぎの 5まいの カードの 中から，4まいを つかって，4けた の 数を つくります。つぎの といに 答えなさい。（7点×4＝28点）

8　3　0　2　7

① いちばん 大きい 数は いくつですか。

② いちばん 小さい 数は いくつですか。

③ 7000に いちばん 近い 数は いくつですか。

④ 10番目に 小さい 数は いくつですか。

8 三角形, 四角形

☆ 標準レベル
● 時間 15分
● 答え→別冊20ページ
得点 /100

1 下の 図を 見て, あてはまる 記ごうを すべて 書きなさい。

(7点×3＝21点)

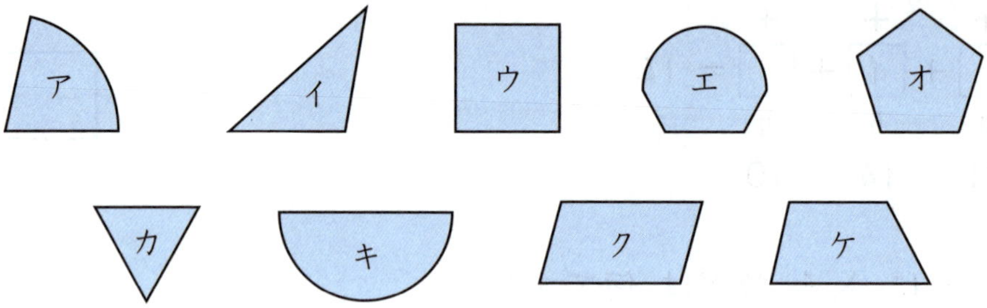

① 三角形は どれですか。　　　　　　　　(　　　　　)
② 四角形は どれですか。　　　　　　　　(　　　　　)
③ 五角形は どれですか。　　　　　　　　(　　　　　)

2 つぎの 図の 中には 三角形が 何こ ありますか。(7点×4＝28点)

たとえば, △ の ときには, △ ＋ △ ＋ △ の 3こに なります。

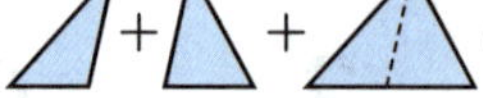

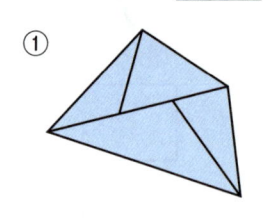

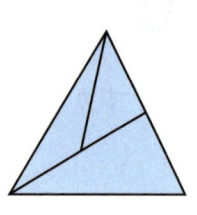

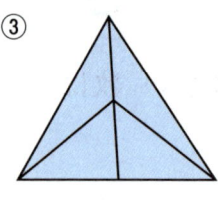

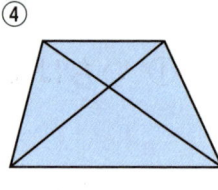

① (　　)　② (　　)　③ (　　)　④ (　　)

3 つぎの 図の 中で, 直線だけで かこまれて いる 図形は どれですか。すべて 答えなさい。(10点)

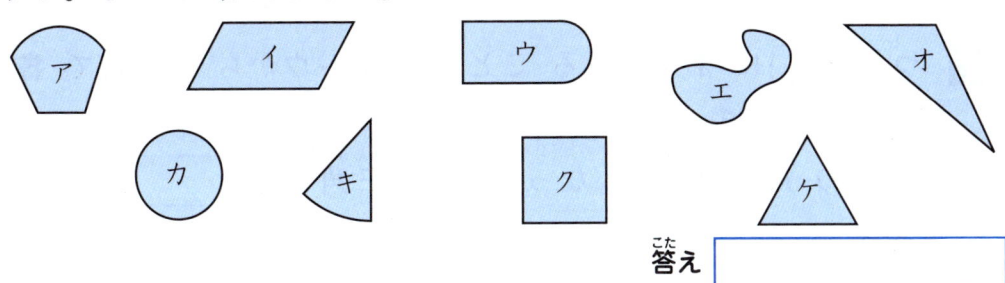

答え □

4 つぎの ア〜コの 図形を 見て, 下の といに 答えなさい。

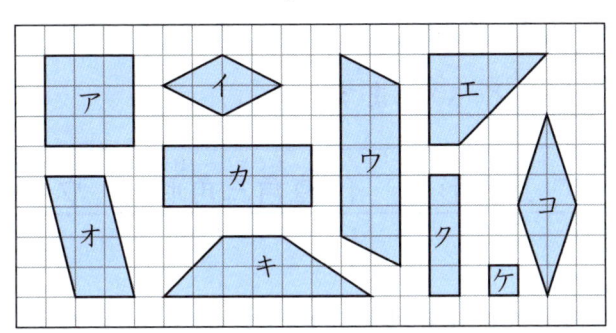

(8点×4＝32点)

① 正方形を すべて えらびなさい。　　　　（　　　　）
② 長方形を すべて えらびなさい。　　　　（　　　　）
③ ひし形を すべて えらびなさい。　　　　（　　　　）
④ 台形を すべて えらびなさい。　　　　　（　　　　）

5 右の 図は, 正方形の 1ぺんを 3とう分した 線で 分けた ものです。この 図の 中に, 大小 合わせて 何この 正方形が ありますか。(9点)

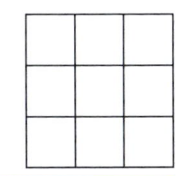

答え □

おとなの方へ
まず, 生活を通して身の周りにある品物の形について, いつも興味を持たせるようにしましょう。ここでは, 正三角形・二等辺三角形・直角三角形の特徴, 正方形・長方形・平行四辺形・ひし形・台形の特徴をきちんと理解させてください。

8 三角形，四角形

★★ 発展レベル
●時間20分
●答え→別冊21ページ
得点 /100

1 つぎの □ に あてはまる ことばを ア〜ウから えらんで 書きなさい。(5点×3=15点)

① 1つの 角が 直角に なって いる 三角形を □ と いいます。

② すべての 角が 直角に なって いる 四角形を □ と いいます。

③ すべての 角が 直角で，へんの 長さが すべて ひとしい 四角形を □ と いいます。

　　　ア 正方形　　イ 直角三角形　　ウ 長方形

2 下の ア〜クの 三角形を，つぎの ①〜③の なかまに 分けなさい。

(5点×3=15点)

① 3つの へんの うち，2つの へんだけが 同じ 長さの 三角形（二とうへん三角形）
（　　　　）

② 3つの 角の うち，1つの 角が 直角の 三角形（直角三角形）
（　　　　）

③ 3つの へんとも 長さが ちがい，直角を ふくまない 三角形
（　　　　）

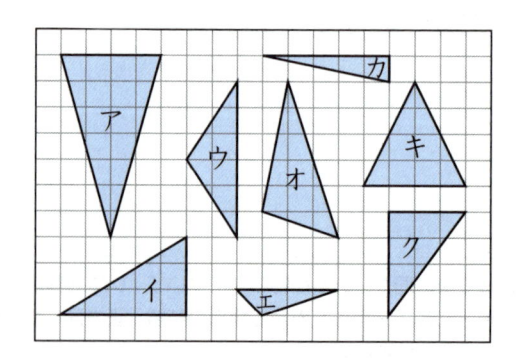

3 右の 図で, 大きい 正三角形の 中に 小さい 正三角形を すきまなく しきつめると, 小さい 正三角形は 何まい いりますか。
小さい 正三角形は 何まいも ある ものと します。(10点)

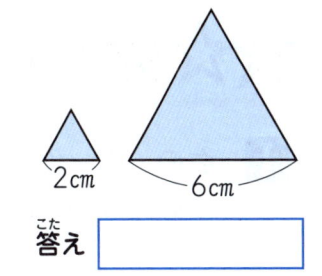

答え [　　　　　]

4 つぎの 中で, 三角形を 作る ことが できる ものには ○, できない ものには ×を つけなさい。(5点×4＝20点)

① 3つの へんの 長さが 5cm, 5cm, 5cm　　　(　　　)
② 3つの へんの 長さが 10cm, 10cm, 5cm　　（　　　）
③ 3つの へんの 長さが 10cm, 10cm, 20cm　　（　　　）
④ 3つの へんの 長さが 10cm, 6cm, 3cm　　（　　　）

5 つぎの ア～カの 四角形の 名前を 書きなさい。(5点×6＝30点)

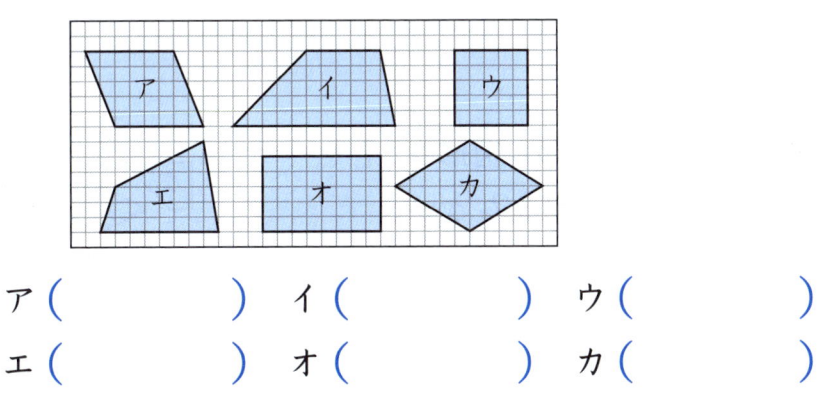

ア（　　　　）イ（　　　　）ウ（　　　　）
エ（　　　　）オ（　　　　）カ（　　　　）

6 右の 図は, 同じ 大きさの 小さい 正三角形 16こで つくられた 正三角形 です。この 図の 中には, 大小 合わせて ぜんぶで 何この 正三角形が ありますか。(10点)

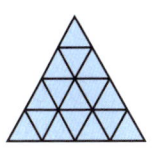

答え [　　　　　]

8 三角形，四角形

★★★ トップレベル
・時間20分
・答え→別冊21ページ

1 右の ア～クの 三角形を つぎの ①～③の なかまに 分けなさい。

（6点×3＝18点）

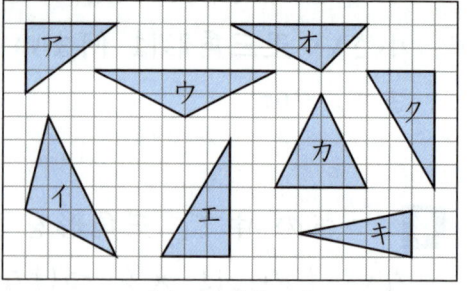

① 3つの へんの うち，2つの へんだけが 同じ 長さの 三角形（二とうへん三角形）
（　　　　　）

② 3つの 角の うち，1つの 角が 直角の 三角形（直角三角形）
（　　　　　）

③ 3つの へんとも 長さが ちがい，直角を ふくまない 三角形
（　　　　　）

2 右の ア～サの 図形を 見て，つぎの といに 答えなさい。

（6点×5＝30点）

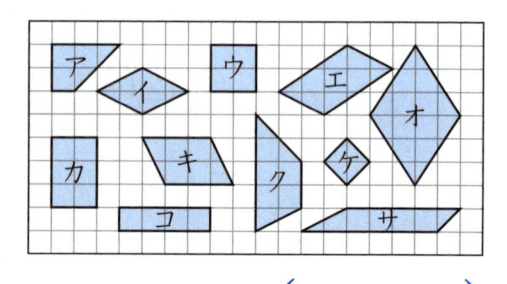

① 台形を すべて えらびなさい。（　　　　　）
② 平行四辺形を すべて えらびなさい。（　　　　　）
③ ひし形を すべて えらびなさい。（　　　　　）
④ 長方形を すべて えらびなさい。（　　　　　）
⑤ 正方形を すべて えらびなさい。（　　　　　）

3 つぎの 4つの 点を むすんで できる 四角形の 名前を 下から えらびなさい。
┼は 直角，┼┼は 長さが ひとしい ことを あらわす 記ごうです。(7点×4=28点)

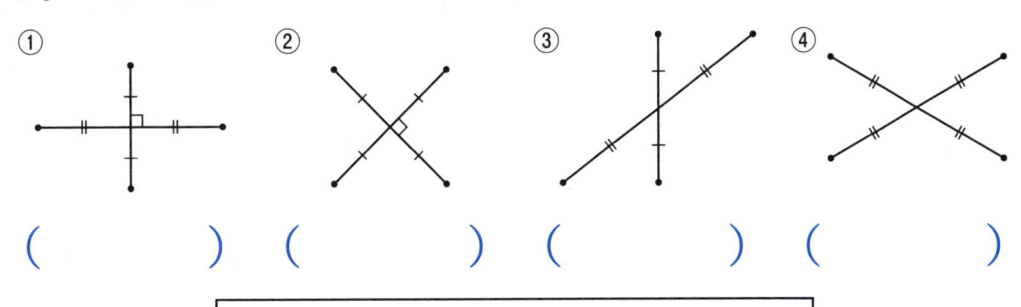

① (　　　)　② (　　　)　③ (　　　)　④ (　　　)

| 正方形, 長方形, ひし形, 平行四辺形 |

4 右の 図には，長方形，直角三角形が いくつ ありますか。(7点×2=14点)

① 長方形 (　　　　)

② 直角三角形 (　　　　)

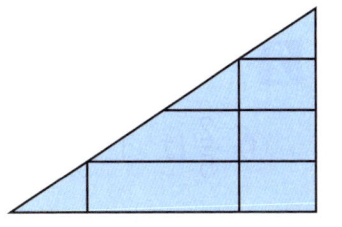

5 右の 図は，同じ 大きさの 小さい 正三角形9こで つくられた 正三角形です。この 図の 中に いろいろな 四角形は ぜんぶで 何こ ありますか。(10点)

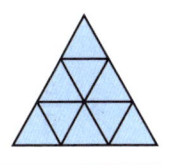

答え

9 かんたんな分数

★ 標準レベル ●時間15分 ●答え→別冊22ページ

1 右の図のように，カステラをきれいに6とう分して切りました。つぎの □ にあてはまる数を入れなさい。（5点×3＝15点）

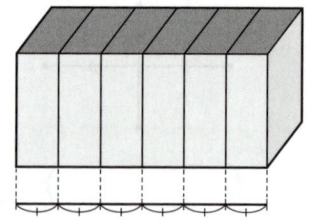

① このカステラ1きれはぜん体の □ 分の1です。

② このカステラ3きれはぜん体の □ 分の1です。

③ このカステラ2きれはぜん体の □ 分の1です。

2 つぎの □ にあてはまる数を書きなさい。（5点×3＝15点）

① $\frac{2}{5}$ は1を □ とう分（ひとしく分けること）したものが，2つあつまった数です。

② $\frac{5}{7}$ は1を □ とう分したものが，5つあつまった数です。

③ $\frac{4}{9}$ は1を □ とう分したものが，4つあつまった数です。

3 どちらの分数が大きいでしょう。大きい方の分数を○でかこみなさい。（6点×3＝18点）

① $\left(\frac{1}{5}, \frac{3}{5}\right)$ ② $\left(\frac{5}{7}, \frac{3}{7}\right)$ ③ $\left(\frac{3}{8}, \frac{7}{8}\right)$

4 つぎの □ に あてはまる数を 書きなさい。(6点×4＝24点)

① 分母が 6で，分子が 5の 分数は，$\frac{1}{6}$ が □ つ あつまった 数です。

② $\frac{3}{7}$ は $\frac{1}{□}$ の 3ばいです。

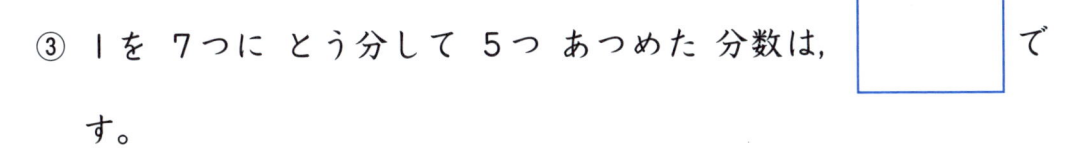

③ 1を 7つに とう分して 5つ あつめた 分数は，□ です。

④ 2を 同じ 大きさに 5つに 分けました。その 1つ分の 大きさを 分数で あらわすと，□ になります。

5 つぎの □ に あてはまる 数を 書きなさい。(7点×4＝28点)

① $\frac{1}{4}$mの 3つ分は □ mです。

② $\frac{1}{5}$Lの 3ばいは □ Lです。

③ □ mの 6ばいは $\frac{6}{7}$mです。

④ $\frac{1}{9}$mの □ ばいは $\frac{5}{9}$mです。

※L(リットル)は，15章でも 学びます。

⑨ かんたんな分数

★★ 発展レベル

●時間 20分
●答え→別冊22ページ

1 つぎの □ に あてはまる 数を 書きなさい。(5点×3=15点)

① 1を 同じ 大きさの 8こに 分け，その1つ分を 分数で 書くと，□ です。

② 2を 同じ 大きさの 6こに 分けた 1つ分は，1を □ つに 分けた 1つ分と 同じです。

③ □ を 4つ あつめると，$\frac{4}{7}$に なります。

2 つぎの □ に あてはまる 数を 書きなさい。(5点×3=15点)

① $\frac{3}{5}$は 1を 5とう分 した ものが □ つ あつまった ものです。

② $\frac{4}{7}$は 1を 7とう分 した ものが □ つ あつまった ものです。

③ $\frac{5}{9}$は 1を 9とう分 した ものが □ つ あつまった ものです。

3 どちらの 分数が 大きい でしょう。大きい 方の 分数を ○で かこみなさい。(6点×3=18点)

① ($\frac{1}{2}$, $\frac{1}{3}$)   ② ($\frac{1}{8}$, $\frac{1}{4}$)   ③ ($\frac{2}{7}$, $\frac{5}{7}$)

4 つぎの □ に あてはまる 数を 書きなさい。(6点×4=24点)

① 分母が 7で，分子が 4の 分数は，$\frac{1}{7}$の □ ばいに なります。

② $\frac{3}{8}$ は □ の 3ばい です。

③ 1を 同じ 大きさに 4つに 分けた うちの 2つ分は，1を □ つに 分けた うちの 1つ分と 同じです。

④ 1を 同じ 大きさに 8つに 分けた うちの 2つ分は，1を □ つに 分けた うちの 1つ分と同じです。

5 つぎの □ に あてはまる 数を 書きなさい。(7点×4=28点)

① $\frac{1}{5}$mの 4つ分は □ mです。

② $\frac{2}{7}$L 入る コップ 2はい分は □ Lです。

③ □ mの 4ばいは $\frac{8}{11}$mです。

④ $\frac{2}{9}$L 入る コップ □ はい分は $\frac{8}{9}$Lです。

9 かんたんな分数

★★★ トップレベル

1 つぎの □ に あてはまる 数を 書きなさい。(6点×3＝18点)

① $\dfrac{1}{7}, \dfrac{1}{9}, \dfrac{1}{11},$ □ $, \dfrac{1}{15},$ ……

② $\dfrac{2}{3}, \dfrac{4}{5}, \dfrac{6}{7},$ □ $, \dfrac{10}{11}, \dfrac{12}{13},$ ……

③ $\dfrac{1}{3}+\dfrac{1}{4}$ の 大きさと, $\dfrac{1}{4}+\dfrac{1}{5}$ の 大きさでは, □ の方が 大きいです。

2 つぎの □ に あてはまる 数を 書きなさい。(6点×3＝18点)

① 1を 6とう分 した ものが 5こ あつまった 分数は, □ です。

② 1を 8とう分 した ものが 7こ あつまった 分数は, □ です。

③ 1を 13とう分 した ものが 11こ あつまった 分数は, □ です。

3 どちらの 分数が 大きい でしょう。大きい 方の 分数を ○で かこみなさい。(6点×3＝18点)

① $\left(\dfrac{2}{3}, \dfrac{2}{5}\right)$　　② $\left(\dfrac{3}{7}, \dfrac{1}{4}\right)$　　③ $\left(\dfrac{2}{5}, \dfrac{1}{3}\right)$

4 つぎの □ に あてはまる 数を 書きなさい。(6点×3＝18点)

① 分母が 11で, 分子が 9の 分数は, $\frac{1}{11}$ の □ ばいに なります。

② $\frac{15}{17}$ は □ の 3ばい です。

③ 2を 同じ 大きさに 6つに 分けた うちの 2つ分は, 4を 同じ 大きさに □ つに 分けた うちの 1つ分と 同じです。

5 つぎの □ に あてはまる 数を 書きなさい。(7点×4＝28点)

① $\frac{1}{4}$m の 2つ分は $\frac{1}{8}$m の □ つ分の 長さです。

② $\frac{6}{9}$L 入る 入れものに, $\frac{2}{9}$L 入る コップで 水を 入れると, □ ばい分 入ります。

③ $\frac{4}{11}$m の 2つ分の 長さに □ m たすと, 1m に なります。

④ $\frac{3}{8}$L 入る コップ 2はい分は, $\frac{1}{4}$L 入る コップ □ はい分と 同じです。

復習テスト3

● 時間 20分
● 答え→別冊24ページ
得点 /100

1 つぎの □ に あてはまる 数を 書きなさい。(4点×4＝16点)

① 245, 250, □, 260, 265

② 8400, □, 8000, 7800

③ 2086 < 20□6

④ 2385 < 2□65 < 2545

2 つぎの 数を かん字 または 数字で 書きなさい。(4点×4＝16点)

① 2806 → かん字（　　　　　　）

② 3096 → かん字（　　　　　　）

③ 四千六百三十五 → 数字（　　　　　　）

④ 七千十一 → 数字（　　　　　　）

3 つぎの 中で，三角形が かける ものには ○，かけない ものには ×を つけなさい。(4点×4＝16点)

① 3つの へんの 長さが 3cm, 3cm, 3cm　　（　　）

② 3つの へんの 長さが 7cm, 7cm, 2cm　　（　　）

③ 3つの へんの 長さが 4cm, 4cm, 10cm　　（　　）

④ 3つの へんの 長さが 8cm, 3cm, 4cm　　（　　）

④ 右の図の 中には, いろいろな 大きさの 長方形が 何こ ふくまれて いますか。(12点)

答え [　　]

⑤ つぎの □に あてはまる 数を 書きなさい。(4点×4=16点)

① $\frac{1}{3}$mの 2つ分は [　　] mです。

② $\frac{1}{6}$Lの 5ばいは [　　] Lです。

③ [　　] mの 4ばいは $\frac{4}{7}$mです。

④ $\frac{1}{8}$mの [　　] ばいは $\frac{3}{8}$mです。

⑥ つぎの 4まいの カードを つかって 4けたの 数を 作ります。つぎの といに 答えなさい。

2　0　3　1

① いちばん 大きい 数は いくつですか。(4点)　(　　　　)

② いちばん 小さい 数は いくつですか。(4点)　(　　　　)

③ 3000よりも 小さくて 3000に いちばん 近い 数は いくつですか。(4点)　(　　　　)

⑦ どちらの 分数が 大きい でしょうか。大きい 方の 分数を ○で かこみなさい。(4点×3=12点)

① ($\frac{1}{4}$, $\frac{1}{5}$)　　② ($\frac{2}{5}$, $\frac{1}{3}$)　　③ ($\frac{3}{4}$, $\frac{7}{10}$)

10 かけ算(1)

☆ 標準レベル ●時間15分 ●答え→別冊25ページ

1 つぎの □ に あてはまる 数を 書きなさい。(4点×4=16点)

① 2の 3ばいは □ です。
② 3の 4ばいは □ です。
③ 4の 2ばいは □ です。
④ 5の 3ばいは □ です。

2 つぎの □ に あてはまる 数を 書きなさい。(4点×4=16点)

① 3×3= □ + □ + □ = □
② 2× □ =2+2+2+2+2+2+2= □
③ 4×7は 4×6より □ 大きい。
④ 3×8は 3× □ より 3小さい。

3 つぎの かけ算を しなさい。(2点×15=30点)

① 3×3=　　② 2×4=　　③ 2×8=
④ 3×7=　　⑤ 5×4=　　⑥ 5×8=
⑦ 6×4=　　⑧ 6×7=　　⑨ 7×3=
⑩ 7×5=　　⑪ 8×4=　　⑫ 8×9=
⑬ 9×3=　　⑭ 6×8=　　⑮ 9×7=

4 みかんが 4こずつ 入った はこが 5はこ あります。みかんは ぜんぶで 何こ ありますか。 (しき7点, 答え5点, 計12点)

しき

答え

5 おはじきを 6人の 子どもに 4こずつ くばります。ぜんぶで 何この おはじきが いりますか。 (しき7点, 答え6点, 計13点)

しき

答え

6 クッキーを 4人の 子どもに 1人あたり 3こずつ くばります。つぎに, 6人の 子どもに 1人あたり 4こずつ くばります。このとき, ぜんぶで 何この クッキーが いりますか。 (しき7点, 答え6点, 計13点)

しき

答え

> おとなの方へ: 九九はスラスラと言えるように,声を出して練習させましょう。2けた×1けたのかけ算を暗算でできるようにさせたいところです。もちろん,現時点では筆算で十分ですが,素速く正確に計算できるように何度も練習させることが重要です。

10 かけ算(1)

★★ 発展レベル ●時間20分 ●答え→別冊25ページ

1 れいに ならって, まん中の 数に まわりの 数を かけなさい。(7点×3=21点)

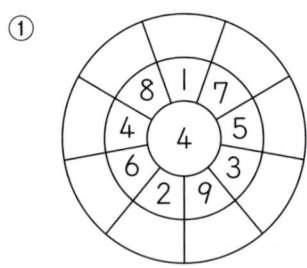

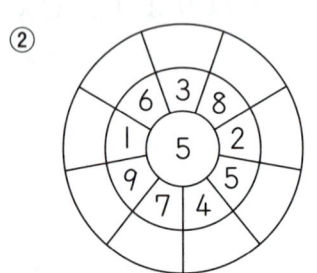

(れい) まん中2、外周 4, 16, 10, 5, 6, 14, 2, 12, 8、内側 9, 8, 5, 3, 7, 1, 6, 4

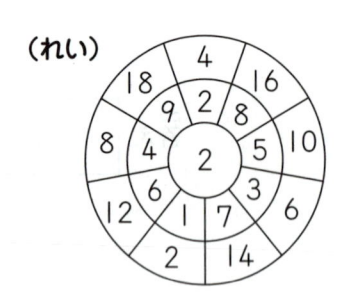

① まん中4、外周 8, 1, 7, 5, 3, 9, 2, 6、内側（空欄）
（外周の間に 4, 5, 6 が見える、残り不明）

② まん中5、外周 6, 3, 8, 2, 5, 4, 7, 9、内側 1

③ まん中3、外周 9, 2, 6, 1, 8, 5, 3, 7、内側 4

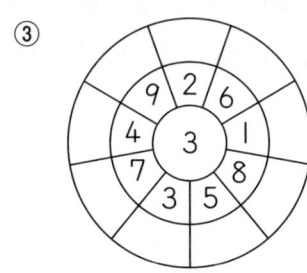

2 つぎの □に あてはまる 数を 書きなさい。(7点×2=14点)

① ☐ × ☐ = ☐

② ☐ × ☐ = ☐

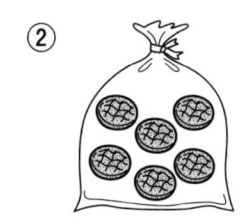

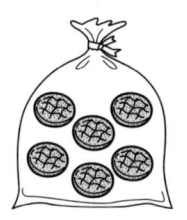

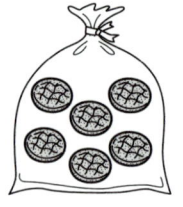

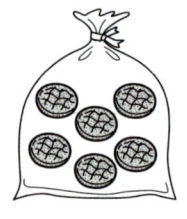

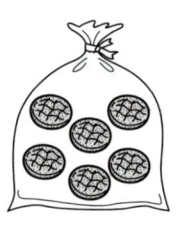

3 つぎの 計算を しなさい。(7点×6=42点)

① $3 \times 4 + 6 =$ ☐   ② $4 \times 5 - 3 =$ ☐

③ $6 \times 7 + 9 =$ ☐   ④ $7 \times 5 - 4 =$ ☐

⑤ $8 \times 7 + 3 =$ ☐   ⑥ $8 \times 9 - 6 =$ ☐

発展レベル ☆☆

4 3本ずつ セットに なった えんぴつセットを 6セット 買いました。そのうち 6本が えんぴつで, あとは ぜんぶ 赤えんぴつです。赤えんぴつは 何本 ありますか。
(しき4点, 答え3点, 計7点)

しき

答え

5 バラの 花が 18本 あります。3本ずつの 花たばを 5たば つくりました。バラの 花は, 何本 あまって いますか。
(しき4点, 答え4点, 計8点)

しき

答え

6 4人がけの イスが 8きゃく あります。この イスに 26人の 人が すわりました。あと 何人 すわることが できますか。
(しき4点, 答え4点, 計8点)

しき

答え

10 かけ算(1)

★★★ トップレベル ●時間20分 ●答え→別冊26ページ

1 つぎの □ に あてはまる 数を 書きなさい。（5点×6＝30点）

① 4×5+4=4×□　　② 6×7+6=6×□

③ 7×4−7=7×□　　④ 3×9−3=3×□

⑤ 6の 8ばいに □ を たすと，9の 6ばいに なります。

⑥ 4の 6ばいから □ を ひくと，3の 7ばいに なります。

2 つぎの □ に あてはまる 数を 書きなさい。（5点×4＝20点）

① 24は 7の 3ばいよりも □ 大きく，9の 3ばいよりも □ 小さい。

② 35は 6の 6ばいよりも □ 小さく，4の 8ばいよりも □ 大きい。

③ 7の 8ばいよりも □ 小さい 数は 8の 6ばい です。

④ 7の 5ばいよりも □ 大きい 数は 6の 7ばい よりも 6 小さい 数です。

3 つぎの □ に あてはまる 数を 書きなさい。（5点×6＝30点）

① 6×4+7×□=59

② 8×4−3×□=14

③ 4×7+5×□=58

④ 3×□−7×3=6

⑤ 4×8+7×2=6×□−2

⑥ 9×□−4×7=6×4+11

4 よりこさんは 1まい 4円の 色紙を 8まい 買う つもりで、お店に 行きました。しかし、よりこさんは、30円しか もって いない ことに 気が ついたので、7まいだけ 買いました。

① おつりは いくら もらいましたか。　　　　　　　　　　　　(5点)

（　　　　　）

② 8まい 買うためには、あと 何円 いりますか。　　　　　(5点)

（　　　　　）

5 1ふくろに 4こ おはじきが 入った ふくろと、1ふくろに 6こ 入った ふくろを それぞれ 8ふくろずつ 買いました。これを、合わせた おはじきを 9人に 1人 9こずつ くばると、おはじきは 何こ たりませんか。　　(5点)

答え　　　　　　　　

6 ゆみさんと たかしくんが じゃんけんを して、かつと 6点、あいこは 4点、まけると 2点 もらえる ゲームを しました。じゃんけんを 20回 して、ゆみさんは 9回 かち あいこが 4回でした。ゆみさん、たかしくんの とく点は それぞれ 何点に なりますか。　　(5点)

答え

11 かけ算(2)

★ 標準レベル

● 時間 15分
● 答え→別冊27ページ

1 つぎの かけ算を しなさい。(3点×10=30点)

① 8×7＝　　　　② 7×9＝
③ 4×9＝　　　　④ 12×2＝
⑤ 20×3＝　　　⑥ 15×4＝
⑦ 18×5＝　　　⑧ 25×5＝
⑨ 30×5＝　　　⑩ 35×4＝

2 答えが つぎの 数に なる 九九を ぜんぶ 書きなさい。(3点×6=18点)

① 36 (　　　　　　　　　　　　　　　　　　　)
② 48 (　　　　　　　　　　　　　　　　　　　)
③ 72 (　　　　　　　　　　　　　　　　　　　)
④ 12 (　　　　　　　　　　　　　　　　　　　)
⑤ 18 (　　　　　　　　　　　　　　　　　　　)
⑥ 24 (　　　　　　　　　　　　　　　　　　　)

3 つぎの □に あてはまる 数を 書きなさい。(4点×6=24点)

① 9, ___, ___, 18, 21, ___, 27
② ___, 15, 20, ___, ___, 35
③ ___, ___, 30, 36, ___, ___
④ 72, ___, ___, 48, 40, ___
⑤ ___, 63, 54, ___, ___, 27
⑥ 6, 12, ___, ___, 30, ___

4 つぎの □ に あてはまる 数を 書きなさい。(4点×2＝8点)

① (8× □)＋(24×5)＝168

② (32×4)－(5× □)＝88

5 6本ずつ たばに なった カーネーションが 7たばと, 8本ずつ たばに なった チューリップが 6たば あります。どちらの 花の 方が 何本 多いですか。 (しき6点, 答え4点, 計10点)

しき

答え(　　　　　　　の方が　　　本多い。)

6 長さ 120cmの テープから 16cmの テープを 3本, 10cmの テープを 4本, 6cmの テープを 何本か とると, 8cm のこりました。6cmの テープを 何本 とりましたか。 (しき6点, 答え4点, 計10点)

しき

答え

> おとなの方へ
> 2けた×2けたのかけ算では, 筆算をしっかりとやり, 今から確め算もしっかりとやる習慣を身につけるようにしましょう。
> 計算力は筆算と暗算を併用しながら解いていくうちに上達していくものです。

11 かけ算(2)

☆☆ 発展レベル　●時間20分　●答え→別冊27ページ　得点 /100

1 つぎの □ に >, <, ＝のうち, あてはまる ものを 書きなさい。(6点×4＝24点)

① 13×4 □ 12×5
② 6×22 □ 7×18
③ 13×12 □ 12×13
④ 25×13 □ 14×23

2 つぎの □ に あてはまる 数を 書きなさい。(6点×4＝24点)

① (32×8)＋(8×□)＝304
② (□×8)＋(33×8)＝304
③ (4×□)＋(15×20)＝316
④ (4×□)＋(7×14)＝134

3 つぎの ①, ②, ③の 数は, それぞれ ある きまりで ならんで います。□ に あてはまる 数を 書きなさい。(6点×3＝18点)

① 50, 48, 46, □, 42, 40, …
② 1, 2, 4, 7, 11, □, 22, 29, …
③ 1, 2, 3, 2, 4, 6, 3, 6, □, 4, …

発展レベル ☆☆

4 右の 図は, かけ算の 九九の ひょうを 切りとった ものです。アの まわりには 8 この 数が あります。12と 15と 24は 読めますが, ほかの 数は よごれて 読めなく なって しまいました。 (6点×3=18点)

	15	
12	ア	24
	イ	

① アには どんな 数が 書いて ありましたか。

(   )

② イには どんな 数が 書いて ありましたか。

(   )

③ アの まわりの 8この 数を ぜんぶ たすと, いくらに なりますか。

(   )

5 ゆうすけくんは 長さ 12cmの テープを 6本 もって います。さやかさんは, 長さ 14cmの テープを 5本 もって います。もって いる テープを くらべると どちらの 方が 何cm 長いでしょう。

(しき4点, 答え4点, 計8点)

しき

答え

6 ぜんぶで 120ページの 本が あります。1日に 10ページずつ 読んで いきます。8日間 読んだ ときには あと 何ページ のこって いますか。

(しき4点, 答え4点, 計8点)

しき

答え

11 かけ算(2)

★★★ トップレベル ●時間20分 ●答え→別冊28ページ

1 つぎの ☐ に あてはまる 数を 書きなさい。(8点×4=32点)

① (18×6)+(23×5)=(27×8)+☐

② (36×4)+(8×☐)=(3×12)+(12×15)

③ (23×26)+(18×34)=(40×30)+(2×☐)

④ (6×☐)+(52×12)=(63×18)−(15×32)

2 つぎの ☐ に あてはまる 数を 書きなさい。(8点×4=32点)

① 1×2, 2×3, ☐×☐, 4×5, ☐×☐, 6×7

② 1, 4, ☐, ☐, 25, 36, 49

③ 15, 35, 63, 99, ☐, 195

④ 100, 121, 144, ☐, 196, ☐, 256

3 よりこさんは, おはじきを ちずこさんの 3ばい, なおこさんは ちずこさんの 4ばいの おはじきを もっています。
よりこさん, ちずこさん, なおこさんの もっている おはじきを ぜんぶ 合わせると 256こ あります。3人は それぞれ 何この おはじきを もっていますか。(しき4点, 答え4点, 計8点)

しき

答え よりこさん：(こ) ちずこさん：(こ) なおこさん：(こ)

4 おり紙を 右の 図の ように 切りました。すると, おり紙を ちょうど 半分に おった アと, アを ちょうど 半分に おった イと, もとの おり紙と 同じ 形の ウと, ウを ちょうど 半分に おった エや オと, エや オを ちょうど 半分に おった カが できました。

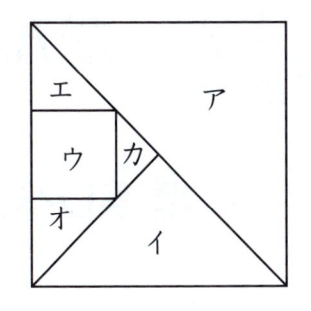

つぎの ◻ に あてはまる 数を 書きなさい。(7点×4＝28点)

① イと 同じ 大きさで 同じ 形の 紙を ◻ まい くっつけて ならべると, もとの おり紙と 同じ 大きさの 紙に なります。

② ウと 同じ 大きさで 同じ 形の 紙を ◻ まい くっつけて ならべると, もとの おり紙と 同じ 大きさの 紙に なります。

③ カと 同じ 大きさで 同じ 形の 紙を ◻ まい くっつけて ならべると, ウと 同じ 大きさの おり紙に なります。

④ カと 同じ 大きさで 同じ 形の 紙を ◻ まい くっつけて ならべると, アと 同じ 大きさの おり紙に なります。

12 かんたんな ひょうや グラフ

☆ **標準レベル**   ●時間15分 ●答え→別冊29ページ

1 たくろうくんの 学校の 生との たん生日を 月ごとに グラフに しました。9月の ところは やぶれていて 分かりません。

（10点×5＝50点）

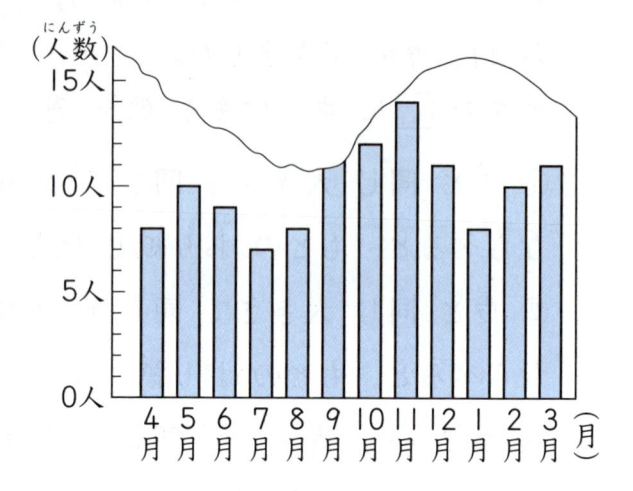

① 9月 生まれの 人は 6月 生まれの 人より 3人 多かった そうです。9月 生まれの 人は 何人 いますか。　（　　　）

② 生まれた 人が いちばん 少ないのは，何月 ですか。（　　　）

③ 生まれた 人が いちばん 多いのは，何月 ですか。（　　　）

④ 10月に 生まれた 人は，4月に 生まれた 人より 何人 多いですか。　（　　　）

⑤ たくろうくんの 学校の 生とは ぜんぶで 何人 ですか。　（　　　）

2 ある月の お天気を しらべた ところ，つぎの ひょうの ように なりました。記ごうは つぎの とおりです。

◐…はれ，◎…くもり，●…雨

日	1	2	3	4	5	6	7	8	9	10	11	12	13	14	15
天気	◐	◎	◎	◐	●	◐	◐	●	◐	◎	◐	◎	●	◐	◎

日	16	17	18	19	20	21	22	23	24	25	26	27	28	29	30	31
天気	◎	◐	●	◐	●	◎	◐	●	◐	◎	◎	◐	●	◎	◐	●

① それぞれの お天気の 日数を 下の ひょうに 書きなさい。(10点)

天気	はれ	くもり	雨
日数	13 日	10 日	8 日

② いちばん 日数の 多いのは どの 天気 ですか。(20点)

(はれ)

③ くもりと 雨では どちらが 何日 多いですか。(20点)

(くもり)が(2)日多い。

12 かんたんな ひょうや グラフ

★★ 発展レベル ●時間20分 ●答え→別冊29ページ

1 よしこさんと のりこさんは それぞれ 60ページある 本を もって います。よしこさんは 1日に 2ページずつ，のりこさんは 1日に 3ページずつ この本を 読んで いきます。2人の もっている 本のうち，まだ 読んでいない ページ数は どのように かわって いくかを しらべました。

① 下の ひょうに 数を 書き 入れなさい。(20点)

日後 なまえ	1	2	3	4	5	6	7	8	……
よしこ	58	56	54	ア	イ	ウ	エ	オ	……
のりこ	57	54	カ	キ	ク	ケ	コ	サ	……

② 6日後，2人が まだ 読んで いない ページ数の ちがいは 何ページに なりますか。(しき6点, 答え4点, 計10点)

しき

答え

③ 2人が まだ 読んで いない ページ数の 合計が 60ページに なるのは 何日後 ですか。(しき6点, 答え4点, 計10点)

しき

答え

④ 2人が まだ 読んで いない ページ数の ちがいが 14ページに なるのは，何日後 ですか。(しき6点, 答え4点, 計10点)

しき

答え

発展レベル ☆☆

2 ある 学校で, 月曜日から 金曜日まで ハンカチ, ティッシュ などの わすれものを しらべました。その けっかを 下の ひょうに しました。いちぶは 紙が やぶれて 見えません。

曜日	月	火	水	木	金
わすれものをした人数	4人	6人	3人		

このとき, つぎの といに 答えなさい。

① 木曜日は 水曜日に わすれものを した 人より 1人 少なかった です。木曜日に わすれものを した 人は 何人ですか。

(しき8点, 答え7点, 計15点)

しき

答え

② この 週 (月曜日から 金曜日まで) に わすれものを した 人は, 合わせて 19人でした。金曜日に わすれものを した 人は 何人 ですか。(しき8点, 答え7点, 計15点)

しき

答え

③ つぎの 週では, 月曜日から 金曜日までで わすれものを した 人は, 毎日 1人ずつ 少なくなり, 金曜日には 0人に なりました。では, 月曜日に わすれものを した 人は 何人 いたでしょう。(しき12点, 答え8点, 計20点)

しき

答え

12 かんたんな ひょうや グラフ

★★★ トップレベル ●時間20分 ●答え→別冊29ページ

1 よりこさんと たくやくんは それぞれ 20こずつ おはじきを もって います。じゃんけんで，かった 人は，あい手から 2こずつ おはじきを もらう ことに なりました。あいこの ときは，そのままです。

なまえ＼回	1	2	3	4	5	6	7	8
よりこ	パー	チョキ	チョキ	パー	グー	パー	パー	チョキ
たくや	グー	グー	チョキ	グー	パー	パー	チョキ	グー

① あいこは 何回 ありましたか。(10点)

② 4回目の じゃんけんが おわったとき，よりこさんは おはじきを 何こ もっていますか。(10点)

③ 8回目の じゃんけんが おわったとき，よりこさん，たくやさんは それぞれ 何この おはじきを もっていますか。(10点)
よりこさん… ＿＿＿ , たくやさん… ＿＿＿

2 つぎの ア～エの きかいは 入って きた 数に ある はたらきを して，計算した 数を 出して いきます。その はたらきを 見つけて， ＿＿ の中に あてはまる 数を もとめなさい。(10点×4＝40点)

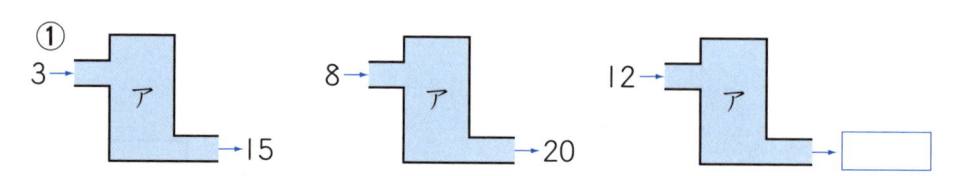

① 3→[ア]→15　　8→[ア]→20　　12→[ア]→☐

② 4→[イ]→15　　7→[イ]→18　　20→[イ]→□

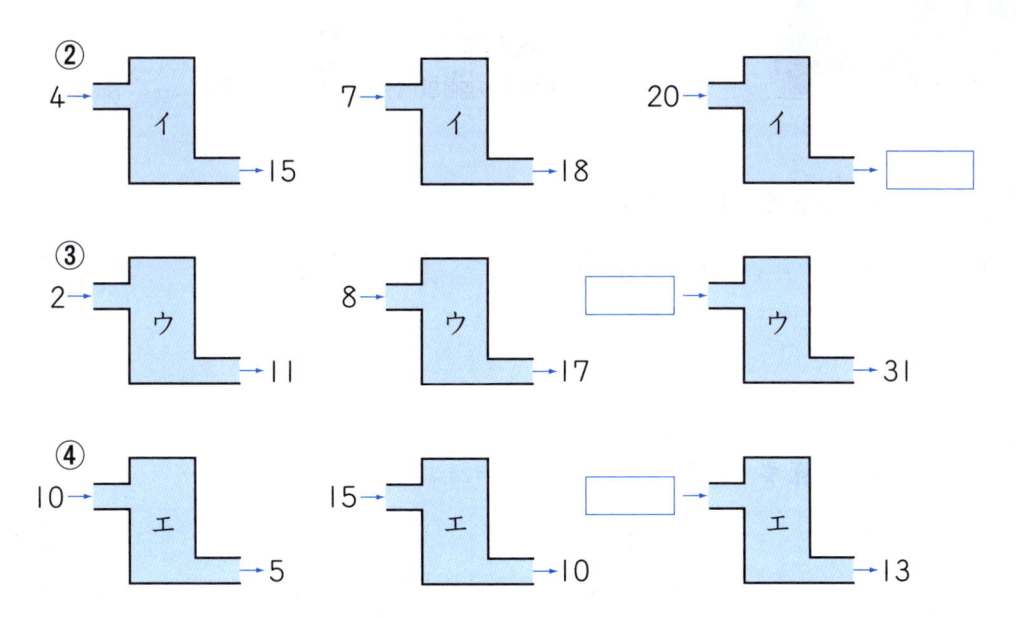

③ 2→[ウ]→11　　8→[ウ]→17　　□→[ウ]→31

④ 10→[エ]→5　　15→[エ]→10　　□→[エ]→13

3 つぎの □と △の かんけいを 見つけて, しきで あらわしなさい。(10点×3=30点)

(れい)
□	1	2	3	4	5	6
△	3	4	5	6	7	8

→ △=□+2

①
□	1	2	3	4	5	6
△	12	13	14	15	16	17

→ △=

②
□	1	2	3	4	5	6
△	2	4	6	8	10	12

→ △=

③
□	1	2	3	4	5	6
△	9	8	7	6	5	4

→ △=

復習テスト 4

● 時間 20分
● 答え→別冊30ページ

1 つぎの 計算を しなさい。(6点×4=24点)

① 23 × 7
② 45 × 6
③ 68 × 8
④ 98 × 7

2 つぎの 計算を しなさい。(6点×4=24点)

① 65 × 13
② 52 × 28
③ 43 × 67
④ 79 × 87

3 つぎの 計算を しなさい。(6点×4=24点)

① 384×25
② 692×51
③ 87×245
④ 73×836

4 よりこさんは，おはじきを 38こ もって います。りょうすけくんは よりこさんの もって いる おはじきの 6ばい分の おはじきを もって います。2人 合わせると，おはじきを 何こ もって いるでしょう。(6点)

答え

⑤ いちろうくんの もって いる ビー玉の こ数は、しんたろうくんの もって いる ビー玉の こ数の 3ばいです。しんたろうくんの もって いる ビー玉の こ数は たくやくんの もって いる ビー玉の こ数の 2ばいです。3人合わせて 45この ビー玉を もって いるとき、たくやくんの もって いる ビー玉の こ数は 何こでしょうか。(6点)

答え ☐

⑥ 右の ひょうは、よりこさんを 入れて 6人の 子どもの グループで ちょ金の 金がくを しらべた ものです。ただし、ひょうが やぶれて 見えなく なって いる ところが あります。
つぎの といに 答えなさい。

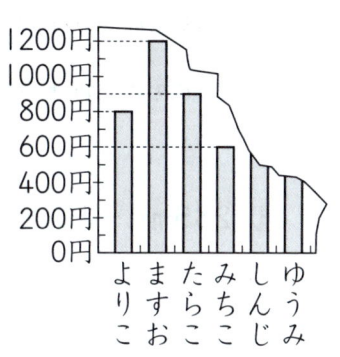

① たらこさんの ちょ金の 金がくは 何円でしょう。(5点)

( )

② ゆうみさんの ちょ金の 金がくは ますおくんの ちょ金の 金がくの 半分と いう ことが 分かって います。ゆうみさんの ちょ金の 金がくは いくらでしょう。(5点)

( )

③ 6人 ぜんいんの ちょ金の 金がくを 合わせると 4900円に なります。しんじくんの ちょ金の 金がくは 何円でしょう。(6点)

( )

13 長さ(2)

標準レベル ●時間15分 ●答え→別冊31ページ

1 つぎの ☐ に あてはまる 数を 書きなさい。(5点×6=30点)

① 60mm+194mm= ☐ cm ☐ mm

② 6cm78mm+18cm45mm= ☐ cm ☐ mm

③ 188mm−50mm= ☐ cm ☐ mm

④ 840mm−96mm= ☐ cm ☐ mm

⑤ 34cm8mm+65cm4mm−10cm4mm
　　　　　　　　　　　　　= ☐ cm ☐ mm

⑥ 285mm−13cm5mm+65cm8mm
　　　　　　　　　　　　　= ☐ cm ☐ mm

2 つぎの ☐ に あてはまる「＜」や「＞」や「＝」の 記ごうを 書きなさい。(5点×6=30点)

① 9m48cm ☐ 934cm

② 1m1cm ☐ 101cm

③ 7m12cm+1m88cm ☐ 9m

④ 2m8cm ☐ 2m7cm+10mm

⑤ 1m45cm−98cm ☐ 78mm+39cm4mm

⑥ 4m8cm5mm ☐ 485mm

3 走りはばとびを しました。ゆうすけくんは 1m74cm とび,まさきくんは 1m46cm とび,たかしくんは 1m82cm とびました。いちばん 長く とんだ 人と いちばん みじかく とんだ 人との ちがいは 何cmですか。(しき6点,答え4点,計10点)

しき

答え

4 長方形の 形を した うんどう場の たての 長さは 125mです。よこの 長さは たての 長さより 60m60cm 長いです。この うんどう場の まわりの 長さは 何m何cmですか。(しき8点,答え7点,計15点)

しき

答え

5 442cmの ひもが あります。この ひもを はしから まず,84cm 切りとり,つぎに のこりの ひもの はしから 1m65cm 切りとりました。ひもは 何m何cm のこりましたか。(しき8点,答え7点,計15点)

しき

答え

おとなの方へ：長さについての計算では，まず単位を統一します。くり下がりのある計算はミスしやすいので，ていねいに指導してください。図形の周りの長さを求める問題では，辺を移動して簡単な図形の外周になるようにします。

⑬ 長さ(2)

★★ 発展レベル
●時間20分
●答え→別冊31ページ

1 つぎの □ に あてはまる 数を 書きなさい。(7点×6=42点)

① 300cm + 2m40cm = □ m □ cm

② 4m48cm + 8m28cm = □ m □ cm

③ 8m40cm − 2m60cm = □ m □ cm

④ 7m48cm − 4m88cm = □ m □ cm

⑤ 2m40cm5mm + 3m80cm8mm
　　 = □ m □ cm □ mm

⑥ 2345mm − 1m48cm6mm + 4m60cm8mm
　　 = □ m □ cm □ mm

2 長い じゅんばんに ならべかえなさい。(7点×2=14点)

① 2m4cm　　239cm　　2m41cm
　　□ > □ > □

② 1003mm　　1008cm　　1m30cm
　　□ > □ > □

3 長さが 12cmの 紙テープ 2本と 長さが 22cmの 紙テープ 1本を 2cm かさねて (のりしろが 2cm) つなぎました。紙テープの はしから はしまで 何cmに なりましたか。(しき6点, 答え4点, 計10点)

しき

答え □

発展レベル ☆☆

4 7m45cmの ひもが あります。よりこさんが いくらか 切りとった あとに、ゆうみさんが 80cmを 3本と 45cmを 1本 切りとりました。

① ゆうみさんが 切りとったのは ぜんぶで 何m何cmですか。
(しき6点,答え4点,計10点)

しき

答え

② のこった ひもの 長さは 2m35cm でした。よりこさんが 切りとったのは 何m何cmですか。(しき6点,答え4点,計10点)

しき

答え

5 つぎの 図の まわりの 長さは 何m何cmですか。 のしるしは 同じ 長さで ある ことを しめしています。(7点×2=14点)

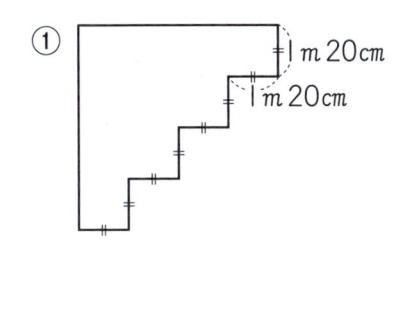

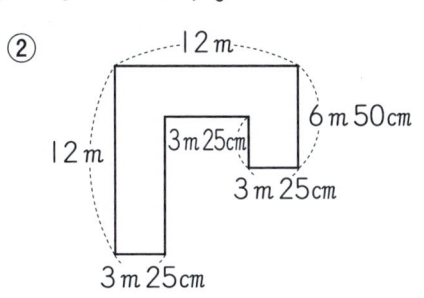

① 1m20cm, 1m20cm

② 12m, 12m, 3m25cm, 3m25cm, 3m25cm, 6m50cm

☐ m ☐ cm   ☐ m ☐ cm

13 長さ(2)

★★★ トップレベル ●時間20分 ●答え→別冊32ページ

1 つぎの □ に あてはまる 数を 書きなさい。(5点×6=30点)

① 25cm＋3cm6mm＋88mm＝ □ cm □ mm

② 24cm9mm－7cm3mm－88mm＝ □ cm □ mm

③ 9cm4mm＋43cm－29cm9mm＝ □ cm □ mm

④ 3m40cm＋845mm－3m94cm＝ □ cm □ mm

⑤ 12m68cm－9984mm－2m43cm3mm
　　　　　　　　　＝ □ cm □ mm

⑥ 12m45cm6mm＋428mm－11953mm
　　　　　　　　　＝ □ cm □ mm

2 つぎの 図の まわりの 長さは 何m何cm ですか。(5点×2=10点)

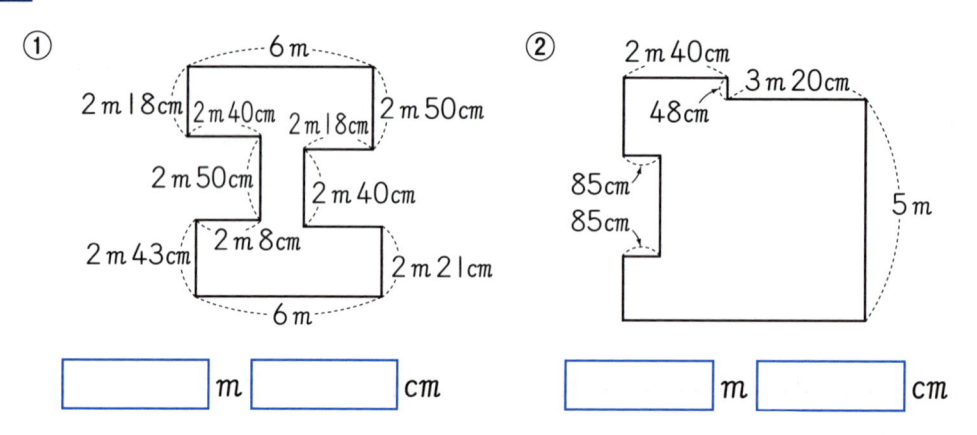

① 6m, 2m18cm, 2m40cm, 2m18cm, 2m50cm, 2m50cm, 2m40cm, 2m43cm, 2m8cm, 2m21cm, 6m

② 2m40cm, 3m20cm, 48cm, 85cm, 85cm, 5m

□ m □ cm 　　　□ m □ cm

3 赤い ひもの 長さは 7m48cmで 白い ひもより 90cm 長い そうです。また, 青い ひもの 長さは 白い ひもより 2m48cm みじかく 黄色い ひもより 1m55cm 長い そうです。黄色い ひもの長さは 何m何cmですか。(しき6点, 答え4点, 計10点)

しき

答え □

4 つぎの 図の ように 正方形を 3まい かさねました。かさなった ところは 1つの へんが 15cmで もう1つは 25cmの 正方形に なって います。このとき できた 形の まわりの 太い線は 何m何cmですか。(10点)

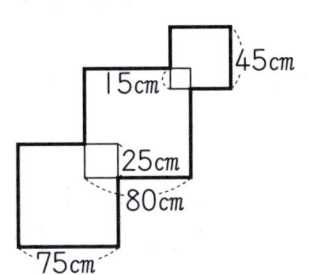

45cm
15cm
25cm
80cm
75cm

答え □

5 さやかさんは 紙テープを つかって わの 形を した かざりを 2日間 かけて 作りました。作りはじめた 日は もって いた テープの 半分より 30cm 多く つかいました。

2日目は のこった テープの 半分より 50cm 多く つかったので, のこりは 55cmに なりました。はじめに テープの 長さは 何m何cm ありましたか。(しき6点, 答え4点, 計10点)

しき

答え □

6 あつさが 2cm6mmと 4cm4mmの 2さつの 本が それぞれ たくさん あります。つぎの といに 答えなさい。

① この 2さつの 本の あつさの ちがいは 何cm何mmですか。

しき
(しき8点, 答え7点, 計15点)

答え □

② この 2しゅいの 本を それぞれ 何さつかずつ かさねて 高さを はかると 16cm6mmに なりました。それぞれの 本を 何さつずつ かさねたでしょう。(しき8点, 答え7点, 計15点)

しき

2cm6mmの本 □ さつ, 4cm4mmの本 □ さつ

14 面積

★標準レベル

● 時間 15分
● 答え→別冊34ページ

1 つぎの 形は 小さい 正方形の カードを ならべた ものです。それぞれは 何まいの カードで できて いるでしょうか。(6点×5=30点)

① ☐ まい   ② ☐ まい   ③ ☐ まい

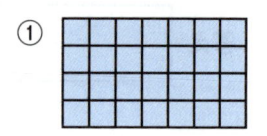

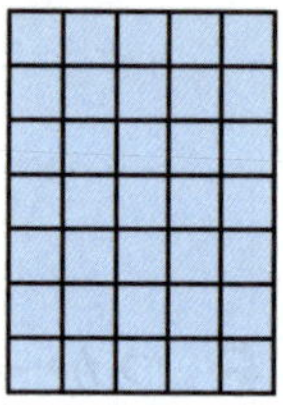

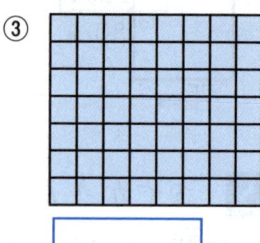

④ ☐ まい   ⑤ ☐ まい

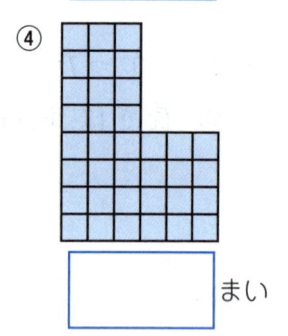

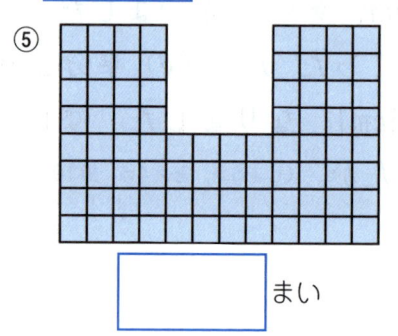

2 左の ような 正方形の めんせきを 1cm²(1へい方センチメートル)と いいます。いちばん 小さい 正方形の 1ぺんの 長さを 1cmと するとき, つぎの 形の めんせきを もとめなさい。(6点×3=18点)

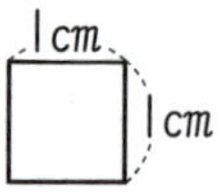

① ☐ cm²   ② ☐ cm²   ③ ☐ cm²

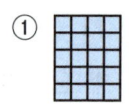

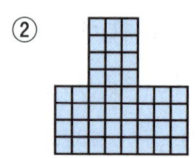

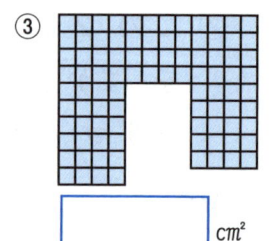

3 右の長方形のめんせきは □1cm (1cm) …1cm² (へい方センチメートル) の 正方形が 3×4＝12（まい）あるので 12cm² と なります。この 考え方を つかって つぎの 図形の めんせきを もとめなさい。(6点×4＝24点)

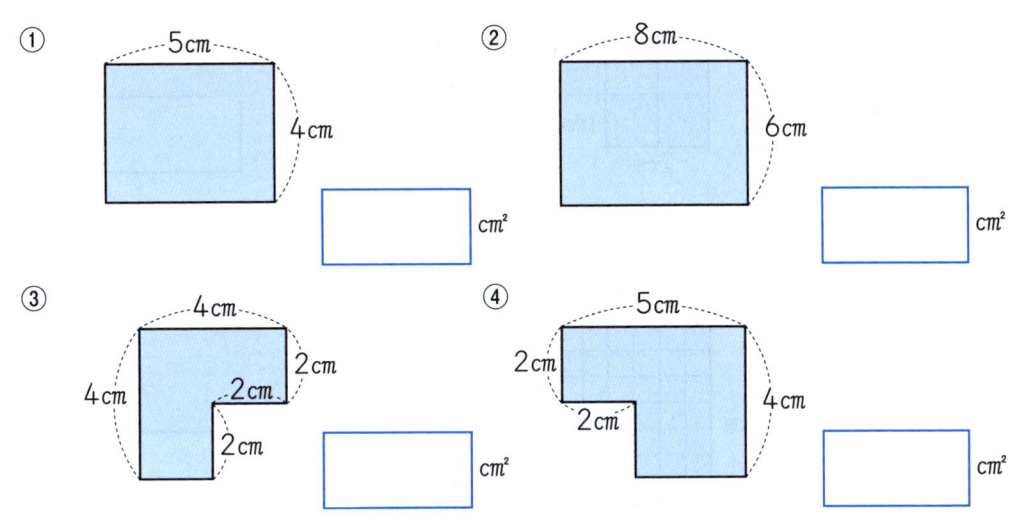

① 5cm / 4cm → □ cm²

② 8cm / 6cm → □ cm²

③ 4cm, 2cm, 2cm, 2cm, 4cm → □ cm²

④ 5cm, 2cm, 2cm, 4cm → □ cm²

4 つぎの □ に あてはまる 数を 書きなさい。(7点×4＝28点)

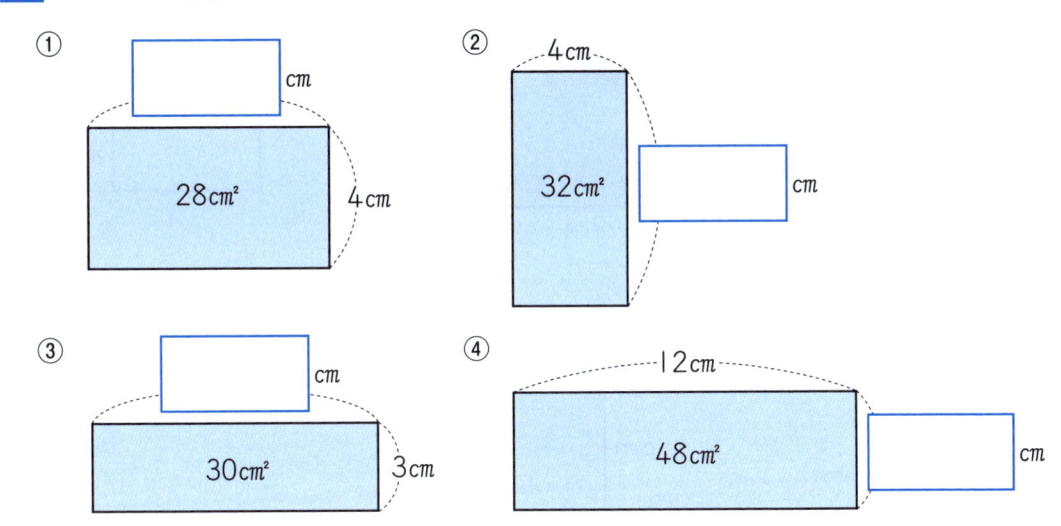

① □ cm / 28cm² / 4cm

② 4cm / 32cm² / □ cm

③ □ cm / 30cm² / 3cm

④ 12cm / 48cm² / □ cm

おとなの方へ：最初は，1辺が1cmの正方形が何個あるか数えることで面積を調べます。面積を求めるには，①公式を使う，②いくつかに分ける，③大きな長方形にして欠けている部分をひく，方法があります。複雑な図形では②か③で求めます。

14 面積

★★ 発展レベル

● 時間 20分
● 答え→別冊34ページ

1 つぎの図には下の正方形のタイルをすきまなくならべると何まいおくことができますか。(10点×4＝40点)

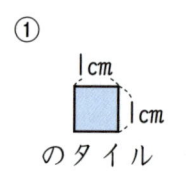

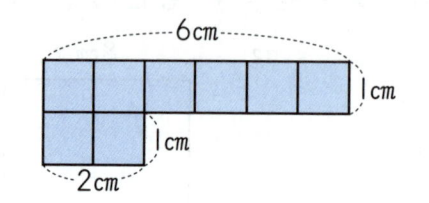

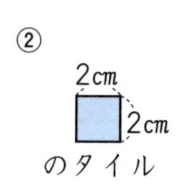

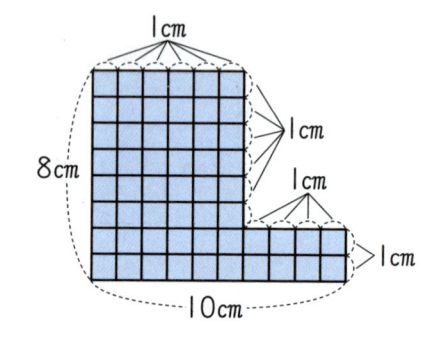

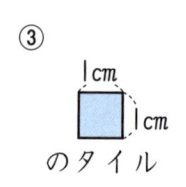

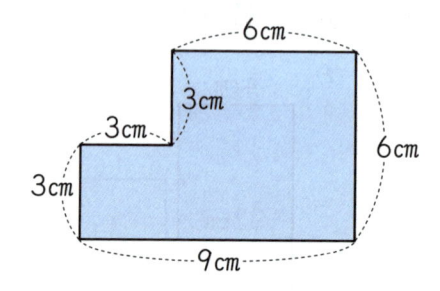

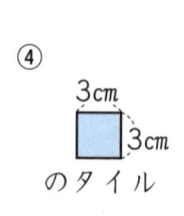

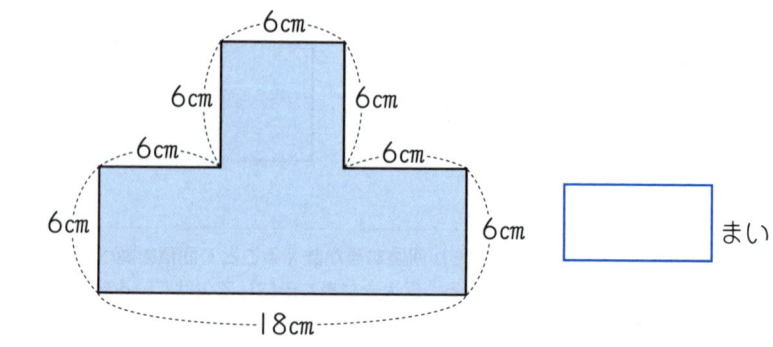

① 1cmのタイル … □ まい

② 2cmのタイル … □ まい

③ 1cmのタイル … □ まい

④ 3cmのタイル … □ まい

発展レベル ☆☆

2 図の アと イでは どちらが 大きいでしょう。また、③，④は どれだけ 大きいかも 答えなさい。(10点×4＝40点)

① ア 6cm×3cm　　イ 7cm×3cm　　（　）

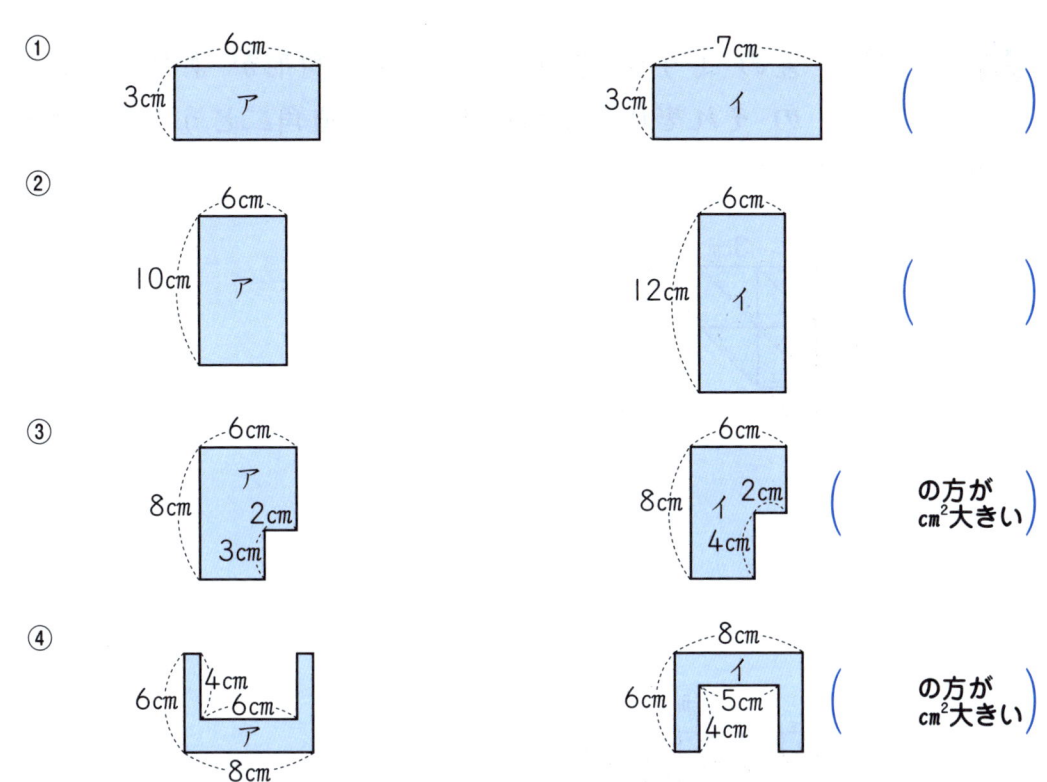

② ア 6cm×10cm　　イ 6cm×12cm　（　）

③ ア（6cm×8cm から 2cm×3cm を除く）　イ（6cm×8cm から 2cm×4cm を除く）　（　の方が　cm²大きい）

④ ア（6cm×8cm から 上部 4cm×6cm を除く U字型）　イ（8cm×6cm から 下部 5cm×4cm を除く）　（　の方が　cm²大きい）

3 つぎの 図形には 1つの へんの 長さが 1cmの 正三角形が いくつ 入るでしょう。⌒の しるしは 同じ 長さで ある ことを しめします。(10点×2＝20点)

① 一辺 2cmの 正三角形　　　□

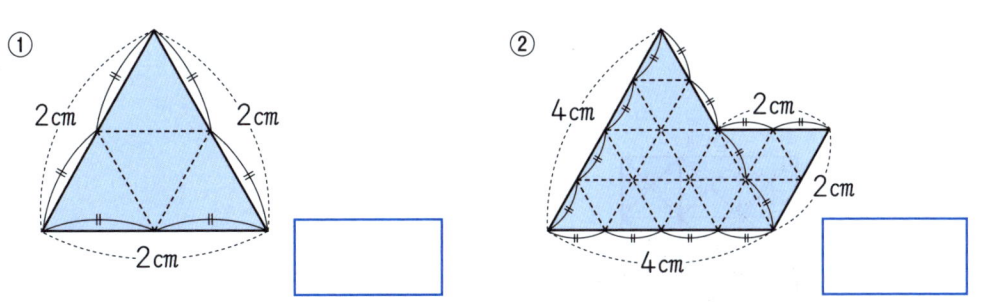

② 一辺 4cmの 正三角形に 一辺 2cmの 正三角形が 付いた図形　　　□

14 面積

★★★ トップレベル
●時間20分
●答え→別冊35ページ

1 左のような 直角二とうへん三角形が あります。つぎの それぞれの 図形には この 直角二とうへん三角形が 何こ ありますか。(10点×3＝30点)

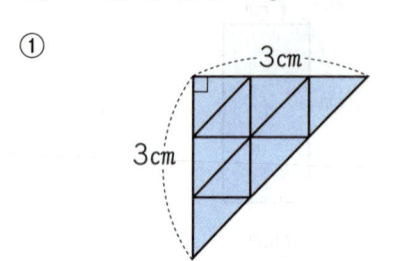

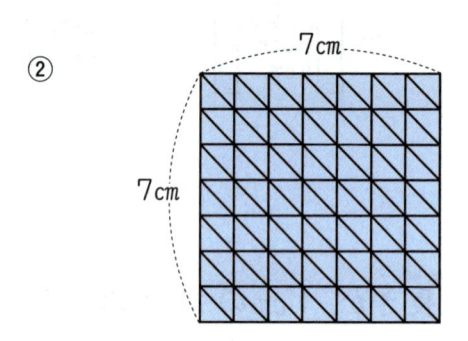

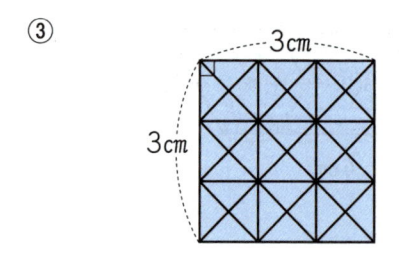

① 　　　　こ

② 　　　　こ

③ 　　　　こ

2 つぎの 図形には 左の 三角形が 何こ 入りますか。
（14点×5＝70点）

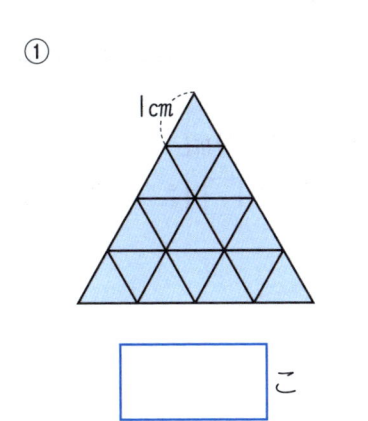

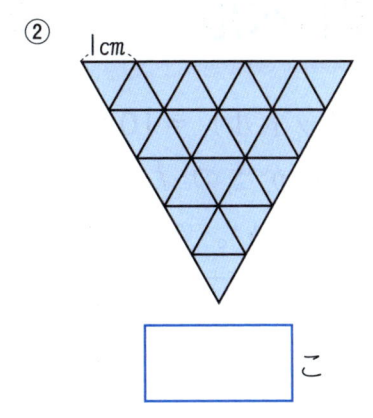

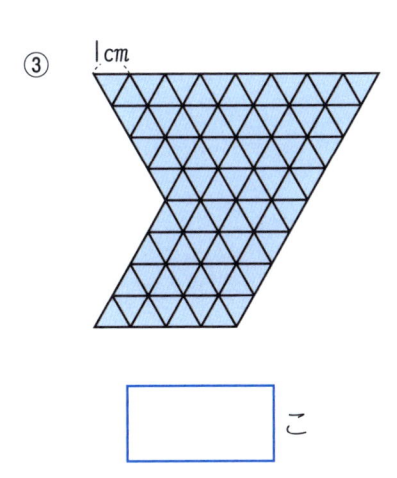

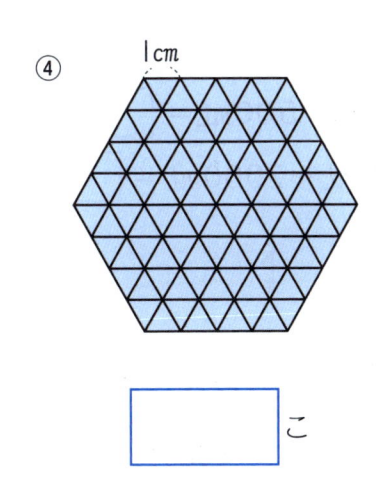

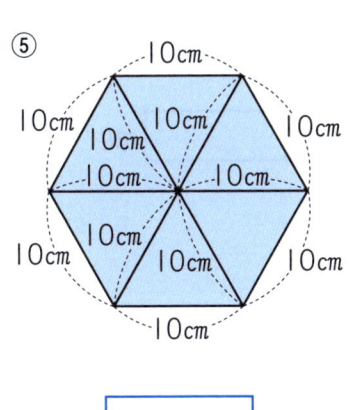

① □ こ

② □ こ

③ □ こ

④ □ こ

⑤ □ こ

15 水のかさ

☆ 標準レベル

1 1L（リットル）＝10dL（デシリットル）＝1000mL（ミリリットル）というかさのたんいを考えます。つぎの□にあてはまる数を入れなさい。（7点×6＝42点）

① 3L＋5L＝　　　L

② 9L－4L＝　　　L

③ 1L＋4dL＝　　　dL

④ 2L－1L5dL＝　　　dL

⑤ 500mL＋500mL＝　　　L

⑥ 1000mL＋2000mL＝　　　L

2 つぎの□にあてはまる数を入れなさい。（7点×4＝28点）

① 6dL＋8dL＋9dL＝　　　L　　　dL

② 8dL＋4dL－1L＝　　　dL

③ 10dL－4dL＋9dL＝　　　L　　　dL

④ 500mL＋1500mL＋2500mL＝　　　L　　　mL

3 よりこさんは 牛にゅうを 2dL のみました。りょうすけくんは 牛にゅうを 5dL のみました。どちらが 何dL 多く のみましたか。

(しき8点, 答え7点, 計15点)

しき

答え　　　が　　　dL　　　多く のんだ。

4 500mLの 水が 入った ペットボトルが 4本 あります。この ペットボトルの 水を ぜんぶ 合わせると 何Lに なりますか。

(しき8点, 答え7点, 計15点)

しき

答え

15 水のかさ

★★ 発展レベル　●時間20分　●答え→別冊35ページ　得点 /100

1 つぎの □ に あてはまる 数を 書きなさい。(5点×8=40点)

① 4L = ☐ dL
② 50dL = ☐ L
③ 24dL = ☐ L ☐ dL
④ 3L 5dL = ☐ dL
⑤ 3L = ☐ mL
⑥ 5000mL = ☐ L
⑦ 3dL = ☐ mL
⑧ 400mL = ☐ dL

2 つぎの 計算を しなさい。(5点×6=30点)

① 5L+12L = ☐ L
② 8L−2L = ☐ L
③ 2L 3dL + 1L 4dL = ☐ L ☐ dL
④ 5L 8dL − 4L 3dL = ☐ L ☐ dL
⑤ 3L 4dL + 2L 8dL = ☐ L ☐ dL
⑥ 3L 6dL − 1L 8dL = ☐ L ☐ dL

3 AとBの 2つの バケツに 入っている 水の かさを はかったら, 下のように なりました。どちらの バケツの 水が どれだけ 多いですか。(6点)

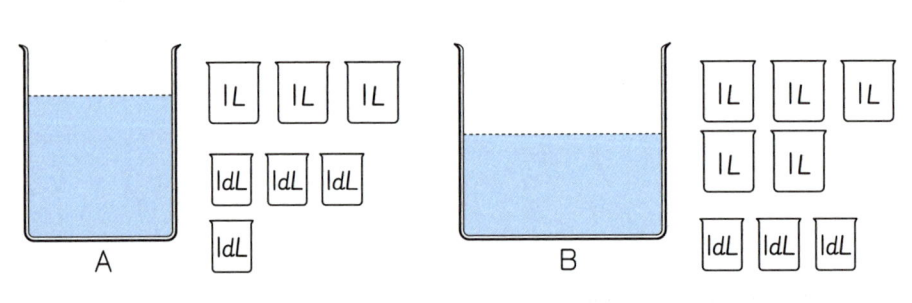

☐ のバケツが ☐ 多い。

発展レベル ☆☆

4 よりこさんの 家では 朝 600mL, 昼 320mL, 夜 480mL の お茶を のみました。よりこさんの 家では 1日に 何L何mLの お茶を のみましたか。(6点)

( )

5 いちろうくんの 家は, お父さん, お母さん, いちろうくん, 弟の 4人 家ぞくです。1日に お父さんと お母さんは 360mL, いちろうくんと 弟は 250mLずつ 牛にゅうを のみます。

① いちろうくんは 1週間に 何mLの 牛にゅうを のみますか。(6点)

( )

② いちろうくんの 家では, 1日に 何mLの 牛にゅうを のみますか。(6点)

( )

③ いちろうくんの 家では 1週間に 牛にゅうを 何L何mL のみますか。(6点)

( )

15 水のかさ

★★★ トップレベル

1 つぎの □ に あてはまる 数を 書きなさい。(5点×6＝30点)

① 2L 4dL ＝ □ mL

② 3500mL ＝ □ L □ dL

③ 2L 6dL ＋ 1L 8dL ＋ □ L ＝ 7L 4dL

④ 2L 5dL － 1L 8dL ＋ □ L □ dL ＝ 3L 3dL

⑤ 3L 400mL ＋ 6L 800mL － □ L □ mL ＝ 1L 400mL

⑥ 3L 800mL ＋ □ L □ mL ＋ 1L 400mL ＝ 10L

2 2Lの 牛にゅうを 300mLずつ コップに 入れて いきます。

① 300mL 入りの コップは いくつ できますか。(5点)

( )

② 何mLの 牛にゅうが のこりますか。(5点)

( )

3 Aの ジュースは 200mLで 400円, Bの ジュースは 500mLで 1000円です。Aの ジュースを 400mL, Bの ジュースを 2L買えば いくらに なりますか。(10点)

答え □

4 りんごジュースが 1L800mL, オレンジジュースが 2L400mL, グレープジュースが 680mL あります。

① ジュースは ぜんぶで 何L何mL ありますか。(10点)

(　　　　　)

② オレンジジュースと グレープジュースを 合わせると りんごジュース より 何L何mL 多いですか。(10点)

(　　　　　)

5 水が 600L 入る 水そうが あります。Aの せんを ひらくと 20分で 水そうが いっぱいに なります。Bの せんを ひらくと 30分で 水そうが いっぱいに なります。
　また, Cの はい水口を ひらくと 1分間に 25Lの 水が 水そうから 出ていきます。

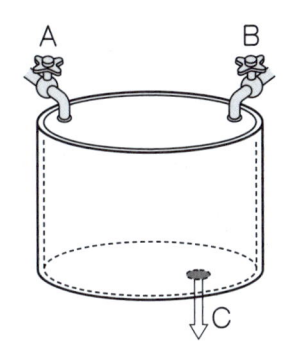

① Aの せんからは 1分間に 何Lの 水が 出ますか。(10点)

(　　　　　)

② Aと Bの せんを りょう方 ひらくと, 水そうは 何分で いっぱいに なりますか。(10点)

(　　　　　)

③ A, Bの せんと Cの はい水口を 同時に ひらくと 水そうは 何分で いっぱいに なりますか。(10点)

(　　　　　)

復習テスト 5

●時間 20分
●答え→別冊37ページ

① つぎの □ に あてはまる 数を 書きなさい。（5点×6＝30点）

① 35cm 7mm + 4cm 9mm = □ cm □ mm

② 5m 38cm - 2m 95cm = □ m □ cm

③ 286mm + 148mm = □ cm □ mm

④ 845mm + 1m 45cm 8mm - 93cm 9mm
   = □ m □ cm □ mm

⑤ 1L 5dL + 2L 6dL - 1L 9dL = □ L □ dL

⑥ 400mL + 3L 860mL - 2L 900mL = □ L □ mL

② 長さが 8cmの 紙テープ4本と、長さが 10cmの 紙テープ2本を 2cm かさねて（のりしろが 2cm）つなぎました。紙テープの はしから はしまで 何cmに なりますか。（10点）

答え □

③ つぎの 図の まわりの 長さは 何m何cm ですか。―― のしるしは 同じ長さ であることを しめしています。（5点×2＝10点）

① 35cm, 20cm, 20cm, 15cm

② 40cm, 60cm, 1m 60cm

( )　　( )

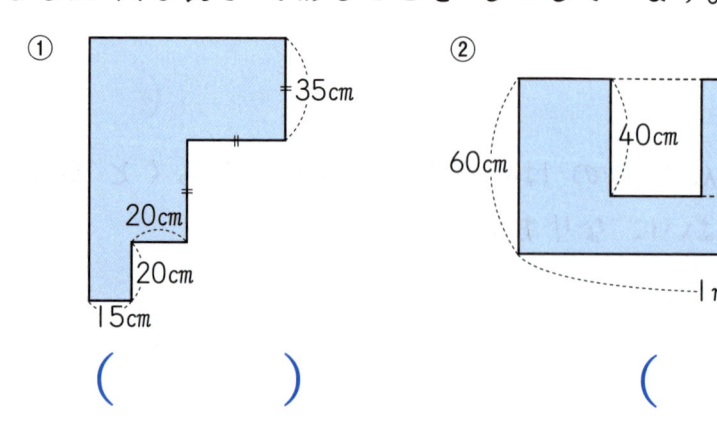

4 つぎの 図には, 図1の 正三角形の タイルを 何まい おくことが できますか。(10点×2＝20点)

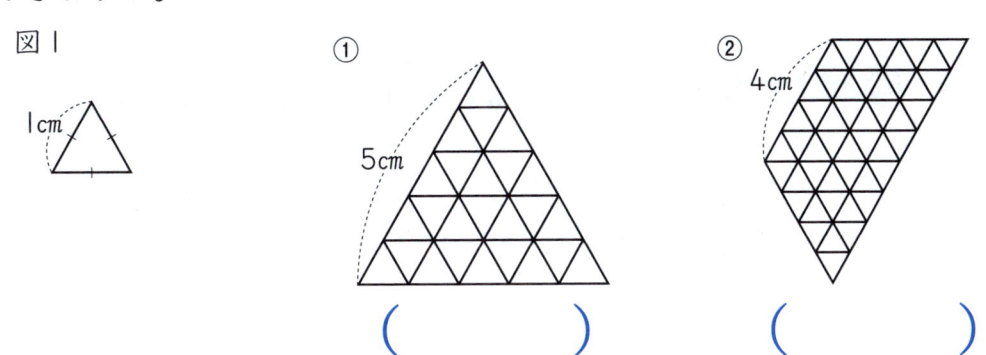

図1　1cm

① 5cm

② 4cm

(　　　)　(　　　)

5 ある ぼく場には にゅう牛が 3頭 います。いま, 1頭の 牛から 1日に 牛にゅうは 3L600mL 作ることが できます。つぎの とい に 答えなさい。(10点×2＝20点)

① この ぼく場では, 1日に 牛にゅうが 何L何mL 作られますか。

(　　　　　)

② この ぼく場では, 1週間で 牛にゅうが 何L何mL 作られますか。

(　　　　　)

6 左のような わを 5こ つなぎました。はしから はしまで 何cm ありますか。(しき6点, 答え4点, 計10点)

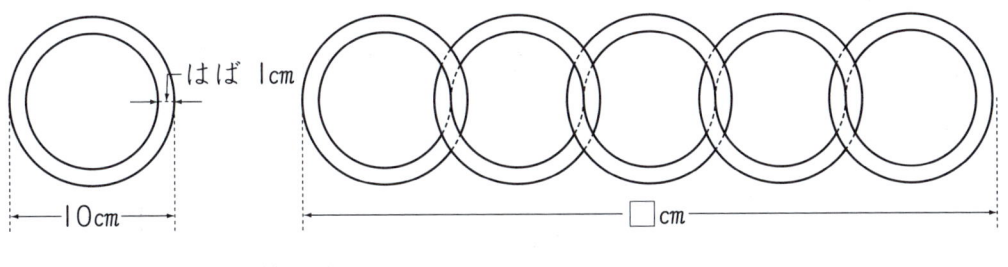

はば 1cm
10cm
□cm

しき

答え

16 正方形, 長方形, 直角三角形

☆ 標準レベル ●時間15分 ●答え→別冊38ページ 得点 /100

1 つぎの 図に, 直線を 2本 引いて 四角形 1こと 三角形 2こに 分ける 分け方を, 3とおり かきなさい。(10点)

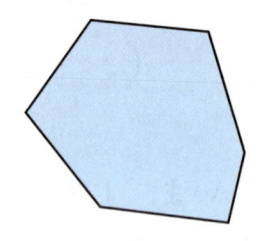

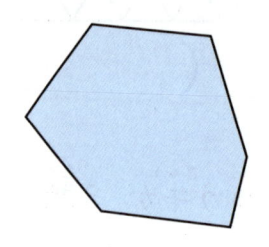

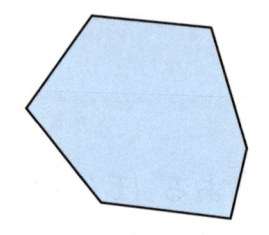

2 つぎの ①〜⑧に あてはまる ものを 下の ア〜クの 中から えらびなさい。(5点×8＝40点)

① 直角よりも 小さい角　　　　　　　　　　　　(　　)
② 直角　　　　　　　　　　　　　　　　　　　　(　　)
③ 直角より 大きくて, 2直角よりも 小さい 角　　(　　)
④ 2直角　　　　　　　　　　　　　　　　　　　(　　)
⑤ 2直角より 大きくて, 3直角よりも 小さい 角　 (　　)
⑥ 3直角　　　　　　　　　　　　　　　　　　　(　　)
⑦ 3直角より 大きくて 4直角よりも 小さい 角　　(　　)
⑧ 4直角　　　　　　　　　　　　　　　　　　　(　　)

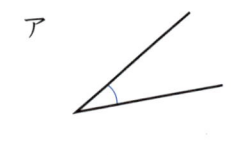

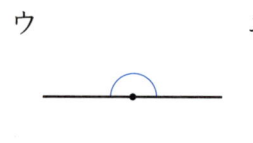

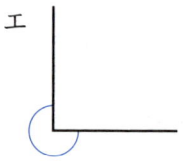

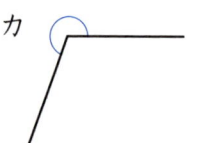

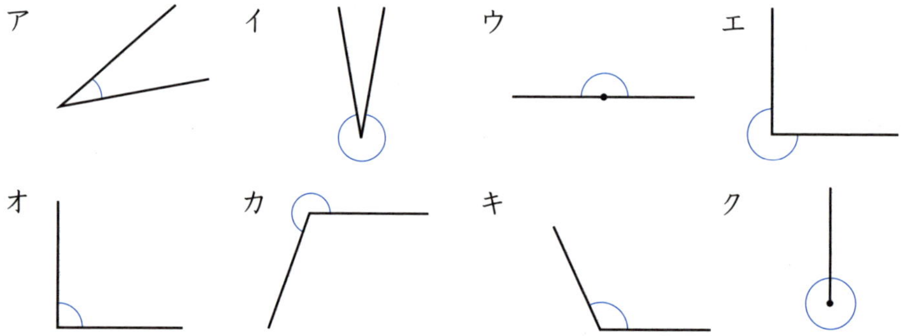

3 右の 図の 中に, 正方形と 長方形は それぞれ 何こ ありますか。ただし, 長方形の 中に 正方形は ふくめません。

（10点×2＝20点）

正方形… [　　　] こ
長方形… [　　　] こ

4 右の 図の 中に, つぎの 三角形は いくつ ありますか。ただし, 二とうへん三角形の 中に 正三角形は ふくめません。（10点×3＝30点）

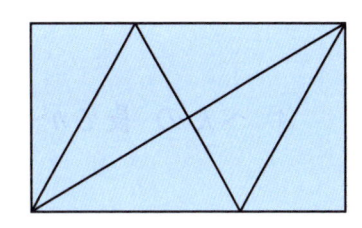

正三角形… [　　　] こ
二とうへん三角形… [　　　] こ
直角三角形… [　　　] こ

（ひつような ときは, じょうぎを つかって 長さを はかりましょう。）

おとなの方へ　図形の問題に慣れるためには，どんな図形でも一度は実際に書いてみることが大切です。つぎに，言葉（定義）をしっかりと理解することがポイントです。さらに，その図形が持っている性質を理解することです。

16 正方形, 長方形, 直角三角形

★★ 発展レベル ●時間 20分 ●答え→別冊38ページ 得点 /100

1 つぎの 三角形の 正しい 名前を 書きなさい。（6点×6＝36点）

① 3つの へんの 長さが すべて 6cm
（　　　　　）

② へんの 長さが 4cm, 4cm, 5cm
（　　　　　）

③ 2つの へんの 長さが 4cm, 6cmで その 間の 角が 直角
（　　　　　）

④ へんの 長さが 16cm, 16cm, 16cm
（　　　　　）

⑤ へんの 長さが 12cm, 12cm, 8cm
（　　　　　）

⑥ 2つの へんの 長さが 7cm, 7cmで その 間の 角が 直角
（　　　　　）

2 1組の 三角じょうぎを 下の 図の ように ならべたり かさねたり しました。つぎの アから オの 角の 大きさは 何どですか。

（6点×5＝30点）

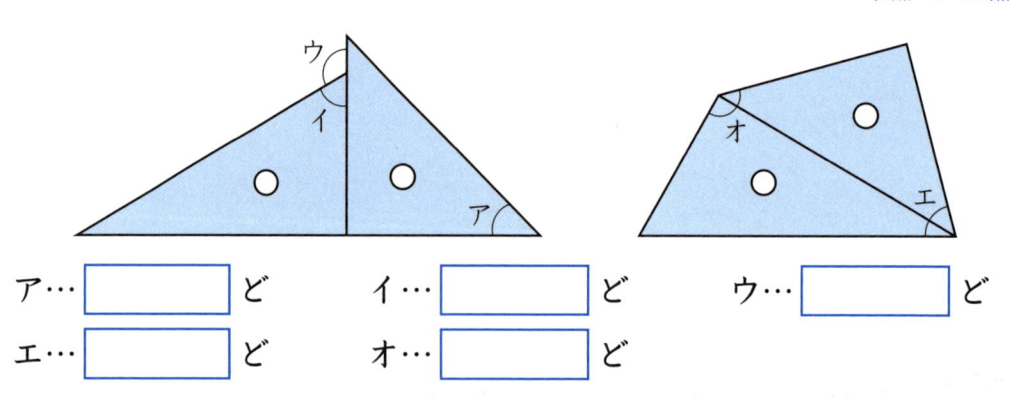

ア…　　　ど　　イ…　　　ど　　ウ…　　　ど
エ…　　　ど　　オ…　　　ど

発展レベル ☆☆

3 よりこさんは 長さ 3cmの ぼうを 36本 もっています。

① 1ぺんが 3cmの 正方形は 多くて 何こ 作れますか。ただし, それぞれの 正方形を はなして 作る ものと します。(6点)

(　　　　　)

② 1ぺんが 6cmの 正方形は 多くて 何こ 作れますか。ただし, それぞれの 正方形を はなして 作る ものと します。(7点)

(　　　　　)

4 右の 図の ように 正方形を 4こ, 長方形を 4こ しきつめて 大きい 正方形を 作りました。つぎの □ に あてはまる 数を 書きなさい。

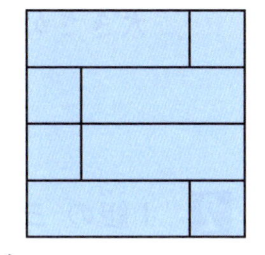

① この 大きな 正方形の 中に, もとの 正方形も 入れて 正方形は ぜんぶで [　　　] こ あります。(7点)

② この 大きな 正方形の 中に, もとの 長方形も いれて ぜんぶで 長方形は [　　　] こ あります。(7点)

5 同じ 大きさの 4つの 正方形を 右の 図の ように ならべました。点Aから 点Iまでの 9つの 点の うち, 3つの 点を えらんで, 点Aを 通る 2つの へんの 長さが ひとしい 二とうへん三角形を 作ります。このとき, 二とうへん三角形は いくつ できますか。ただし, 直角二とうへん三角形も ふくめる ものと します。(7点)

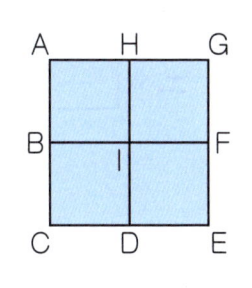

答え [　　　　　]

16 正方形, 長方形, 直角三角形

★★★ トップレベル ●時間20分 ●答え→別冊39ページ

1 つぎの □ に あてはまる 数を 書きなさい。(5点×6=30点)

① 二とうへん三角形は □つの へんの 長さと □つの 角の 大きさが 同じです。

② 正方形は □つの へんの 長さと □つの 角の 大きさが 同じです。

③ 正三角形は □つの へんの 長さと □つの 角の 大きさが 同じです。

2 1組の 三角じょうぎを 下の 図の ように かさねました。つぎの ア～オの 角の 大きさは 何ど ですか。(5点×5=25点)

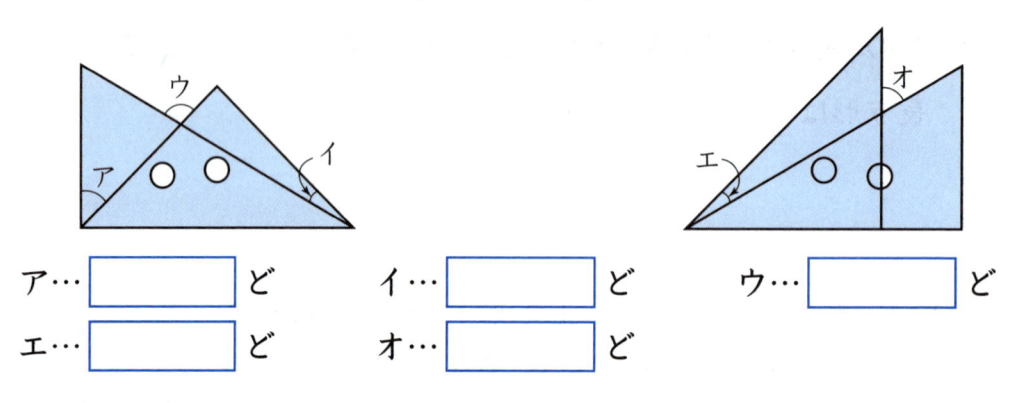

ア… □ど　　イ… □ど　　ウ… □ど
エ… □ど　　オ… □ど

3 たくろうくんは 長さ 5cmの ぼうを 40本 もっています。つぎの といに 答えなさい。(5点×3=15点)

① 1ぺんが 10cmの 正方形は 多くて 何こ 作れますか。ただし, それぞれの 正方形は はなれている もの とします。

(　　　)

② 1ぺんが 5cmの 正方形は 多くて 何こ 作れますか。ただし，それぞれの 正方形は かさなることなく となりあっていても よいものと します。

(   )

③ たて 5cm，よこ 10cmの 長方形は 多くて 何こ 作れますか。また，ぼうは 何本 あまって いますか。ただし，それぞれの 長方形は はなれているものと します。

(   )

4 つぎの 図は 正三角形の 中に 正三角形を かいたものです。正三角形は ぜんぶで 何こ ありますか。(6点×3＝18点)

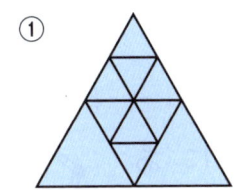

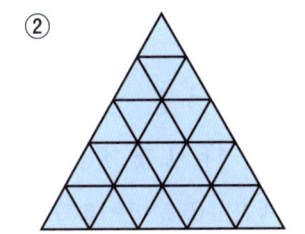

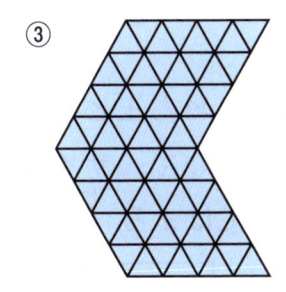

① ② ③

5 1ぺんの 長さが 4cmの 正方形を 右の 図のように きれいに そろうように はり合わせて いきました。このとき，つぎの といに 答えなさい。(6点×2＝12点)

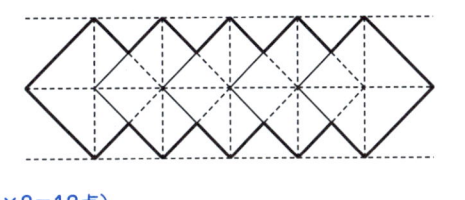

① 5まい はり合わせて できた 図形の まわりの 長さは 何cmですか。

(   )

② 20まい はり合わせて できた 図形の まわりの 長さは 何cmですか。

(   )

17 はこの形

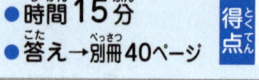

★ 標準レベル

1 下の サイコロや はこの 形で ア，イ，ウに あてはまる ことばを 書きなさい。(6点×3=18点)

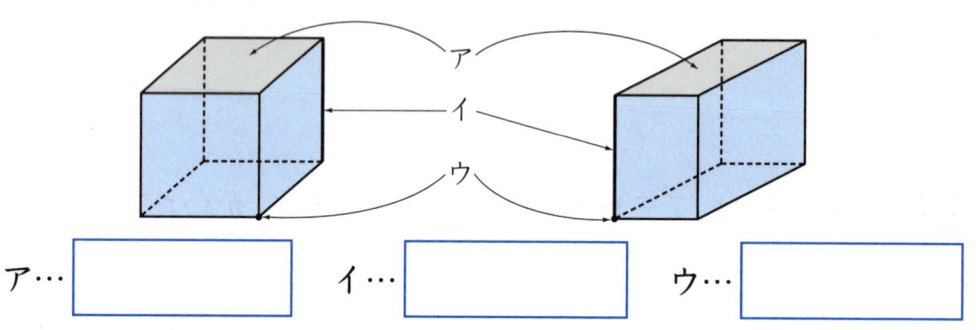

ア… [　　　]　　イ… [　　　]　　ウ… [　　　]

2 ねん土と 長さ 5cmの ぼうを 右の 図の ように つないで，サイコロの 形を 作ります。つぎの □ に あてはまる 数を 入れなさい。(6点×3=18点)

ねん土の 玉は [　　　] こ いります。
また，5cmの ぼうは [　　　] 本 いります。
したがって，ぼうは ぜんぶで [　　　] cm いります。

3 右の 図のような ボールの 形を きゅう といいます。きゅう について，つぎの □ に てきすることばや 記ごうを 答えなさい。(6点×2=12点)

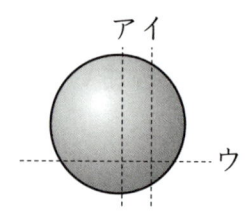

① きゅうは どこで 切っても 切り口の 形は [　　　] に なります。

② この きゅうを ア，イ，ウを 通る へいめんで 切ったとき，その 切り口が いちばん 大きく なるのは [　　　] を 通って 切ったときです。

4 つぎの ア～カの 図を 見て つぎの といに 答えなさい。

ア　　　　　　　　　イ 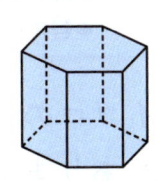　　　　　　　　　ウ

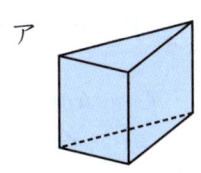

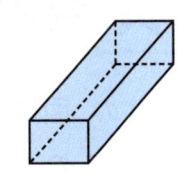

エ 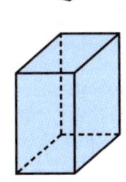　　　　　　　　　オ 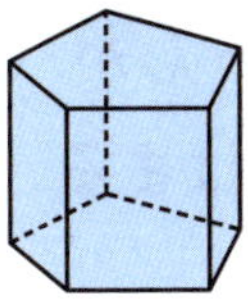　　　　　　　　　カ

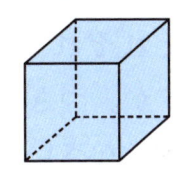

① 下の ひょうの 空らんに あてはまる 数を 書きなさい。

(7点×6＝42点)

	ちょう点の数	めんの数	へんの数
ア			
イ			
ウ			
エ			
オ			
カ			

② ちょう点の 数と めんの 数と へんの 数の 間には ある いっていの きまりが あります。⬚には ＋，－，×，÷の うち どれかの 記ごう，☐には 数字を 入れなさい。(10点)

（ちょう点の数）⬚（めんの数）⬚（へんの数）＝☐

17 はこの形

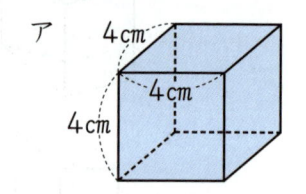

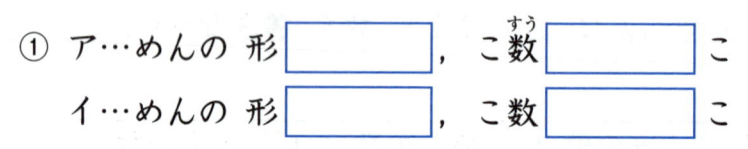

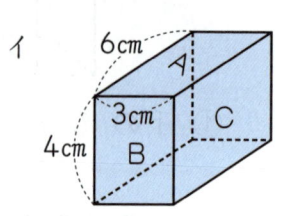

☆☆ 発展レベル ●時間20分 ●答え→別冊40ページ 得点 /100

1 右の図のような サイコロの 形をした ア と はこの 形をした イが あります。
それぞれ どんな 形の めんが いくつ ありますか。つぎの □に あてはまる ことばや 数を 書きなさい。

① ア…めんの 形 □，こ数 □ こ
　　イ…めんの 形 □，こ数 □ こ
（4点×4＝16点）

② つぎの 長さの へんは それぞれ 何本 ありますか。（4点×4＝16点）
　　ア…4cm □ 本
　　イ…3cm □ 本，4cm □ 本，6cm □ 本

③ イの 形で，A，B，Cの めんと むかい 合っている めんの それぞれの まわりの 長さを たし 合わせると，何cmに なりますか。（10点）　□ cm

2 右の 図のような 形の はこが あります。つぎの といに 答えなさい。（5点×4＝20点）

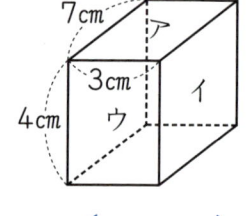

① アの めんと むかい 合った めんの まわりの 長さは 何cm ですか。
（　　　）

② イの めんと むかい 合った めんの まわりの 長さは 何cm ですか。
（　　　）

③ ウの めんと むかい 合った めんの まわりの 長さは 何cm ですか。
（　　　）

④ アの めんと 直角に 交わる めんの それぞれの まわりの 長さを 合わせると 何cmに なりますか。
（　　　）

3 右の 図の 形を 作るには, ぼうと ねん土が いくつ いりますか。
□に あてはまる 数を 書きなさい。

① ぼう…3cm　9　本,
　　　　4cm　12　本,
　　　　5cm　12　本
　ねん土…18　こ　(4点×4＝16点)

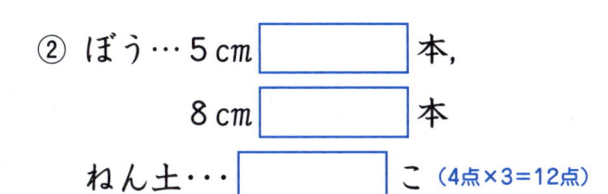

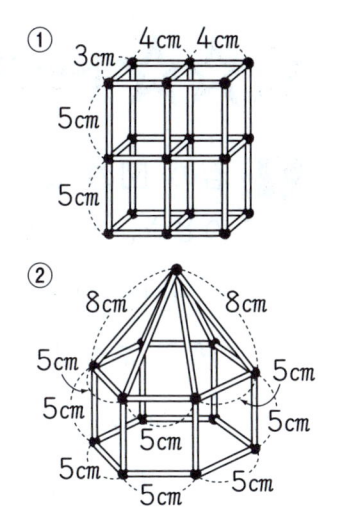

② ぼう…5cm　18　本,
　　　　8cm　6　本
　ねん土…13　こ　(4点×3＝12点)

4 ねん土の 玉と 6cm, 8cmと 長さの わからない ぼうで, はこの 形を 作ります。

① ねん土は 何こ いりますか。(5点)
　　8　こ

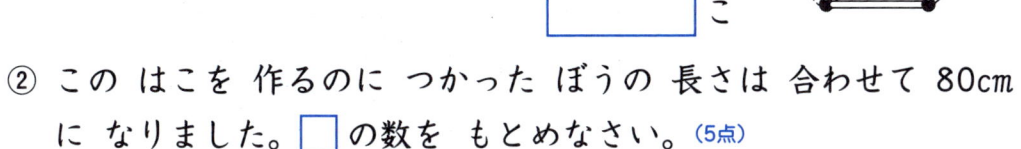

② この はこを 作るのに つかった ぼうの 長さは 合わせて 80cmに なりました。□の数を もとめなさい。(5点)
　　6　cm

17 はこの形

★★★ トップレベル ●時間20分 ●答え→別冊40ページ

1 右の図のような つみ木が あります。このとき，つぎの といに 答えなさい。

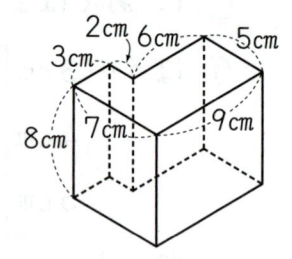

① へんは 何本 ありますか。また，ちょう点は 何こ ありますか。(8点×2＝16点)

へん… ☐ 本

ちょう点… ☐ こ

② この つみ木の へんの 長さを ぜんぶ たし合わせると，何cmに なりますか。(8点)

☐ cm

2 下の 図のように，はこの まわりに ひもを かけます。むすび目 に 20cm つかうと すると，つかう ひもの 長さは 何cmに なりますか。(8点×2＝16点)

① 20cm, 20cm, 20cm

☐ cm

② 45cm, 40cm, 30cm

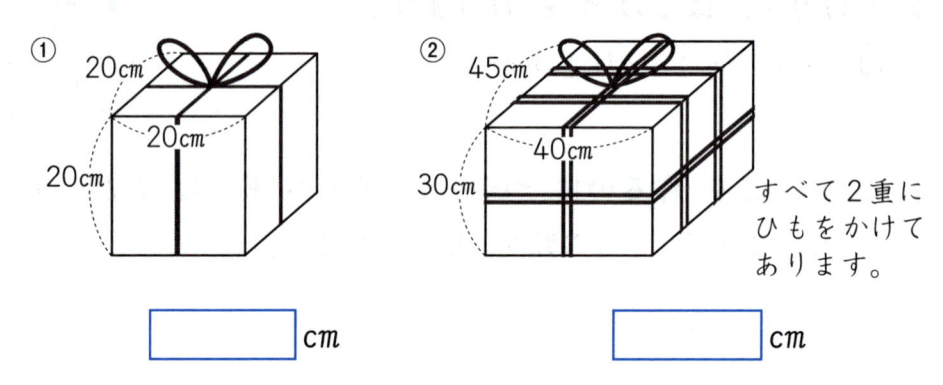

すべて2重に ひもをかけて あります。

☐ cm

3 右の 図のような ふたの ない はこが あります。

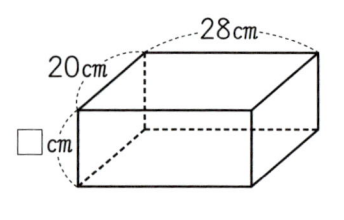

このはこに，1ぺんが 4cmの サイコロの 形の つみ木を つめた ところ，ちょうど 105こ つめることが できました。このはこの 高さを もとめなさい。(10点)

28cm, 20cm, ☐ cm

答え ☐

4 右の 図の ように, はこに ひもを 2じゅうに かけました。
　　また, むすび目には 30cm つかうと, つかった ひもの 長さは ぜんぶで 258cmに なりました。 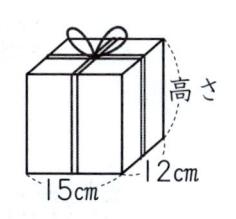
　このはこの高さは 何cmですか。(10点)

答え _____

5 右の 図の ように 1ぺんが 1cmの サイコロが つみかさなって います。

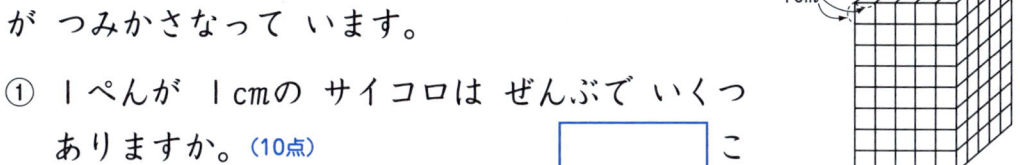

① 1ぺんが 1cmの サイコロは ぜんぶで いくつ ありますか。(10点)　_____ こ

② サイコロを かさねた まま, そこの めんを のぞいた, 5つの めんに 色をぬり, ぬりおわったら つみかされた サイコロを くずしました。つぎの つみ木は それぞれ 何こ ありますか。

(10点×3＝30点)

(あ) 3つの めんに 色が ぬられている つみ木　_____ こ

(い) 2つの めんに 色が ぬられている つみ木　_____ こ

(う) どの めんにも 色が ぬられていない つみ木　_____ こ

18 はこを ひらく

★ **標準レベル** ●時間 15分 ●答え→別冊41ページ 得点 /100

1 下の 図のような はこを へんに そって 切りひらくと, つぎの ア〜エの どの形に なりますか。記ごうで 答えなさい。(8点×4=32点)

① ② ③ ④

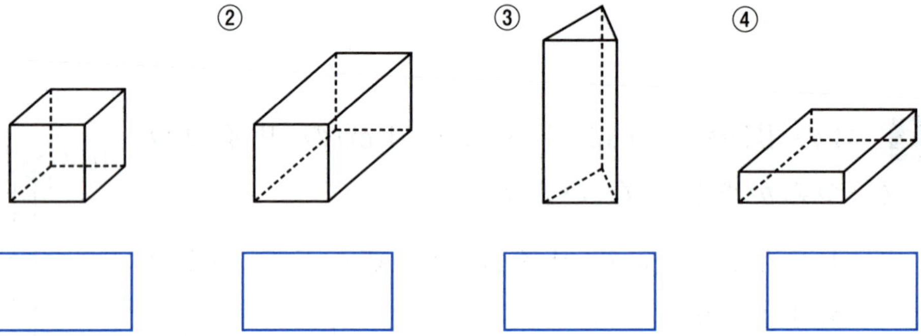

□　　□　　□　　□

ア 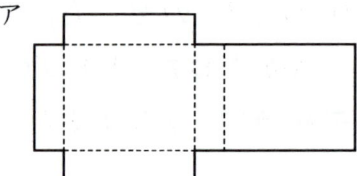　　　　　　　　イ

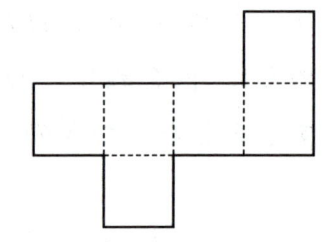

ウ 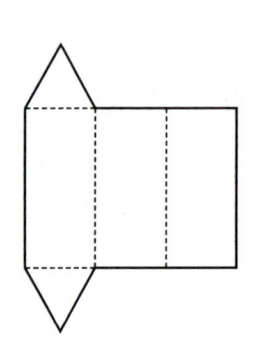　　　　　　　　エ

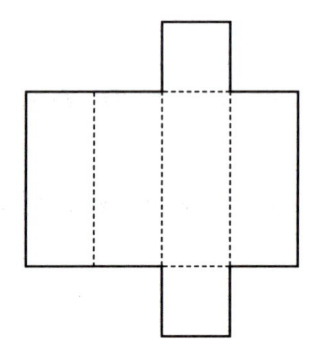

2 つぎの といに 答えなさい。

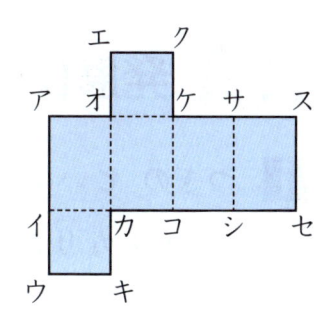

(1) 組み立てると，つぎの へんと かさなるのは どの へん ですか。(8点×3＝24点)

① エオ(　　　)

② セシ(　　　)

③ エク(　　　)

(2) 組み立てると，キと かさなる ちょう点は どれですか。(8点)

(　　　)

(3) 組み立てると，コから いちばん とおい ちょう点は どれですか。

(9点)

(　　　　　　　)

3 つぎの ような 図から さいころを 作ります。むかいあった めんの 数を たすと 7に なります。あいている めんに 数を 書き入れなさい。(9点×3＝27点)

① ② 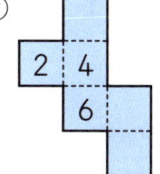　　　　　　　　③

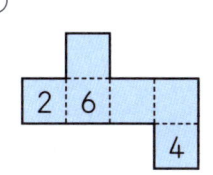

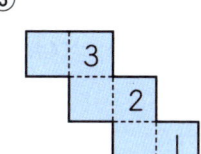

①の図: 2，6が横にならび，6の上に1マス，右下に4のマス

②の図: 2，4が横にならび，その上に1マス，6が下に配置

③の図: 3，2，1が階段状に配置

おとなの方へ

立体の展開図は，かなり高度な内容を含みます。そのため，入試でも差が出やすいところです。立体を頭の中で平面にのばして考えるのは難しいことですが，頭が柔らかい低学年だからこそ抵抗なく理解できます。わかりにくいときは，展開図を実際に組み立てるとよいでしょう。

18 はこを ひらく

★★ 発展レベル
●時間 20分
●答え→別冊42ページ
得点 /100

1 つぎの といに 答えなさい。

① ウの となりの めんを ぜんぶ 答えなさい。（4点）
（　　　　　　　　　　　　）

② 組み立てたとき，つぎの めんと むかい合う めんは どれですか。（4点×3＝12点）
エ（　　　）　オ（　　　）　カ（　　　）

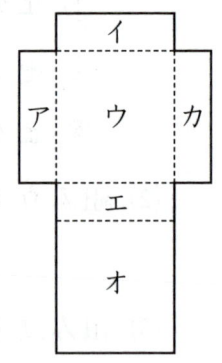

2 右の 図を 見て 答えなさい。

(1) つぎの へんと かさなるのは，どの へん ですか。（4点×3＝12点）
① エオ（　　　）　② オカ（　　　）
③ スセ（　　　）

(2) ツと かさなる ちょう点は どれと どれ ですか。（4点）
（　　　と　　　）

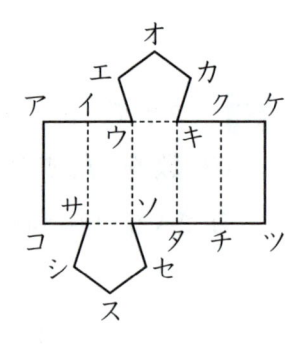

3 アの 図のように，立方体の 4つの へんの まん中を 通るように 2本の わゴムを かけました。イの 図は，この立体の てんかい図です。この中に わゴムの 通る 直線を 書き入れたいと 思います。たりない 直線を かき くわえて イの 図を かんせい させなさい。（4点）

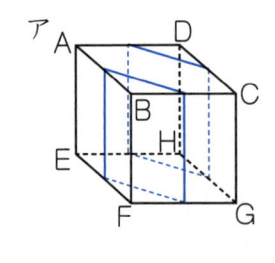

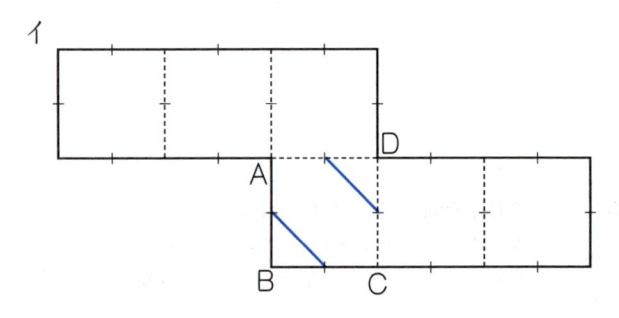

4 右のような 1ぺん 20cmの 正方形の あつ紙が あります。この 紙の 色の ついた ぶ分を 切りとり, 点線の ところを おりまげて 高さ 6cmの 直方体を 作りました。

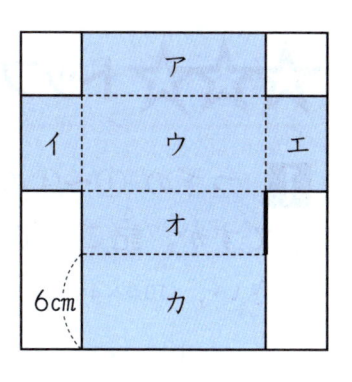

① この 直方体の たて, よこの 長さを それぞれ もとめなさい。(4点)

(　　　 , 　　　)

② 太線ぶ分の へんと へい行に なった めんは どれですか。ア～カから あるだけ えらびなさい。(4点) (　　　　　　)

5 ①～⑦の 図を 見て, もんだいに 答えなさい。(4点×14＝56点)

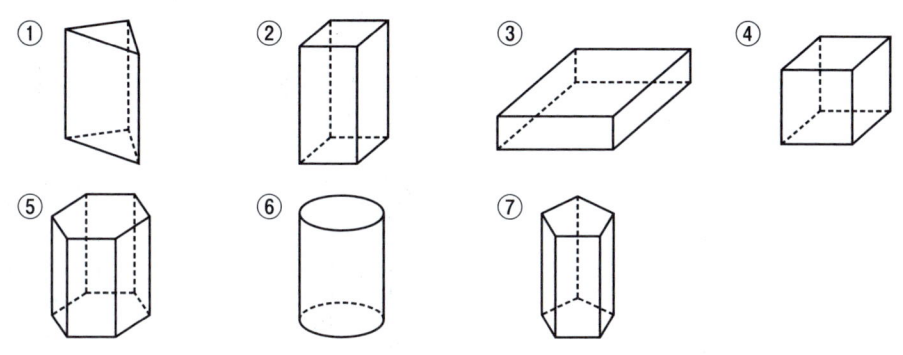

(1) ①～⑦の 立体の 名前を 答えなさい。

①(　　) ②(　　) ③(　　) ④(　　)
⑤(　　) ⑥(　　) ⑦(　　)

(2) ①～⑦の 形を ひらくと, 下の ア～キの どれに なりますか。

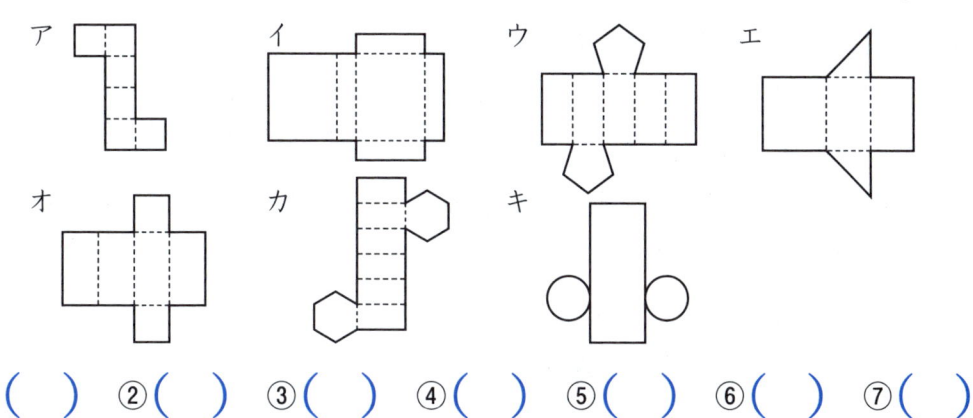

①( ) ②( ) ③( ) ④( ) ⑤( ) ⑥( ) ⑦( )

18 はこを ひらく

★★★ トップレベル

●時間20分
●答え→別冊42ページ

1 つぎの ①〜④の てんかい図は，下の ア〜カの 中の どの 図形ですか。記ごうで 答えなさい。また，その 立体の 名前も 答えなさい。（10点×4＝40点）

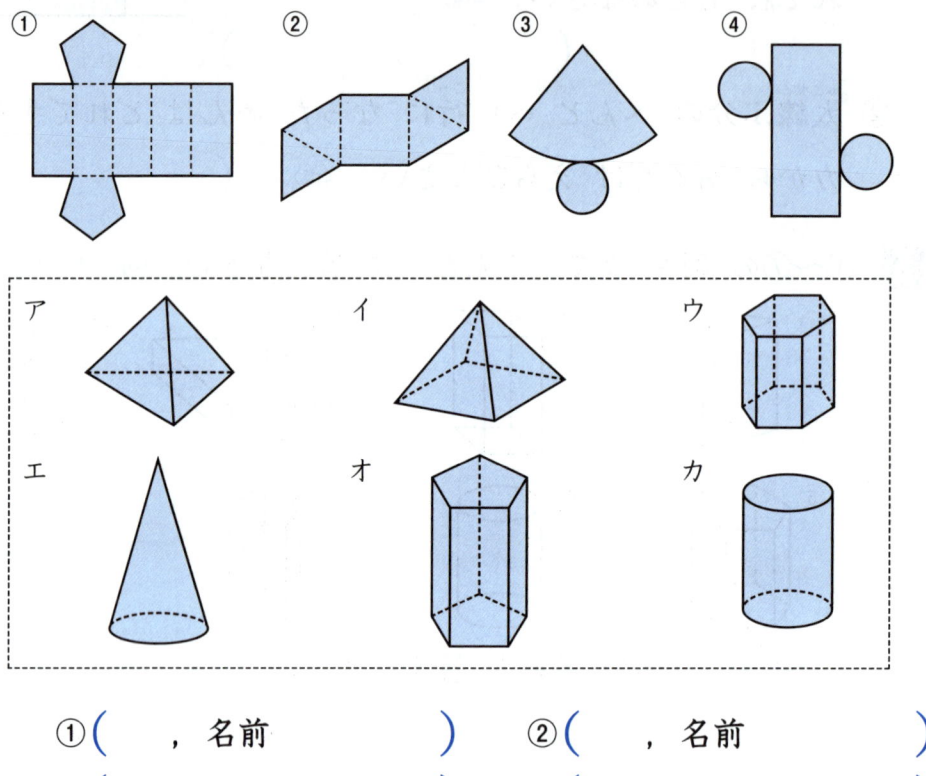

① (　 , 名前 　　　)　② (　 , 名前 　　　)
③ (　 , 名前 　　　)　④ (　 , 名前 　　　)

2 図1のような 立方体が あります。へんABの まん中の 点Mから ちょう点G まで 糸をピンと はりました。はった 糸の あとを，この立方体の てんかい図に かきこんだところ，図2 のように なりました。ア〜ウの いちに くる ちょう点を 記ごうで 書きなさい。（10点×3＝30点）

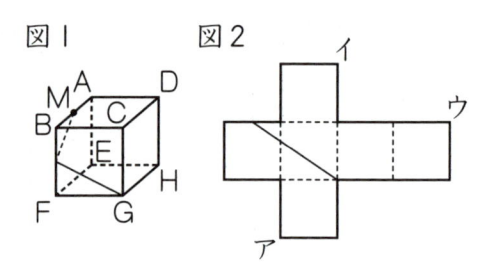

ア…(　)　イ…(　)　ウ…(　)

3 右の 図1と 図2は ともにA，B，C，Dを ちょう点とする 同じ 三角すいの てんかい図です。図1は 正三角形で，A，B，Cは それぞれ かくへんの まん中の 点です。

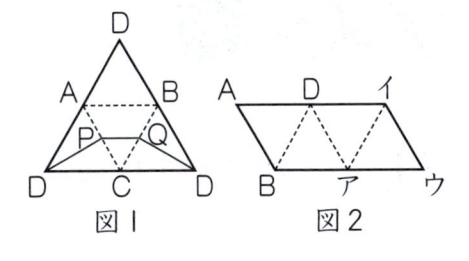

① 図2で ア，イ，ウには，A，B，C，Dのうち，どの ちょう点が あてはまりますか。(6点×3=18点)

　　ア…(　　　)　　イ…(　　　)　　ウ…(　　　)

② この 三角すいの ひょうめんに 線を かきました。図1の てんかい図では この 線が おれ線D−P−Q−Dに なります。図2の てんかい図では どう なりますか。てんかい図に かき入れなさい。ただし，P，Qの 記ごうは 書かなくて よいです。(6点)

4 右の 円ちゅうで，AD，BCは この 円ちゅうの 2つの ていめんの 直けいで，四角形 ABCDは 長方形です。いま，図に しめしたように 点Bから 点Dへ そくめん上を ひもで むすびます。このとき，ひもの 長さが もっとも みじかく なるようにします。右がわに ある そくめんの てんかい図に，ひもの 通る あとを かきなさい。(6点)

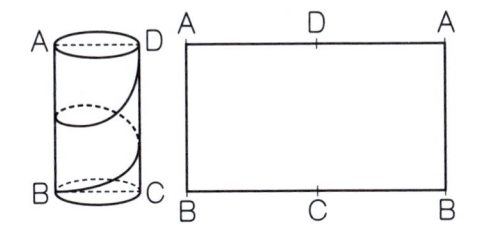

復習テスト 6

● 時間 20分
● 答え→別冊43ページ

① つぎの 図の中に 正方形と 長方形は それぞれ 何こ ありますか。(6点×2=12点)

① 正方形（　　），長方形（　　）　　② 正方形（　　），長方形（　　）

② つぎの 三角形の 正しい 名前を 書きなさい。(6点×3=18点)

① へんの 長さが 3cm, 3cm, 5cm　　（　　　　）

② へんの 長さが 4cm, 4cm, 4cm　　（　　　　）

③ 2つの へんの 長さが 6cm, 6cmで その間の 角が 直角

（　　　　）

③ 1組の 三角じょうぎを 下の 図のように かさねました。つぎの ア〜オの 角の 大きさは 何どですか。(5点×5=25点)

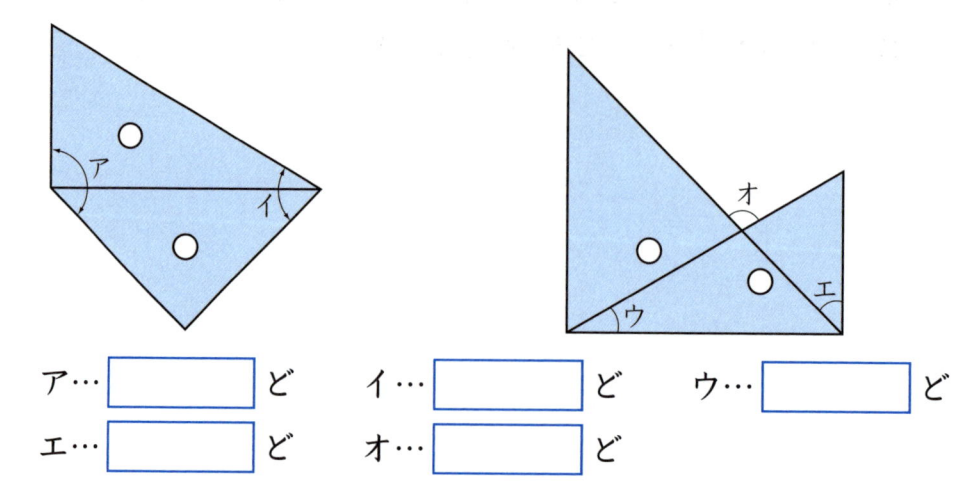

ア…□ど　　イ…□ど　　ウ…□ど
エ…□ど　　オ…□ど

④ つぎの ような 図から さいころを 作ります。むかいあった めんの 数の わを 7に なるようにします。つぎの ア〜カに はいる 数を 書きなさい。(5点×6＝30点)

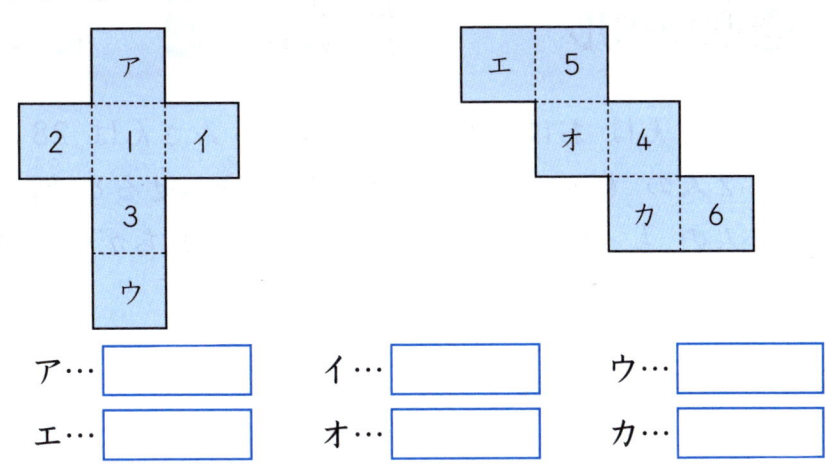

ア… 4　　イ… 5　　ウ… 6
エ… 3　　オ… 1　　カ… 2

⑤ 右の図は，4cmと 10cmの ぼうと ねん土を 何こか つかって 作った 形です。
つぎの □に あてはまる 数を 書き入れなさい。

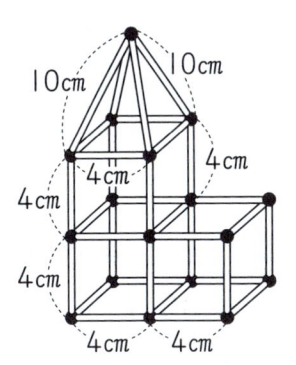

① ねん土は 13 こ あります。(5点)

② つぎの ぼうは 何本 ありますか。(5点×2＝10点)
　10cmの ぼう… 4 本
　4cmの ぼう… 20 本

19 難問研究1（和差算・分配算）

☆ 標準レベル ●時間 20分 ●答え→別冊43ページ 得点 /100

1 よりこさんは おはじきを 40こ，ゆうみさんは 28こ もって います。2人の もって いる おはじきを 合わせると 何こですか。また，2人の もって いる おはじきの こ数の ちがいは 何こですか。（10点）

答え

2 大小 2つの 数AとBが あります。AとBを たすと 86で Aから Bを ひくと 6に なります。AとBを それぞれ もとめなさい。（15点）

答え

3 兄と 弟は それぞれ お金を もって います。2人 合わせると 3400円で，兄は 弟より 600円 多く もって います。2人は それぞれ いくら もって いますか。（15点）

答え

4 大，小 2つの 数が あります。2つの 数を たすと 40で，大きい方は 小さい方より 10 大きいです。小さい方を 3ばい すると 大きい方より いくら 大きく なりますか。（15点）

答え

5 A，B 2つの 数が あります。2つの 数を たすと 50で，Aは Bの 4ばいです。A，B 2つの 数は それぞれ いくらですか。

(15点)

答え

6 よりこさんと ゆうみさんは おはじきを 合わせて 78こ もって います。よりこさんの もって いる おはじきの こ数は ゆうみさんの もって いる おはじきの 2ばい あります。よりこさんの もって いる おはじきは 何こですか。(15点)

答え

7 よりこさんは おはじきを 70こ，さやかさんは おはじきを 20こ もって います。よりこさんの もって いる おはじきの こ数を さやかさんの もって いる おはじきの こ数の 2ばいに するには よりこさんは さやかさんに おはじきを 何こ あげれば よいでしょう。

(15点)

答え

おとなの方へ 文章題を解くときは，必ず線分図をかいて考えます。線分図をかくとき，基準になるものが何かを考えて，それを基準にして差や倍数で表します。原則として，和差算は大小2つの数を考え，分配算は3つ以上の数を取り扱います。

19 難問研究1（和差算・分配算）

☆☆ 発展レベル
- 時間20分
- 答え→別冊44ページ

1 ある日の夜の長さは昼の長さよりも1時間20分長かったそうです。この日の昼の長さは何時間何分でしたか。(10点)

答え　□

2 だい1分さつと だい2分さつが セットに なった 本が ぜんぶで 6セット あります。その 合計の ねだんは 18600円です。また, だい2分さつは だい1分さつより 100円 高いです。だい1分さつ, だい2分さつ それぞれ 1さつの ねだんを もとめなさい。(15点)

答え
だい1分さつ
だい2分さつ

3 よりこさんと ちずこさんが それぞれ お金を もって います。2人の お金を 合わせると 10000円に なります。いま, 2人とも お母さんから 同じ 金がくの お金を もらったので よりこさんは 7000円, ちずこさんは 9000円に なりました。はじめ, 2人は それぞれ いくら もって いましたか。(15点)

答え
よりこ
ちずこ

4 A, B 2つの 水そうに 合わせて 80Lの 水が 入って います。Aから Bへ 8Lの 水を うつすと, りょう方の 水の りょうが ひとしく なります。はじめ, 2つの 水そうには, 水が それぞれ 何L 入って いましたか。(15点)

答え
A
B

発展レベル ☆☆

5 よりこさんと さやかさんは, それぞれ 何こかの おはじきを もって います。よりこさんは さやかさんの 4ばいの こ数の おはじきを もって います。おはじきの こ数は 2人 合わせると 100こに なります。よりこさんと さやかさんは それぞれ 何この おはじきを もって いましたか。(15点)

答え
さやか
よりこ

6 70この ビー玉を しんじくん, りょうすけくん 2人で 分けました。しんじくんは りょうすけくんの 5ばい よりも 2こ 少ない こ数 とりました。しんじくん, りょうすけくんは それぞれ 何こずつ とりましたか。(15点)

答え
しんじ
りょうすけ

7 3つの 数ア, イ, ウが あります。イは ウよりも 5大きく, アは イよりも 20大きい 数です。3つの 数の 合計は 453です。このとき アは □ です。(同志社中) (15点)

答え

19 難問研究1（和差算・分配算）

★★★ トップレベル　●時間20分　●答え→別冊44ページ

1 ある日の日の出の時こくは午前4時58分でした。この日は、昼の長さが夜の長さより4時間22分長い日でした。この日の日の入りの時こくは午後何時何分でしたか。（同志社女子中）（15点）

答え

2 長さが150cmのリボンをA，B，Cの3人で分けます。AはBよりも7cm長く，CはAより2cmみじかくなるように分けたいと思います。Cがもらえるリボンの長さは何cmでしょう。

（愛知教育大附名古屋中）（15点）

答え

3 AさんとBさんの年れいのわは，CさんとDさんの年れいのわにひとしく，42才です。また，BさんはAさんよりも4才年上で，Dさんよりも8才年上です。Cさんは何才ですか。

（金光学園中）（15点）

答え

4 3800円の お金を 兄と 弟で 分けた ところ, 兄の お金は 弟の お金の 3ばいより 200円 少なく なりました。弟の もらった お金は 何円に なりますか。(大阪産大附中) (15点)

答え

5 30こより 多く, 40こより 少ない 数の あめが あります。この あめを 5こずつ ふくろに つめると 1こ あまり, 7こずつ ふくろに つめても 1こ あまりました。(10点×2＝20点)

① この あめを 8こずつ つめると 何こ あまりますか。

答え

② 10こずつ ふくろに つめて あまりが 出ないように するには, あめは いちばん 少ない 場合で あと 何こ ひつようですか。

答え

6 Aえき, Bえき, Cえき, Dえき, Eえきの じゅんに ならんで いる ある ろ線では, かくえきとも 電車の てい車時間は 1分です。右の図は ある えきを 出ぱつしてから ある えきへ つくまでの しょよう時間を あらわして います。たとえば, Aえきから Cえきまで 20分 かかりますが, Bえきでの てい車時間も ふくまれて います。Cえきから Dえきまでは 何分 かかりますか。(慶應義塾普通部) (20点)

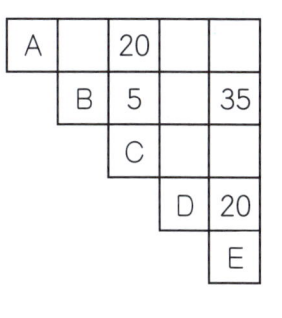

A	20		
	B	5	35
		C	
			D	20
				E

答え

20 難問研究2（植木算）

☆ 標準レベル

●時間 15分
●答え→別冊45ページ

1 長さ 10cmの リボンが 6本 あります。この リボンを 3cmずつ 間を あけて まっすぐに ならべました。リボンの はしから はしまでは 何cm ありますか。この もんだいを つぎの ように ときました。□に あてはまる 数を 入れなさい。（10点×4＝40点）

リボンと リボンの 間の 数は，

　　□ － □ ＝ □ （こ）

リボン 6本の 長さは

　　□ × □ ＝ □ （cm）

リボンと リボンの 間の 長さは，
合わせて □ × □ ＝ □ （cm）
ぜんぶで □ ＋ □ ＝ □ （cm）

2 長さ 10cmの テープが 8本 あります。この テープを 3cmずつ 間を あけて まっすぐに ならべて いきました。テープの はしから はしまで 何cm ありますか。（しき6点，答え4点，計10点）

しき

答え □

3 さくらの 木が 12本 まっすぐな 道に そって 5mおきに うえて あります。さくらの 木の はしから はしまでは 何m ありますか。
（しき8点，答え7点，計15点）

しき

答え □

4 6本の くぎを 4cmずつ 間を あけながら 木の いたに うって いきました。くぎの はしから はしまでは 何cmに なりますか。

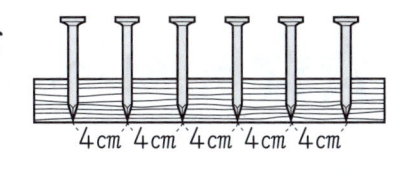

この もんだいを つぎのように ときました。つぎの □ に あてはまる 数を 入れなさい。(10点×2＝20点)

くぎと くぎの 間の 数は，

□ － □ ＝ □ （こ）

はしから はしまでの 長さは，

□ × □ ＝ □ （cm）

5 丸い 池の まわりに 4mおきに 木を うえて いくと，ちょうど 12本に なりました。この 池の まわりの 長さは 何m ありますか。

(しき8点，答え7点，計15点)

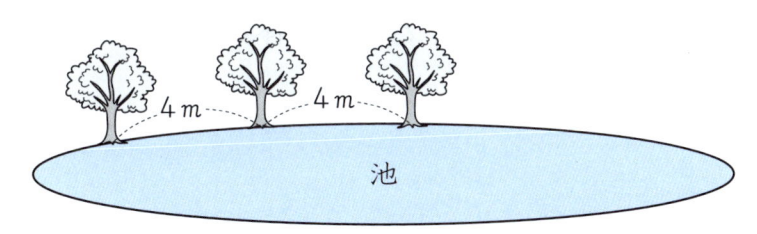

しき

答え

おとなの方へ
植木算のパターンには次のようなものがあります。（間の数）と（木の本数）との関係で整理します。
①両はしに木がある場合：（木の本数）＝（間の数）＋１
②両はしに木がない場合：（木の本数）＝（間の数）－１
③池のまわりに木を植える場合：（木の本数）＝（間の数）

20 難問研究2（植木算）

★★ 発展レベル
●時間20分
●答え→別冊46ページ

1 けやきの 木が 2本 立って いました。その 間に，ポプラの 木を 6mおきに うえて いくと，ちょうど 10本の 木を うえる ことが できました。けやきの 木と けやきの 木の 間は 何m ありますか。(10点)

答え □

2 長さが 30cmの 紙テープが 8まい あります。これらを 1cmずつ かさねて のりで つなぐと，ぜん体の 長さは 何cmに なるでしょう。（愛知教育大附名古屋中）(10点)

答え □

3 よりこさんは 1本の 長さが 25cmの テープを 12本 もって います。のりしろを 3cm とって この 12本の テープを つなぐと はしから はしまで テープは 何cmに なりますか。(16点)

答え □

発展レベル ☆☆

4 うんどう場に，つぎの ①，② のような形に 50cm 間かくで ハタを ならべます。それぞれ 何本の ハタが ひつようですか。

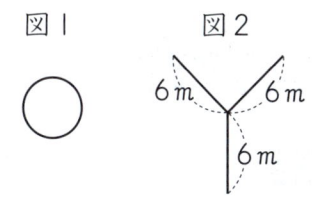

① 図1のような，円しゅうの 長さが 16m の 円形に ならべます。(柳学園中)(16点)

( )

② 図2のように ならべます。ただし，はしには かならず ハタを おく ことに します。(16点)

( )

5 8mの 間かくで 58本の はしらが 立って います。りょうはしの 2本は そのままに して，と中の はしらを じゅんおくりに 6m間かくに 直したいと 思います。新しい はしらを 何本 ついかする ひつようが ありますか。(普連土学園中)(16点)

答え

6 右の 図のように たて18cm，よこ26cmの 長方形の 紙を，たて方こうに 11まい，よこ方こうに 9まい はり合わせた 1まいの かべ紙を 作りました。この かべ紙の たて，よこの 長さを もとめなさい。
ただし，のりしろは 5mmと します。(16点)

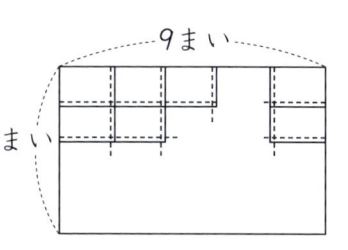

答え

20 難問研究2（植木算）

★★★ トップレベル ●時間20分 ●答え→別冊46ページ 得点 /100

1 図のような わを，10こ つないだ くさりが あります。この くさりを まっすぐ のばした ときの 長さを もとめなさい。(ノートルダム清心中)

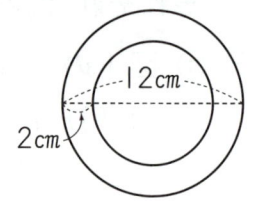

（しき6点，答え4点，計10点）

しき

答え

2 150mの 道が あり，はしから はしまで，1mの 間かくで 電ちゅうが 立っています。この 道ろの いちばん 左はしの 電ちゅうの 下に，男子と 女子が 1人ずつ 立っています。そこから 男子は 3mの 間かくで 電ちゅうの 下に 立ち，女子は 2mの 間かくで 電ちゅうの 下に 立ちます。このとき，つぎの といに 答えなさい。

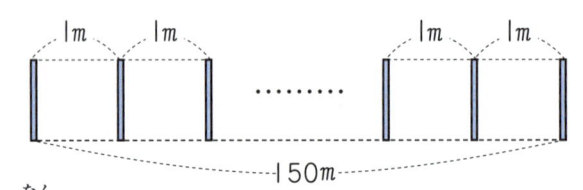

① 電ちゅうは 何本 立っていますか。(10点)

答え

② 男子が 立っている 電ちゅうは，何本 ありますか。(10点)

答え

③ 男子と 女子が いっしょに 立っている 電ちゅうは 何本 ありますか。(10点)

答え

④ 人が 立っていない 電ちゅうは 何本 ありますか。(15点)

答え

3 たて 3cm, よこ 4cmの 長方形を, となり どうしの 長方形との かさなりが 1ぺん 1cmの 正方形に なる ように ならべます。右の 図は 長方形を 5まい ならべた ときの 図です。また, 図の まわりの 長さとは 図の 太線ぶ分, よこの 長さとは 図の アの 長さと します。このとき, つぎの といに 答えなさい。

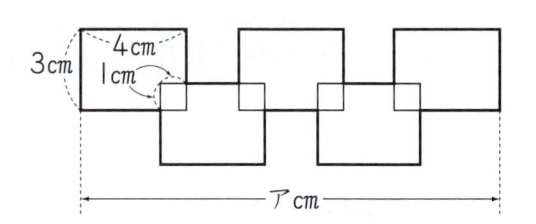

① 上の 図の まわりの 長さは 何cmですか。(しき8点, 答え7点, 計15点)

しき

答え

② 長方形を 7まい ならべた ときの よこの 長さは 何cmですか。

(しき8点, 答え7点, 計15点)

しき

答え

③ 長方形を なんまいか ならべた ところ, よこの 長さが 43cmに なりました。このとき, この 図形の まわりの 長さは 何cmですか。(しき8点, 答え7点, 計15点)

しき

答え

21 難問研究3（規則性1）

☆ 標準レベル　●時間 15分　●答え→別冊47ページ

1. 3を 2008こ かけあわせた 数の 一のくらいの 数は □ です。(10点)

2. つぎの □ に あてはまる せい数を 入れなさい。 (奈良学園中)

① 右の 図から，
1＋3＝ ア × ア ，
1＋3＋5＝ イ × イ
1＋3＋5＋7＝ ウ × ウ
と 計算できる ことが わかります。(8点×3＝24点)

② ①の 計算方ほうを り用すると，2＋4＋6＋…＋1000＝
エ × エ ＋ オ ＝ カ となります。
(10点)

3. 右のような きそくで 数が じゅんじゅんに ならんでいるとき，つぎの といに 答えなさい。(共立女子二中)

① 53は 何行 何れつ目の 数に なるか もとめなさい。(8点)

(　　　)

② 17行二れつ目の 数を もとめなさい。(10点)

(　　　)

	一れつ	二れつ	三れつ	四れつ	五れつ
1行	1	2	3	4	5
2行	6	7	8	9	10
3行	11	12	13	14	15
4行	16	17	18	19	⋮
⋮	⋮	⋮	⋮	⋮	⋮

標準レベル ☆

4 マッチぼうを つぎの 図の ように じゅんに ならべて いきます。このとき，あとの ①，② の といに 答えなさい。　　　（京都大附京都・桃山中）

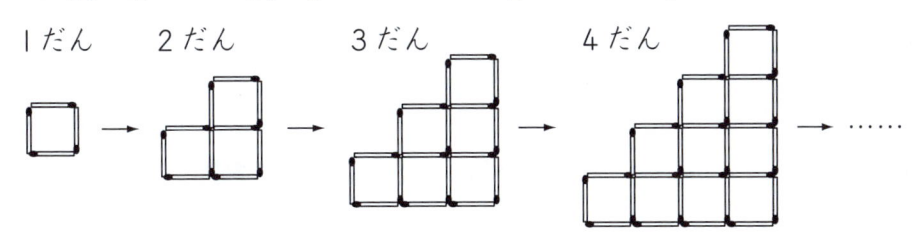

1だん　2だん　3だん　4だん

① 20だんに なるように ならべるとき，1だんの ときに できる 大きさの 正方形が 何こ できますか。(8点)

(　　　)

② 10だんに なるように ならべるとき，マッチぼうは 何本 ひつようですか。(10点)

(　　　)

5 たて1cm，よこ2cmの 長方形を 下の 図の ように かさねて いきます。

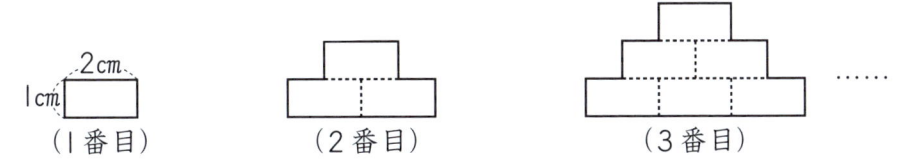

2cm
1cm
(1番目)　　（2番目）　　（3番目）

① （5番目）の 図の まわりの 長さは 何cmですか。(10点)

(　　　)

② まわりの 長さが 100cmより 長く なるのは，何番目の 図からですか。(10点)

（帝塚山学院中）

(　　　)

> **おとなの方へ**
> 1. 規則性（数列）の問題は差をとって考える。
> 2. 等差数列の問題は植木算の考え方で解く。
> 3. 等差数列の和を求める。

21 難問研究3（規則性1）

★★ 発展レベル
●時間20分　●答え→別冊48ページ

1 下の図のように，白と黒のご石があるきまりにしたがってならんでいます。つぎのといに答えなさい。（6点×2＝12点）

○●●○○○●●●●○○○○●●●●●○……

① はじめから120番目のご石は白色ですか黒色ですか。
（　　　）

② 200このご石をならべたときに，その中には白色のご石はぜんぶで何こありますか。
（　　　）

2 下の図のように，白い玉と黒い玉をならべていきます。つぎのといに答えなさい。（6点×2＝12点）　　　（愛知教育大附名古屋中）

1番目　2番目　3番目　4番目　5番目

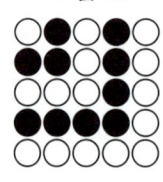

① 7番目の白い玉は，ぜんぶで何こありますか。
（　　　）

② 20番目の白い玉は，ぜんぶで何こありますか。
（　　　）

3 き数を小さいじゅんに図のようにならべていくことにします。このとき，つぎの□にあてはまる数を答えなさい。（東京学芸大附世田谷中）

1れつ目　1
2れつ目　3　5
3れつ目　7　9　11
4れつ目　13　15　17　19
5れつ目　21　23　25　27　29

① 8れつ目のさいしょの数は，□です。（6点）

② 123は，□れつ目にあります。（6点）

③ 10れつ目にならんでいる数の合計は，□です。（6点）

発展レベル ★★

4 せい数を 1から じゅんに，ある きまりに したがって 下の 図の ように ならべて いきます。つぎの ①，②の かくといに 答えなさい。(9点×2＝18点)　　　　　　　　　　　　　　（福岡教育大附福岡・小倉久留米中）

	1れつ	2れつ	3れつ	4れつ	5れつ	…
1だん目	1	4	9	16	25	
2だん目	2	3	8	15	24	
3だん目	5	6	7	14	23	
4だん目	10	11	12	13	22	
5だん目	17	18	19	20	21	
⋮						

① 7だん目の 5れつに あてはまる 数を もとめなさい。
(　　　　　)

② 230は 何だん目の 何れつに あてはまる 数ですか。
(　　　　　)

5 せい数を 右の ように ならべます。

1	2	5	10	…
4	3	6	11	…
9	8	7	12	…
16	15	14	13	…
⋮	⋮	⋮	⋮	

① 左はしの れつで，上から 15番目の 数を 答えなさい。(8点)　(　　　　　)

② 90は 左から 何番目，上から 何番目に ありますか。(8点)　　　　　　　　　　（奈良女子大附中）

(左から　　　番目, 上から　　　番目)

6 右の 図は，せい数を きそくてきに 正しく ならべた ものです。つぎの といに 答えなさい。(8点×3＝24点)　　　（西南学院中）

	1れつ	2れつ	3れつ	4れつ	5れつ	…
1行	1	2	3	4	5	…
2行	3	4	5	6	7	…
3行	5	6	7	8	9	…
4行	7	8	9	10	11	…
5行	9	10	11	12	13	…
⋮	⋮	⋮	⋮	⋮	⋮	

① 上から 3行め，左から 10れつめの せい数を もとめなさい。
(　　　　　)

② 上から 30行め，左から 20れつめの せい数を もとめなさい。
(　　　　　)

③ 上から A行め，左から Bれつめの せい数を，文字A，Bを つかった しきで あらわしなさい。
(　　　　　)

21 難問研究3（規則性1）

★★★ トップレベル

1 1+3=4, 1+3+5=9, 1+3+5+7=16, 1+3+5+7+9=25 の ように，き数の わを 考えます。

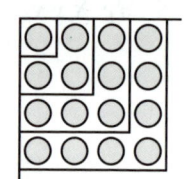

① わが 81に なるのは，1から どんな き数までの たし算ですか。(5点)

（　　　）

② 1から 31までの き数の わは いくらに なりますか。(5点)

（　　　）

③ 19から 57までの き数の わは いくらに なりますか。(10点)

（修道中）

（　　　）

2 ある きそくに したがって，せい数を 3つずつ 組み合わせて，右のように ならべました。

(1, 3, 8)
(2, 4, 12)
(3, 5, 16)
(4, 6, 20)
(　,　,　)
(6, 8, 28)

① 右の □ に 入る 組み合わせを 書きなさい。(5点)

（　　　）

② はじめて せい数の わが 3けたに なるのは 上から 何番目の 組み合わせですか。(5点)

（　　　）

③ ある 組み合わせに ふくまれる せい数の わが 180でした。3つの せい数を もとめなさい。(5点)

（　　　）

④ 3けたの せい数だけで 作られている 組み合わせに ふくまれる すべての せい数の わを もとめなさい。(5点)

（駒場東邦中）

（　　　）

3 あるきそくにしたがって，せい数がつぎのようにならんでいる。

だい1だん目　1，8，15，22，29，36，43，50，…
だい2だん目　2，3，9，10，16，17，23，24，30，31，…
だい3だん目　4，5，6，7，11，12，13，14，18，19，20，21，…

① だい1だん目の数をさいしょから50番目までたしたらいくつになりますか。(10点)

(8625)

② だい2だん目の数で，300より小さい数はいくつありますか。
(10点)（金蘭千里中）

(86)

4 つぎのように，あるきそくにしたがってせい数がならんでいます。
　　1，2，2，3，3，3，4，4，4，4，5，5…
このとき，つぎのといに答えなさい。　　　　（大谷中（大阪））

① さいしょから数えて30番目の数は何ですか。(20点)

(8)

② 1番目から30番目までの数のわをもとめなさい。(20点)

(156)

22 難問研究4（規則性2）

☆ 標準レベル　●時間 15分　●答え→別冊50ページ　得点 /100

1 つぎの ように ○，△，×を くりかえし ならべた れつが あります。

○○△△××○△×○○△△××○△×○○…

① 上の れつで 左から 60番目は，○，△，×のうち どれですか。（10点）

（　　　）

② 上の れつで 左から 300番目までに ○は ぜんぶで 何こ ありますか。（10点）

（　　　）

③ △だけを 数えたとき 200番目の △は，上の れつで 左から 何番目ですか。（10点）　　　　　　　　　　　　　　　　（四天王寺中）

（　　　）

2 右の 図の ように，白と 黒の 三角形の タイルを ならべて いきます。つぎの といに 答えなさい。（昭和学院秀英中）

① 20だん目は 白と 黒の タイルは それぞれ何まい ありますか。（10点）

白（　　　）　黒（　　　）

② 20だん目まで ならべたとき，白と 黒の タイルは それぞれ 何まい つかわれましたか。（10点）

白（　　　）　黒（　　　）

3

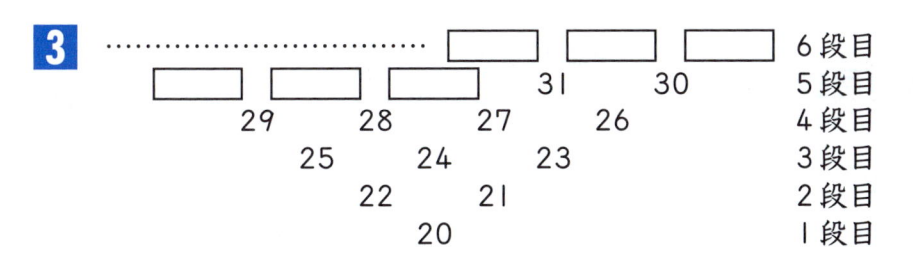

```
...............  □  □  □   6段目
          □  □  □  31  30   5段目
          29 28 27 26      4段目
             25 24 23      3段目
                22 21      2段目
                   20      1段目
```

上の 図の ように，20から 数字を ならべて いきます。

① 7だん目の 右はしの 数字は 何ですか。(10点)

( )

② 11だん目の 左から 5番目の 数字は 何ですか。(10点)

( )

(東京文化中)

4 1ぺん 1cmの 正方形を 下の 図の ように ならべて いきます。

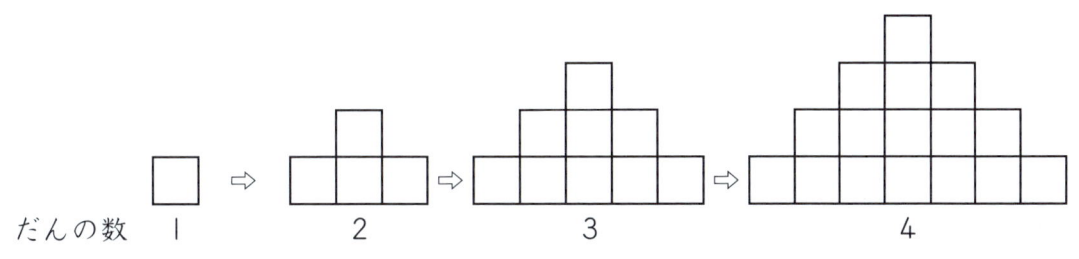

だんの数　1　⇒　2　⇒　3　⇒　4

① だんの 数と その しゅうの 長さを しらべて みました。その けっかを 右の ひょうに かんせい させなさい。(10点)

だんの数 (だん)	1	2	3	4	5
しゅうの長さ (cm)	4	10			

② 10だん ならべたときの しゅうの 長さを もとめなさい。(10点)

( )

③ しゅうの 長さが 2008cmに なるのは，何だん ならべた ときかを もとめなさい。(10点)

( )

(福山暁の星女子中)

> **おとなの方へ**
> 1. 同じもののくり返しを見つける。
> 2. 順に増加分を調べる。
> 3. 奇数の和を求める。

22 難問研究4（規則性2）

★★ 発展レベル
●時間 20分
●答え→別冊51ページ

1　下の図のように，1つの正三角形を，ひとしい大きさの正三角形に分け，きそく正しく数字をあてはめていきます。つぎのといに答えなさい。
（比治山女子中）

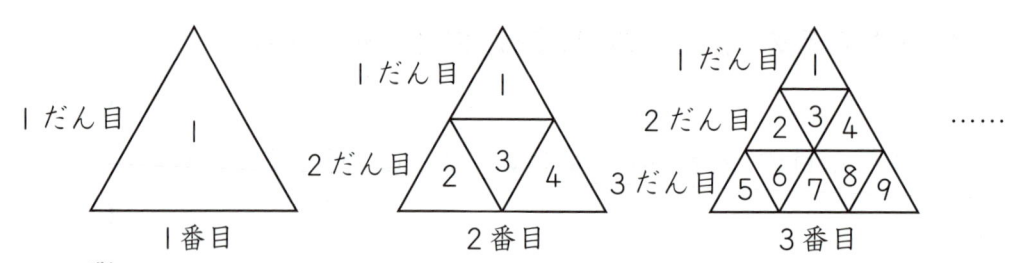

1だん目　1
1番目

1だん目　1
2だん目　2　3　4
2番目

1だん目　1
2だん目　2　3　4
3だん目　5　6　7　8　9
3番目　……

① 5番目の正三角形において，いちばん大きな数字はいくつですか。(10点)　（　　　）

② 10番目の正三角形において，7だん目の左から3番目の数はいくつですか。(10点)　（　　　）

2　1ぺんが1cmの正三角形の紙を図のように組み合わせて大きな正三角形を作り，数字を書き入れます。

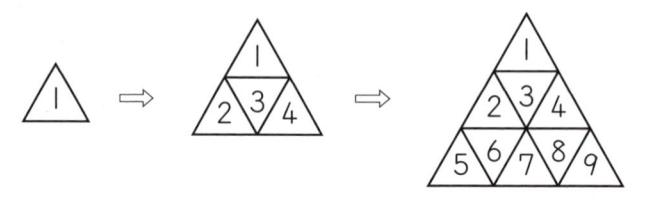

1　⇒　1／2 3 4　⇒　1／2 3 4／5 6 7 8 9

つぎのといに答えなさい。
（淳心学院中）

① 組み合わせた正三角形の紙が81まいのとき，大きな正三角形の1ぺんは何cmですか。(5点)　（　　　）

② 上から17だん目には正三角形が何まいありますか。(5点)　（　　　）

③ 上から18だん目の数のわから，17だん目の数のわをひくといくらですか。(10点)　（　　　）

3 右の 図の ように，１ぺんが １cmの 正三角形の 色いたを ならべて，つぎつぎに 大きな 正三角形を つくって いく ことに します。このとき，つぎの といに 答えなさい。　（香川県大手前高松中）

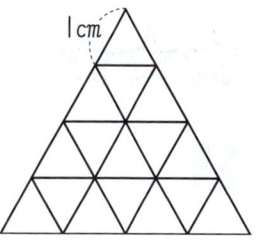

(1) 上から １だん目，２だん目と 数えた「だんの数」と，その だんに ならぶ「色いたの数」との 間の かんけいを しらべて みます。

① １だん目，２だん目，３だん目に ならぶ 色いたの 数は それぞれ １まい，３まい，５まいです。それでは，８だん目には 色いたは 何まい ならびますか。(10点)　（　　　）

② 上から xだん目に ならぶ 色いたの 数を xを 用いて あらわしなさい。(10点)　（　　　）

③ 色いたが 77まい ならぶのは 上から 何だん目ですか。(10点)　（　　　）

(2) １ぺんが ７cmの 正三角形を つくるには，１ぺんが １cmの 正三角形は，ぜんぶで 何こ ひつようですか。(10点)　（　　　）

4 61から 300までの 数を，右のように ４つの 数の 組に 分けました。つぎの といに 答えなさい。　（立教中）

１番目（61, 62, 63, 64）
２番目（65, 66, 67, 68）
３番目（69, 70, 71, 72）
４番目（73, 74, 75, 76）
　　　　　　⋮

① 46番目の 組の もっとも 小さい 数は いくつですか。(10点)　（　　　）

② ４つの 数の わが 650に なる 組は 何番目ですか。(10点)　（　　　）

22 難問研究4（規則性2）

★★★ トップレベル ●時間20分 ●答え→別冊52ページ

1 1から 200までの せい数のうち 3の ばい数と 4の ばい数を のぞいた 数れつ

　　　1, 2, 5, 7, 10, 11, 13, 14, …

を 下の 図の ように ならべました。

```
1だん目                    1
2だん目                 2     5
3だん目              7    10    11
4だん目           13   14   …    …
　…            ………………………………
              ………………………………………
```

つぎの ア から ウ に あてはまる 数を もとめなさい。

（関東学院中 改）

この 数れつの さい後の 数は ア で，それは イ だん目の 左から ウ 番目である。（5点×3=15点）

ア ____, イ ____, ウ ____

2 長方形の 紙に，まっすぐな 線を，1本ずつ かさならないように かきます。

たとえば，まっすぐな 線3本を 図1のように かいたとき，交点の こ数は 3こです。

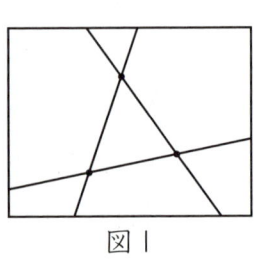

図1

① まっすぐな 線を 4本 かいたとき，交点は もっとも 多くて 何こ できますか。(10点)　　（　　）

② まっすぐな 線を 何本か かいたとき，100こ い上の 交点が できました。かいた 線の 本数として 考えられる もののうち，もっとも 少ない 本数を 答えなさい。(10点)　　（　　）

（筑波大附駒場中）

3 右の 図は，1ぺんの 長さが 1cmの 正三角形を，すきまが ないように，また，重ならないように ならべて，正六角形を つくった ところを しめしています。このとき，つぎの といに 答えなさい。

（東京学芸大附小金井中）

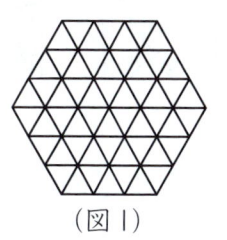

（図1）

（図2）

(とい1) 図1の 正六角形に ふくまれる 1ぺんの 長さが 1cmの 正六角形の こ数を，つぎの 2通りの 考え方で もとめました。☐に あてはまる 数を 書きなさい。

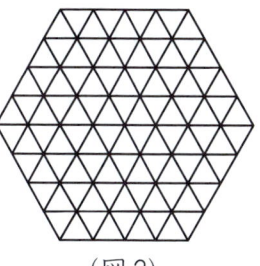

ア 3＋4＋5＋☐＋☐ (10点)

イ （3－☐）×6＋（2－1）×☐＋1 (10点)

(とい2) ア，イ それぞれの 考え方に もとづいて，図2の 正六角形に ふくまれる 1ぺんの 長さが 1cmの 正六角形の こ数を，つぎの ように もとめました。☐に あてはまる 数や しきを 書きなさい。

ア 4＋5＋6＋☐ (10点)

イ （☐－1）×6＋（3－☐）×6
　＋（2－1）×☐＋1 (10点)

(とい3) イの 考え方に もとづいて，図2の 正六角形に ふくまれる 1ぺんの 長さが 2cmの 正六角形の こ数を もとめる しきを 書きなさい。(10点)　（　　　　　　　　　　　　）

(とい4) 図1，図2の 正六角形と 同じように，1ぺんの 長さが 10cmの 正六角形を つくると します。イの 考え方に もとづいて，この 正六角形に ふくまれる 1ぺんの 長さが 7cmの 正六角形の こ数を もとめる しきと こ数を 書きなさい。

しき　　　　　　　　　　　　　（しき8点，答え7点，計15点）

答え ☐

147

実力テスト1

● 時間 40分
● 答え→別冊53ページ

① つぎの 計算を しなさい。(3点×4=12点)

① 18+22+48+78+82=
② 49+50+51+52+53=
③ 400-89-90-91=
④ 387+493-287-393=

② つぎの □ に あてはまる 数を 書きなさい。(3点×4=12点)

① 　２□８
　＋□３□
　　６８３

② 　□５□
　＋３９７
　　８□９

③ 　８□４
　－ ４５□
　　□６８

④ 　９□６□
　－□３４５
　　３２□８

③ 計算した 答えを かん数字で 書きなさい。(3点×2=6点)

① 8000-3457=
② 8745+24068=

④ 右の 図の ように，1ぺんが 1cmの 正方形の タイルを ならべます。ぜんぶで 何こ ならびますか。(5点)

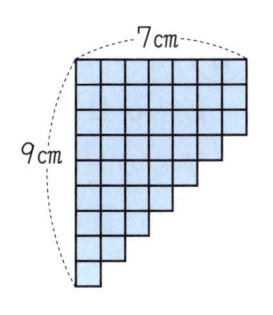

答え □

⑤ つぎの 三角形を みて，なかまを つくりなさい。(5点×4＝20点)
（ひつような ときは じょうぎを つかって 長さを はかりましょう。）

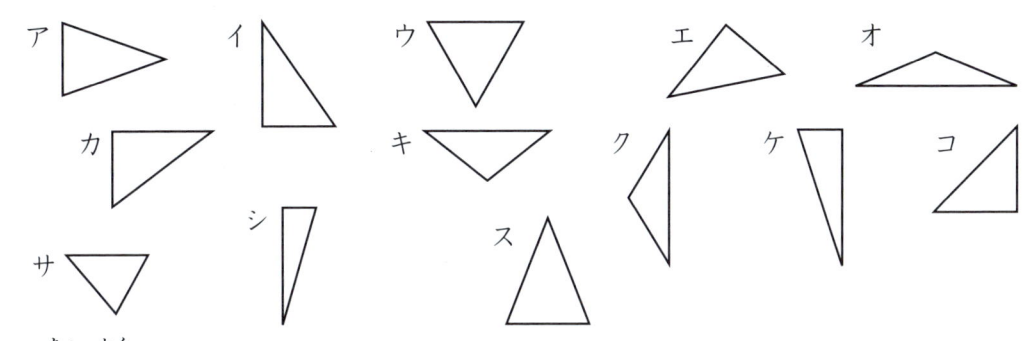

ア　イ　ウ　エ　オ
カ　キ　ク　ケ　コ
サ　シ　ス

① 直角三角形は どれですか。すべて 答えなさい。
（　　　　　　　　　　　　　　）

② 少なくとも 2つの へんの 長さが ひとしい 三角形は どれですか。すべて 答えなさい。
（　　　　　　　　　　　　　　）

③ へんの 長さが 3つとも ひとしい 三角形は どれですか。すべて 答えなさい。
（　　　　　　　　　　　　　　）

④ 直角より 大きい 角の ある 三角形は どれですか。すべて 答えなさい。
（　　　　　　　　　　　　　　）

実力テスト1

6 右の 図の ように はこに ひもを かけ, むすび目に 30cm つかいました。つかった ひもの 長さは ぜんぶで 2m50cmでした。□の 長さを もとめなさい。(5点)

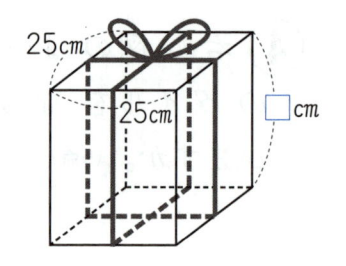

答え

7 下の 図は, 線で つながった 上の 2この 数を たした 答えを 下に 書いていく きまりに なって います。

たとえば, (図１)では, あ＝1＋2 と なるので あは 3, い＝2＋3 と なるので いは 5, う＝あ＋い＝3＋5となるので うは 8となります。このとき, つぎの といに 答えなさい。

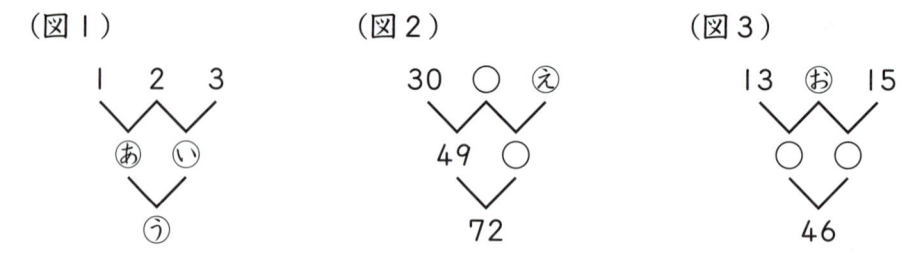

(図１)
```
  1  2  3
   あ  い
     う
```

(図２)
```
  30  ○  え
    49  ○
      72
```

(図３)
```
  13  お  15
    ○  ○
      46
```

① (図２)の えに 入る 数は 何ですか。(5点)

( )

② (図３)の おに 入る 数は 何ですか。(5点)

( )

⑧ よりこさん，えみさん，さやかさん，よしみさんの 4人が せの 高さを くらべました。このとき，つぎの といに 答えなさい。

よりこさんは さやかさんよりも 10cm せが 高く，えみさんは さやかさんより 2cm 高く，よしみさんは よりこさんよりも 5cm 高い そうです。

また，4人の せの 高さを 合わせると 5m47cmに なります。このとき，4人の せの 高さを それぞれ もとめなさい。(10点)

よりこ… ☐ cm， えみ… ☐ cm

さやか… ☐ cm， よしみ… ☐ cm

⑨ 5本の さくらの 木が まっすぐ ならんで 立って いる 道が あります。この 5本の さくらの 木の 間に，チューリップの 花を 4本ずつ うえ，さくらや チューリップが ならんだ 間には すみれの 花を 3本ずつ うえます。すみれの 花は 何本 いりますか。

(しき3点, 答え2点, 計5点)

しき

答え ☐

⑩ ☆，△，×の 記ごうを 下の ように ある きまりに したがって ならべて いきます。この 記ごうの れつに ついて，つぎの といに 答えなさい。

☆，☆，△，×，△，☆，☆，△，×，△，☆，☆，△，…

① 左から 数えて 123番目の 記ごうは どれですか。(5点)

(　　)

② 左から 数えて 359番目までに，△の 記ごうは 何こ ありますか。(5点)

(　　)

③ 左から 数えて 45番目の △は，すべての 記ごうを 数えた ときに 左から 何番目に なりますか。(5点)

(　　)

実力テスト2

●時間 40分
●答え→別冊54ページ

① つぎの 計算をして、□に あてはまる 数を 入れなさい。

(3点×6=18点)

① 283+9436+394=□

② 8000-534-3947=□

③ 2854+4532-5599-□=1192

④ 63cm8mm+52cm9mm-80cm6mm
　　　　　　　　　=□cm□mm

⑤ 3L8dL-2L9dL+2L5dL=□L□dL

⑥ 2日12時間36分-1日18時間48分+3日19時間56分
　　　　　=□日□時間□分

② 右の 図は 正三角形が あつまった ものです。
つぎの といに 答えなさい。

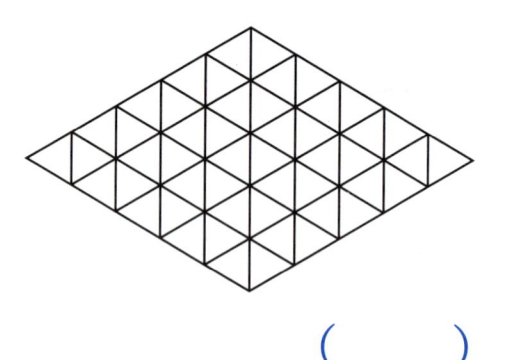

①  △のような 正三角形は ぜんぶで いくつ ありますか。むきは 考えません。(5点)

（　　）

② △（大）の 大きさの 正三角形は ぜんぶで いくつ ありますか。むきは 考えません。(5点)

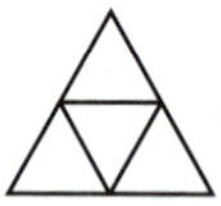

（　　）

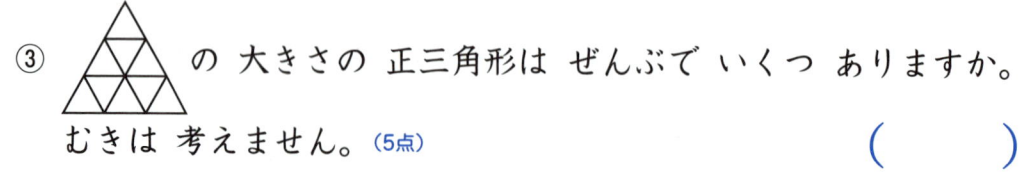

③ △（もっと大）の 大きさの 正三角形は ぜんぶで いくつ ありますか。むきは 考えません。(5点)

（　　）

④ ぜんぶで 正三角形は いくつ ありますか。むきは 考えません。

(5点)

（　　）

③ つぎの 図には 左の 正方形の タイルを 何まい おくことが できますか。(6点×2＝12点)

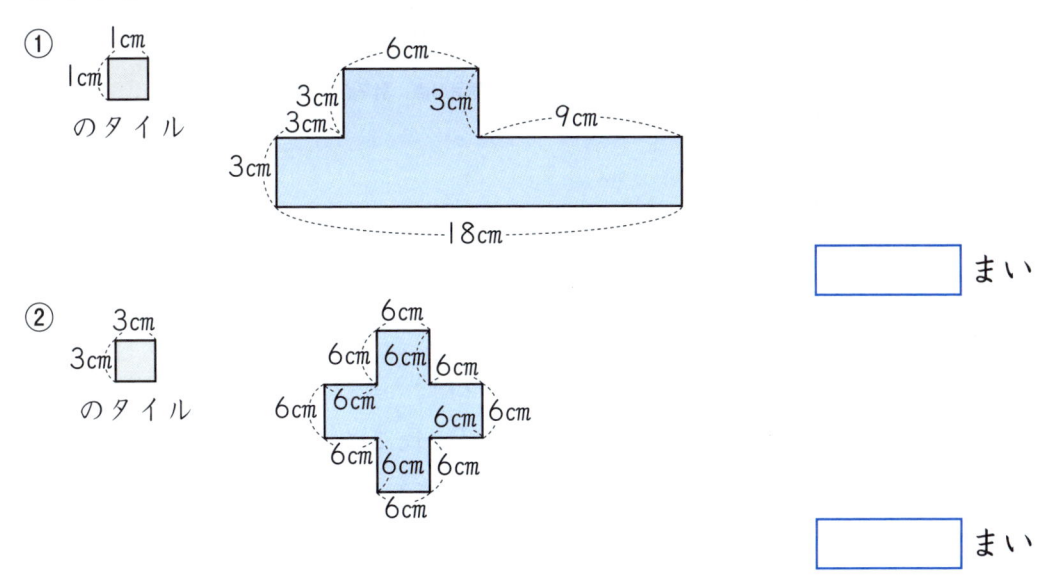

① 1cm×1cm のタイル

□まい

② 3cm×3cm のタイル

□まい

④ 下の 図ア，図イの ように，へやの すみに 同じ 大きさの つみ木を たくさん かさねました。それぞれの 図で，つみ木は 何こずつ ありますか。(5点×2＝10点)

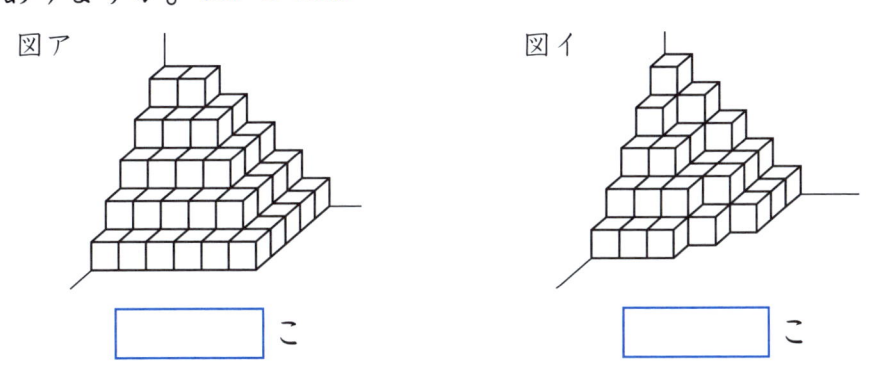

図ア　　　　　　　　　図イ

□こ　　　　　　　　　□こ

実力テスト 2

5 よりこさんは、おはじきを 70こ もって います。のりこさんも 何こか もって いましたが、妹に 20こ あげたので、よりこさんよりも 40こ 少なく なりました。はじめに のりこさんは おはじきを 何こ もって いましたか。(しき4点, 答え3点, 計7点)

しき

答え

6 よこの 長さが たての 長さの 3ばいよりも 2cm 長い 長方形が あります。この 長方形の まわりの 長さが 164cmであるとき、この長方形の よこの 長さを もとめなさい。(しき4点, 答え4点, 計8点)

しき

答え

7 よりこさんの クラスの 先生と、よりこさん、みきこさん、いちろうくん、けんたくん、なつこさんの 6人で しゃしんを とることに しました。

つぎの 話を聞いて、あ～おの ところに だれが くるのかを 答えなさい。

先生の 場しょは 図の ところに きまって います。

よりこ：「わたしの 前には いちろうくんが います。」
いちろう：「ぼくの となりには けんたくんが います。」
みきこ：「わたしは けんたくんの ま後ろでは ありません。」
なつこ：「わたしの 場しょは けんたくんの となりの となりです。」(10点)

あ…　　　い…　　　う…

え…　　　お…

⑧ 図1は 立方体の 形を した さいころの てんかい図です。さいころの むかい合う めんの 目の 数を たすと 7に なります。この さいころを, 図2の マス目の 上を ころがして いきます。

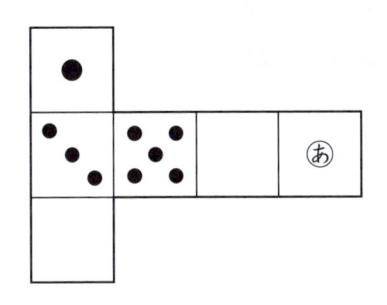

図1

図2

スタートの マス目に あの めんが 上で 手前の めんが 1と なるように おき, そこから 出ぱつして, さいころの めんが すべらない ように 3回 ころがすと, さいころは ①の いちに きます。また, 上に なって いる めんの 目の 数は 3と なりました。

このように ころがすとき, つぎの かくといに 答えなさい。

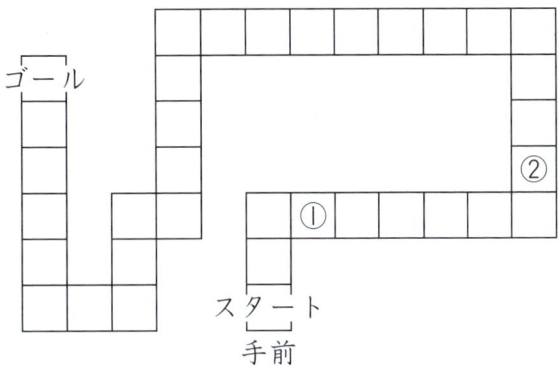

① 図1の あの めんの 目の 数を 答えなさい。(5点)

( )

② ②の いちまで ころがすとき, 上に なって いる めんの 目の 数を 答えなさい。(5点)

( )

③ ゴールの いちまで さいころを ころがすとき, 上に なって いると 考えられる めんの 目の 数を 答えなさい。(5点)

( )

実力テスト 3

●時間 40分
●答え→別冊55ページ
得点 /100

① つぎの ひっ算が 正しく なるように, あてはまる 数字を 書きこみなさい。①, ②では, それぞれの □には ちがう 数字を 書いても 同じ 数字を 書いても よいですが, ③, ④では 同じ 形には 同じ 数字を 書きなさい。(3点×4＝12点)

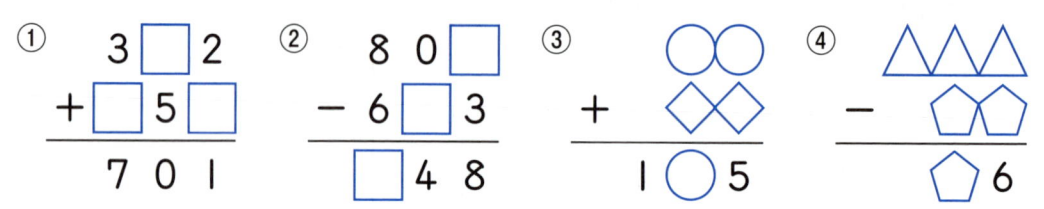

①
```
  3 □ 2
+ □ 5 □
―――――
  7 0 1
```

②
```
  8 0 □
-   6 □ 3
―――――
  □ 4 8
```

③
○○ + ◇◇ = 1○5

④
△△△ - ⬠⬠ = ⬠6

② 右の ひょうは, たて, よこ, ななめの どの 4つの 数を たしても わが みな ひとしく なるように つくられて います。空いて いる □の ところに あてはまる 数を 書きなさい。(3点)

7	21		
	12	13	15
	16	17	
19			22

③ ㋐, ㋑, ㋒の 数の れつが あります。エ〜ケに あてはまる 数を 書きなさい。(2点×6＝12点)

㋐	1	2	3	.....	15	.....	カ	.....	ク
㋑	4	8	12	.....	エ	.....	80	.....	ケ
㋒	4	7	10	.....	オ	.....	キ	.....	76

エ □　　オ □　　カ □
キ □　　ク □　　ケ □

④ 下の 5まいの カードから 3まい とって 3けたの 数を 作ります。つぎの といに 答えなさい。(3点×3=9点)

| 0 | 3 | 5 | 7 | 9 |

① いちばん 大きい 3けたの 数を もとめなさい。

(　　　)

② 5番目に 大きい 3けたの 数を もとめなさい。

(　　　)

③ 6番目に 小さい 3けたの 数を 書きなさい。

(　　　)

⑤ コナンくんの クラスの 人数は 37人です。右の グラフは コナンくんの クラスの 人たちが ボールペンを 何本 もって いるか しらべて まとめた ものです。ボールペンを 6本 より 多く もって いる 人は いませんでした。ボールペンを 1本 もって いる 人と 2本 もって いる 人の グラフは かかれて いませんが, 2本 もって いる 人の 人数は 1本 もって いる 人の 人数より 3人多い ことが わかって います。

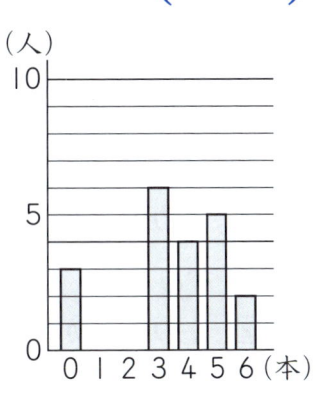

① コナンくんより ボールペンを 多く もって いる 人が 11人 いるそうです。コナンくんは ボールペンを 何本 もって いますか。

(3点)

(　　　本)

② ボールペンを 1本 もって いる 人と 2本 もって いる 人の 合計は 何人ですか。(3点)

(　　　人)

③ コナンくんの クラス ぜんいんの ボールペンを あつめると 何本に なりますか。(3点)

(　　　本)

実力テスト 3

⑥ もっている お金で，チョコレート「ミルク」を 2こ，チョコレート「あずき」を 2こ 買うと，500円 あまり，チョコレート「ミルク」を 2こと チョコレート「あずき」を 2こと チョコレート「ピーチ」を 3こ 買うと 100円 たりません。このとき，チョコレート「ピーチ」1この ねだんを もとめなさい。(5点)

答え ( ) 円

⑦ Aえきと Bえきの 間を，電車が 1台だけ 行ったり 来たり しています。この 電車は Aえきでも Bえきでも 5分間 止まります。また，電車が Aえきから Bえきまで 行くのに かかる 時間と，Bえきから Aえきまで 行くのに かかる 時間は 同じです。電車が はじめて Aえきを 出ぱつしたのは 午前6時 ちょうどで，2回目に Aえきを 出ぱつしたのは 午前6時34分でした。

① この電車は，Aえきから Bえきまで 行くのに 何分 かかりますか。(5点)　　　　　　　　　　　　　　(　　　分)

② この電車が 2回目に Aえきに もどってくるのは 午前何時何分ですか。(5点)　　　　　　　(午前　　時　　分)

③ しんごくんは 電車に のろうと 思って，午前8時に えきに 行きました。しんごくんが Bえきに つくのは 午前何時何分 ですか。(5点)　　　　　　　　　　　　(午前　　時　　分)

⑧ ㋐，㋑，㋒の 3つの はこに，コインが それぞれ 3まい，5まい，6まい 入って います。この 14まいの コインの 中に，1まいだけ にせものの コインが あります。どの はこに 入って いるかは わかりません。それぞれの はこから とり出した コインだけの おもさを はかると，㋐は 18g，㋑は 30g，㋒は 42gで ある ことが わかりました。

① にせものの コインは，どの はこに 入って いましたか。(5点)

(　　　　　)

② ほんものの コイン 1まいの おもさは 何gですか。(5点)

(　　　g)

③ にせものの コイン 1まいの おもさは 何gですか。(5点)

(　　　g)

⑨ 図1のような さいころの 形を した 同じ 大きさの はこが たくさん あります。これらの はこには，1，2，3，4，5，6の 数が 書いて あります。1の うらには 6，2の うらには 5，3の うらには 4と いうように，むかい合った 数を たすと 7に なるように なって います。図1のように，この はこを つくえの 上に 1こ おくと，ぜんぶで 5この 数が まわりから 見えます。

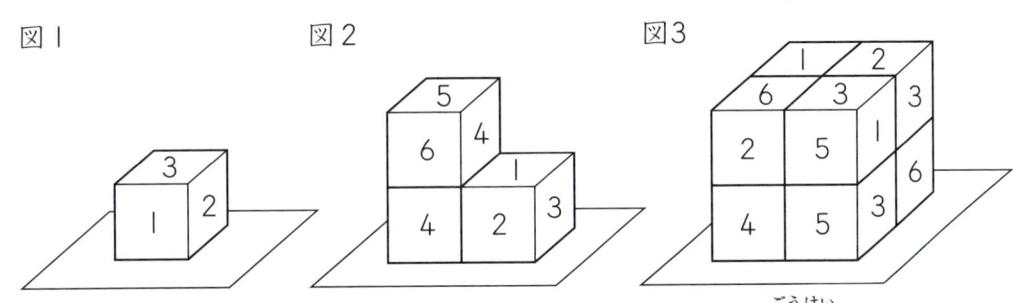

図1　　　　図2　　　　図3

① 図1のとき，まわりから 見える 5この 数の 合計は いくらに なりますか。(5点)

(　　　)

② 図2のとき，まわりから 見える 12この 数の 合計は，いちばん 小さい 場合で いくらに なりますか。(5点)

(　　　)

③ 図2のとき，まわりから 見える 12この 数の 合計は，いちばん 大きい 場合で いくらに なりますか。(5点)

(　　　)

④ 図3のとき，まわりから 見える 20この 数の 合計は，いちばん 小さい 場合で いくらに なりますか。(5点)

(　　　)

● 著者 紹介 ●

<本冊執筆>
前田　卓郎（まえだ　たくろう）

1947年兵庫県尼崎市生まれ。歯学博士。
大阪大学大学院修了後，大阪歯科大学に奉職。
41年間一貫して講師として受験指導に携わり，
1992年「希学園」を設立，学園長に就任する。
2004年首都圏に進出。その入試における驚異的
合格力が首都圏の受験界に新風を吹き込んでい
る。
2009年関西の学園長を後任に譲り理事長に就任
したが，現在も自ら熱血講師として算数を担当
する。受験業界での知名度は高い。これまで
1500人超の教え子を灘中に送り込んできた。
問い合わせ先：
　　　メール info-d@nozomigakuen.co.jp

<スペシャルふろく執筆>
糸山　泰造（いとやま　たいぞう）

1959年佐賀県生まれ。明治大学商学部卒。関東
屈指の大手進学塾にて教鞭を執った後，無理な
く無駄なく効果的な学習法を提唱し，現在の教
育サポート機関「どんぐり倶楽部」を設立。誰
もが持っている視考力を活用した思考力養成を
提案している。著書に「絶対学力」「新・絶対
学力」「子育てと教育の大原則」「12歳までに「絶
対学力」を育てる学習法」「絵で解く算数」「思
考の臨界期(e-BOOK)」などがある。「どんぐ
り方式」は，これまでにない新しい学習方法と
して，NHK・クローズアップ現代や朝日新聞・
花まる先生公開授業などでも取り上げられ脚光
を浴びている。

　問い合わせ先：メール　donguriclub@mac.com
　　　　　　　　　　　FAX 020-4623-6654

◆　図版　スタジオエキス　　ふるはしひろみ

◆　デザイン　福永　重孝

中学受験をめざす
スーパーエリート問題集
［算数小学2年］

本書の内容を無断で複写(コピー)・複製・転載する
ことは，著作者および出版社の権利の侵害となり，
著作権法違反となりますので，転載等を希望される
場合は前もって小社あて許諾を求めてください。

Ⓒ 前田卓郎，糸山泰造　2009　　Printed in Japan

編著者　前田卓郎・糸山泰造
発行者　益井英郎
印刷所　NISSHA 株式会社
発行所　株式会社　文英堂

〒601-8121　京都市南区上鳥羽大物町28
〒162-0832　東京都新宿区岩戸町17
（代表）03-3269-4231

●落丁・乱丁はおとりかえします。

スーパーエリート問題集
算数 小学2年

正解答集
(せい かい とう しゅう)

- 本冊(ほんさつ) の解答(かいとう) ———— 2〜56
- おもしろ文章題(ぶんしょうだい) の解答例(かいとうれい) —— 57〜64

文英堂

本冊の解答

● 式は解説の中にあるものもあります。いろいろな解き方があるので，ひとつの解答例にこだわらず，別の解き方でも考えてください。

1 たし算(1)

☆ 標準レベル　●本冊→4ページ

1 ① 85　② 99　③ 85
　　④ 101　⑤ 147

2 ① 180　② 348　③ 500
　　④ 472　⑤ 188　⑥ 291
　　⑦ 441　⑧ 557

3 ① 377　② 769　③ 892
　　④ 916　⑤ 600　⑥ 1015
　　⑦ 1070　⑧ 1221

4 ① 32, 40, 48, 56
　　② 64, 80, 96, 112
　　③ 109, 192, 275, 358
　　④ 188, 333, 478, 623

5 しき 18+46=64
　　答え 64こ

6 しき 38+23=61
　　答え 61ページ

1 位をそろえて書き，一の位から計算していきます。**くり上がり**の数を小さく書きましょう。

⑤　　69
　　+78
　　―――
　　147

2 ①　148　　②　283　　　　　65
　　+ 32　　　+ 65　　　　+283
　　―――　　―――　確かめ　―――
　　180　　　348　←　　　348

たし算では，たされる数とたす数を入れかえて計算しても同じ答えになります。これを利用して答えの**確かめ**をします。

3 けた数が大きくなっても同じです。⑤，⑦，⑧は順次**くり上がり**に注意してたしていきます。

⑤　283　　⑦　682　　⑧　462
　+317　　　+388　　　+759
　―――　　　―――　　　―――
　600　　　1070　　　1221

☆☆ 発展レベル　●本冊→6ページ

1 ① 203　② 328　③ 520
　　④ 762

2 ① 977　② 980　③ 1485
　　④ 1723

3 ① 1892　② 4321　③ 5332
　　④ 8190　⑤ 3228　⑥ 5391
　　⑦ 5435　⑧ 5885

4 ① 6099　② 9391　③ 11000
　　④ 7010

5 しき 1850+2684=4534
　　答え 4534円

6 しき 2860+1654=4514
　　答え 4514こ

7 しき 38+42+38+6=124
　　答え 124人

2 ③，④では千の位までくり上がります。千の位の数を忘れずに書きましょう。

③　587　　④　788
　+898　　　+935
　―――　　　―――
　1485　　　1723

3 4けたのたし算も同じです。②，③，⑧は順次**くり上がり**に注意してたしていきます。

②　3487　　③　4867　　⑧　　987
　+ 834　　　+ 465　　　+4898
　―――――　　―――――　　―――――
　4321　　　5332　　　5885

4 ③では一万の位までくり上がります。一万の位の数を忘れずに書きましょう。

7 まず，3組の生徒数を求めてから，2年生全体の生徒数を求めます。慣れてきたら，**1つの式で**2年生全体を求めるようにします。

3組の生徒……38+6=44（人）

したがって，38+42+44=124（人）

☆☆☆ トップレベル ●本冊→8ページ

1 ① 15818　② 6410
　　③ 10000　④ 8063

2 ①
```
   4 3
 +1 4
   5 7
```
②
```
   4 8
 +3 7
   8 5
```
③
```
   4 9
 +2 7
   7 6
```
④
```
   8 7
 + 3 3
   1 2 0
```

3 ①
```
   2 0 5
 +4 9 2
   6 9 7
```
②
```
   3 8 4
 +4 1 5
   7 9 9
```
③
```
   6 8 3
 +2 4 7
   9 3 0
```
④
```
   3 8 4
 +6 9 6
  1 0 8 0
```

4 ① 151　② 782
　　③ 1154　④ 1985

5 ①
```
    4 3
    2 1
  + 4 1
   1 0 5
```
②
```
    7 3
    5 4
  + 6 9
   1 9 6
```
③
```
    6 9
    9 3
  + 2 8
   1 9 0
```
④
```
    8 8
    7 8
  + 9 9
   2 6 5
```

6 [しき] 84+84+38=206
　　[答え] 206回

7 485回

8 86こ

---

2 求める数をア，イ，…などとし，**一の位から順に逆算**をして求めます。②アではくり上がりがあったので1をひきます。③，④でもくり上がりに注意しましょう。最後は**確かめ**をします。

②
```
   4 8
 +ア7
   8 イ
```
8+7=15
イ=5
ア=8-4-1=3

④
```
     ¹
   8 ア
 + イ3
   ウ2 0
```
ア=10-3=7
ウ=1
イ=12-1-8=3

3 ③，④では**くり上がり**に注意しましょう。

③
```
    ¹ ¹
   ア8 3
 +2 イ7
   9 3 ウ
```
3+7=10より，ウ=0
イ=13-1-8=4
ア=9-2-1=6

④
```
     ¹ ¹ ¹
    3 8 4
 + ア9 イ
   1 0 ウ0
```
イ=10-4=6
1+8+9=18より，
ウ=8
ア=10-1-3=6

4 3つのたし算も2つのたし算と同様に，**一の位から求めていきます**。

①
```
   ¹²
   3 8
   4 8
 +6 5
  1 5 1
```
②
```
   ¹¹
   1 6 0
   2 5 9
 +3 6 3
   7 8 2
```
③
```
   ¹²¹
   3 8 4
   4 8 3
 +2 8 7
  1 1 5 4
```

5 ③，④では2くり上がることに注意してください。

③
```
     ¹²
     6 9
     9 ア
   + イ8
    ウ9 0
```
ア=20-9-8=3
ウ=1
イ=19-2-6-9=2

④
```
     ²²
     8 ア
     イ8
   + 9 9
    ウ6 5
```
ア=25-8-9=8
ウ=2
イ=26-2-8-9=7

7 問題文をしっかりと読んで，式を作っていきます。

2回目…123+48=171（回）←1回目＋48
3回目…171+20=191（回）←2回目＋20
よって，123+171+191=485（回）

8 図に表すと下のようになります。最後に残った18個と，あきこさんにあげた25個をたすと，最初に持っていたおはじきの半分になります。

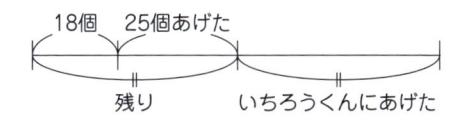

```
 18個  25個あげた
├──┴──┤├──┴──┤
  残り    いちろうくんにあげた
```

18+25=43（個）
43+43=86（個）

2 ひき算(1)

☆ 標準レベル　●本冊→10ページ

1 ① 44　② 31
　③ 14　④ 28
　⑤ 43　⑥ 4
　⑦ 32　⑧ 49

2 ① 242　② 595
　③ 259　④ 169
　⑤ 315　⑥ 313

3 ① 113　② 191
　③ 55　④ 249
　⑤ 133　⑥ 319
　⑦ 72　⑧ 113

4 しき 80−45=35
　答え のりこさんが 35こ 多く もって いる。

5 しき 68−42=26
　答え 26こ

6 しき 342−284=58
　答え 青い はこに 58こ 多く 入って いる。

---

1 ③では40がくり下がって30と10になります。4の上に3、その右下に1と小さく書いておくとミスを防げます。

ひき算では、ひく数と答えをたすと、ひかれる数になります。これを利用して**確かめ**をします。

③　　　　　　　⑧
　³⁴2　　　　　　⁸96
−28　　　　　−47　)47+49=96
　14　　　　　　49

2 ⑥では400を390と10に分けて、ひき算します。

⑥　　³⁹400
　　　− 87
　　　 313

3 ③のように、くり下がりにつぐ、くり下がりでの計算では、上下2段に書き分けると、どちらの数のくり下がりかわかります。

③　　²⁴³52
　　　−297
　　　　55

☆☆ 発展レベル　●本冊→12ページ

1 ① 222　② 436
　③ 189　④ 189

2 ① 3621　② 6589
　③ 2506　④ 4408

3 ① 1123　② 1723
　③ 1249　④ 1819

4 ①　8[7]　　②　　65
　　−6 5　　　−3[8]
　　　2 2　　　　2[7]

　③　8[4]　　④　　8 6
　　−4 8　　　−5[2]
　　　3 6　　　　3 4

　⑤　8[7]　　⑥　　6 5
　　−5 9　　　−4[7]
　　　2 8　　　　1[8]

　⑦　12[5]　　⑧　2 3 8
　　−　8 3　　　−　8[9]
　　　　4 2　　　　1[4]9

5 28人

6 8才

7 57番目

---

2 ①　³¹456̸8　②　⁶³²¹743̸6　③　²⁹⁹300̸0
　　−　947　　−　847　　−　494
　　　3621　　　6589　　　2506

　④　⁷⁹480̸0
　　−　392
　　　4408

3 ②　⁵²¹643̸2　③　⁷³¹384̸7　④　⁸⁷⁹980̸4
　　−4709　　−2598　　−7985
　　　1723　　　1249　　　1819

4 求める数をア、イ、…などとします。一の位から順に逆算をして求めます。くり下がりに注意します。答えが出たら必ず**確かめ**をします。

①　8[ア]　　ア=2+5=7
　−[イ]5　　イ=8−2=6
　　2 2

②
$\overset{5}{\cancel{6}}5$
−ア8
　2 イ

イ=15−8=7
ア=5−2=3

③
$\overset{7}{\cancel{8}}$ア
−4 8
　イ6

6+8=14 より, ア=4
イ=7−4=3

④
ア6
−5 イ
　3 4

イ=6−4=2
ア=3+5=8

⑤
$\overset{7}{\cancel{8}}$ア
−5 9
　イ8

8+9=17 より, ア=7
イ=7−5=2

⑥
$\overset{5}{\cancel{6}}5$
−ア7
　1 イ

イ=15−7=8
ア=5−1=4

⑦
1 2 ア
−　8 3
　　イ 2

ア=2+3=5
イ=12−8=4

5 はじめにバスに乗っていた人を □人とおいて,問題文を読みながら下のようなチャート図を書きます。元に戻して考えるので, 乗った人は**ひく**,降りた人は**たす**ことに注意しましょう。

□人 ─→ 1つ目の バス停 ─→ 2つ目の バス停 ─→ 45人
　　　↓　↑　　　　↓　↑
　　14人 20人　　17人 28人

□=45−28+17−20+14=28(人)

6 33+5−30=8(才)
　　　　　→お父さん

7 下の図のようになります。48+18=66 で,66番目はありささんの1人前になることに注意しましょう。

12　　48 48+18　　　123(番目)
前○○……●○……●○……○後ろ
　　　よりこ 18人 ありさ
　　　─── 123人 ───

ありささんは前から,
48+18+1=67(番目)
　　　→ありさの1人前

後ろから, 123−67+1=57(番目)
　　　　　　　→ありさの1人前

★★★ トップレベル　●本冊→14ページ

1
①
　8 0 8
−　 4 6
　7 6 2

②
　2 8 3
−　 8 8
　1 9 5

③
　6 5 3
−　 8 5
　5 6 8

④
　4 8 5
−3 2 6
　1 5 9

2
①
　5 6 7
−3 0 8
　2 5 9

②
　3 8 9
−2 9 3
　　9 6

③
　6 8 3
−5 9 7
　　8 6

④
　5 3 7
−3 8 9
　1 4 8

3 まゆみさんが 5円 多く もって いる。

4 373 こ

5 7月13日

6 75人

---

1 ③ アは一の位にくり下がりがあるので,6+8=14 から求めた4にくり下がった1をたして, 5となります。

くり下がるときは左下に○を書いて区別しましょう。

①
ア 0 8
−　4 イ
　7 ウ 2

イ=8−2=6
ウ=10−4=6
ア=7+1=8

②
$\overset{1}{2}\overset{7}{8}$ア
−　イ8
　1 9 5

5+8=13 より, ア=3
イ=17−9=8

③
$\overset{5}{\cancel{6}}$ア 3
−　 8 イ
　ウ 6 8

イ=13−8=5
6+8=14 より, ○=4
ア=1+4=5
ウ=5−0=5

④
$\overset{7}{4}$ 8 ア
−3 イ 6
　ウ 5 9

9+6=15 より, ア=5
イ=7−5=2
ウ=4−3=1

2 ①
```
  5 8̃ ⑤ア
 - イ ウ 8
 ─────
    2 5 9
```
9＋8＝17より，ア＝7
ウ＝5－5＝0
イ＝5－2＝3

②
```
  3̃ ②ア 9
 - イ 9 3
 ─────
    9 ウ
```
ウ＝9－3＝6
9＋9＝18より，ア＝8
イ＝2－0＝2

③
```
  5̃ 7̃ 
  8 8 3
 -ア イ ウ
 ─────
      8 6
```
ウ＝13－6＝7
イ＝17－8＝9
ア＝5－0＝5

④
```
  ○̃ 2̃
  ア 3 7
 - 3 イ 9
 ─────
    1 4 ウ
```
ウ＝17－9＝8
イ＝12－4＝8
○＝1＋3＝4
したがって，ア＝4＋1＝5

3 えりこ…280－145＝135（円）
まゆみ…365－225＝140（円）
140－135＝5（円）
よって，まゆみさんが5円多くもっている。

4 2年生の人数…78－14＝64（人）
78＋64＝142（人）
142＋142＋89＝373（個）

5 3日から31日までは，31－3＋1＝29日間となることに注意しましょう。
3月…3/3～3/31→31－3＋1＝29（日）
4月…30日
5月…31日
6月…30日
133－(29＋30＋31＋30)＝13（ページ）
よって，7月13日

6 下の図のようになります。

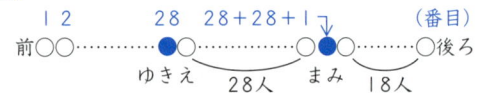

```
      1 2    28  28＋28＋1↓    (番目)
  前○○・・・・●●・・・●○後ろ
          ゆきえ  28人 まみ 18人
```

まみさんは前から，
28＋28＋1＝57（番目）
まみさんの後ろに18人いるので，
57＋18＝75（人）

3 時間の単位

☆ 標準レベル　　　●本冊→16ページ

1 ① 60　　② 24
   ③ 9　　 ④ 10
   ⑤ 午後　⑥ 3
   ⑦ 7, 5　⑧ 50

2 ① 3時30分　② 10時15分
   ③ 1時45分

3 ①②③（時計の図）

4 ① 2　　② 6
   ③ 6　　④ 4

5 ① 1時30分　② 11時30分
   ③ 8時30分

6 午前7時35分

7 10時10分はつ

1 1日＝24時間，1時間＝60分をしっかり理解させます。

2 時計は，まず短針（時）を，次に長針（分）を読むようにします。長針は，文字盤の数字を5倍することを理解させましょう。

3 まず短針（時），次に長針（分）を書きます。

4 正午や午前0時をまたぐ時間のときは，その前後の時間に分けて考えます。
② 午前10時～正午…2時間
　 正午～午後4時…4時間
　 2＋4＝6（時間）
③ 午後10時～つぎの日…2時間
　 午前0時～午前4時…4時間

6 7時15分＋20分＝7時35分
よって，午前7時35分

7 発車時刻表から，9時50分に着いたので，それより後で一番早いバスは，10時10分発。

☆☆ 発展レベル　●本冊→18ページ

1 ① 120　② 72
　　③ 午前　④ 9, 15
　　⑤ 30　⑥ 45

2 ① 10時10分
　　② 4時35分
　　③ 8時33分
　　④ 11時22分

3 ①〜⑥（時計の図）

4 ① 5　② 2, 10
　　③ 6, 45　④ 4, 38

5 午後4時35分

---

1 1日＝24時間，1時間＝60分を理解させます。時間→分のくり下がりに注意しましょう。

4 時計の表す時刻を読んでから計算します。

① 　9:00
　－4:00
　――――
　　5:00

② 　7:20
　－5:10
　――――
　　2:10

③ 　2:35　　　　　3　60
　－7:50　→　　1̸4:35
　　　　　　　　－7:50
　　　　　　　　――――
　　　　　　　　　6:45

④ 　　4 1
　　6:5̸3̸
　－2:15
　――――
　　4:38

図から，短針と長針の動きを読み取って答えることもできます。

5 たくやくんが着いた時刻は
午後4時29分＋16分＝午後4時45分
約束の時刻は，それより10分早かったので
午後4時45分－10分＝午後4時35分

☆☆☆ トップレベル　●本冊→20ページ

1 ① 75
　　② 32
　　③ 2
　　④ 40
　　⑤ 45
　　⑥ 97

2 ①〜⑥（時計の図）

3 ① 午前10時25分
　　② 60分 おくれた。

4 ① 午前9時10分
　　② 午前10時20分
　　③ 午前11時43分

---

1 ⑤，⑥のようなくり下がりのある計算では，くり下がりの数を小さく書いておきましょう。

① 60＋15＝75（分）
　　└→1時間

② 24＋8＝32（時間）
　　└→1日

③ 　11時　40分
　－　9時　40分
　――――――――
　　　2時間

④ 　10時　55分
　－10時　15分
　――――――――
　　　　　40分

⑤ 　　7　60
　　8̸時1̸5̸分
　－7時30分
　――――――――
　　　　45分

⑥ 　10　60
　　1̸1̸時2̸0̸分
　－　9時43分
　――――――――
　　1時間37分

2 ② $\overset{3}{\cancel{4}}$時$\overset{60}{1}$5分
　　－　　　55分
　　　　3時20分

③ $\overset{10}{\cancel{11}}$時$\overset{60}{1}$0分
　－　2時20分
　　　8時50分

⑤　10時58分
　＋　3時23分
　　　13時81分
　＋　1時－60分　←くり上がり
　　　14時21分

3 ①　　8時05分
　　＋　2時20分
　　　10時25分
よって，午前10時25分

② 　11時25分
　－10時25分
　　　1時00分
1時間＝60分
60分おくれた

4 順次，時間(分)をたして，最後にまとめて換算します。

①　　8時30分
　＋　　　40分
　　　8時70分
　＋1時－60分　←くり上がり
　　　9時10分
よって，午前9時10分

②　9時10分
　　　　10分
　　　　40分
　＋　　20分
　　　9時80分
　＋1時－60分　←くり上がり
　　　10時20分
よって，午前10時20分

③　10時20分
　　　　40分
　　　　20分
　＋　　23分
　　　10時103分
　＋1時－60分　←くり上がり
　　　11時43分
よって，午前11時43分

復習テスト 1　●本冊→22ページ

① ① 79　　② 146
　③ 497　　④ 435
　⑤ 917　　⑥ 3330
　⑦ 4460　⑧ 11057

② ① 21　　② 14
　③ 292　　④ 329
　⑤ 189　　⑥ 2937
　⑦ 2109　⑧ 2171

③ ①　　3⃞8⃞5
　　　＋4⃞16
　　　　801

②　　3104
　　＋4389⃞
　　　74⃞93

③　　8⃞4⃞5
　　－2　85
　　　560

④　　2845
　　－1⃞90　7⃞
　　　　938

④ 177こ

⑤ ① 6, 10　　② 51
　③ 7　　　　④ 10, 15

⑥ ① 午前9時10分　② 午前10時50分

① 一の位から計算します。くり上がりの数を小さく書きましょう。

② 一の位から計算します。くり下がる数は2つに分けて小さく書きましょう。

③ ①　$\overset{1}{ }$ア⃞8$\overset{1}{ }$イ⃞
　　＋4ウ⃞6
　　　801
イ＝11－6＝5
ウ＝10－(1+8)＝1
ア＝8－(1+4)＝3

②　31ア⃞4
　＋イ⃞38ウ⃞
　　7エ⃞93
ウ＝13－4＝9
ア＝9－(1+8)＝0
エ＝1+3＝4
イ＝7－3＝4

③　$\overset{○}{ }$ア⃞4イ⃞
　－2ウ⃞5
　　560
イ＝0+5＝5
ウ＝14－6＝8
○＝5+2＝7
よって，ア＝7+1＝8

④　$\overset{1}{\cancel{2}}$8$\overset{○}{ }$ア⃞5
　－イ⃞90ウ⃞
　　エ⃞38
ウ＝15－8＝7
○＝3+0＝3
よって，ア＝3+1＝4
エ＝18－9＝9
イ＝1－0＝1

④ 300−123＝177（個）

⑤ ① 9時50分＋8時間20分
　　＝17時70分　　70分＝1時間10分
　　＝18時10分　　18時＝午後6時
　　＝午後6時10分

② 2日＋3時間＝24時間×2＋3時間　→2日
　　　　　　　＝51時間

③ 12時−9時30分＝11時60分−9時30分
　　　　　　　　＝2時間30分
　4時間30分＋2時間30分
　　＝6時間60分＝7時間　→1時間

④ 午前8時45分＋90分
　＝午前8時135分　　135分＝2時間15分
　＝午前10時15分

⑥ ① 午前8時30分＋40分
　　＝午前8時70分　　70分＝1時間10分
　　＝午前9時10分

② 図に表すと下のようになります。

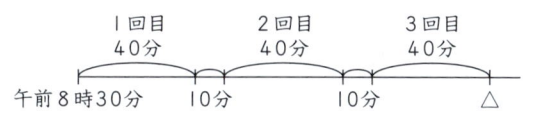

　　　1回目　　2回目　　3回目
　　　40分　　40分　　40分
　午前8時30分　10分　　10分　　△

　　午前8時30分＋40分＋10分＋40分
　　　　　　　　＋10分＋40分
　＝午前8時30分＋140分　→2時間20分
　＝午前10時50分

受験指導の立場から

計算の手順については，
①たし算では，位をそろえて，くり上がりに注意して計算する。
②ひき算では，位をそろえて，くり下がりに注意して計算する。
　以上がポイントです。また，文章をしっかりと読んで式を立てる。時間の計算では，時・分の単位について，1時間＝60分を使った換算が簡単にできるように，何回も練習することも重要です。

4 たし算(2)

☆ 標準レベル　●本冊→24ページ

1 ① 781　② 1285
　　③ 1211　④ 1063

2 ① 889　② 807
　　③ 1444　④ 2221

3 ① 132　② 289
　　③ 330　④ 900

4 ① 77　② 105
　　③ 15　④ 287

5 しき 2865＋1208＋3280＝7353
　　答え 7353円

6 しき 238＋1806−980＋845−1110
　　　　＝799
　　答え 799台 のこって いる。

1 3つの数のたし算も2つの数と同じようにします。くり上がりを忘れないでたしていきましょう。

2 3つ以上の数のたし算では，④のように2くり上がるときもあります。

```
    2 1 1
④   4 5 6
    8 2 0
  ＋9 4 5
  ─────
  2 2 2 1
```

3 まず，たし算をして，最後にひき算をします。

```
①(たすもの)    (ひくもの)
    3 2 3       4 6 8
  ＋1 4 5     −3 3 6
  ─────     ─────
    4 6 8       1 3 2 …答え
```

4 ひき算が2つ以上あるときは，ひく数の合計を出してから，ひき算します。

```
①(ひくもの)
    1 6 8       3 8 4
  ＋1 3 9     −3 0 7
  ─────     ─────
    3 0 7        7 7 …答え
```

6
```
(たすもの)   (ひくもの)   (しあげ)
   2 3 8        9 8 0      2 8 8 9
  1 8 0 6    ＋1 1 1 0    −2 0 9 0
＋  8 4 5    ───────    ───────
───────      2 0 9 0        7 9 9 (台)
  2 8 8 9
```

10 ④ たし算(2)

☆☆ 発展レベル　●本冊→26ページ

1 ① 516　② 357
③ 1161　④ 441
⑤ 81　⑥ 282

2 ① 101　② 100
③ 462　④ 210
⑤ 757　⑥ 858

3 ①
```
   38[3]
  14 3
 +[3]24
  850
```
②
```
   445
   340
  +[8]42
  162[7]
```
③
```
  [8]05
   33 6
  +508
  164[9]
```
④
```
   945
   1 00
  +38[5]
  1430
```
⑤
```
   42[6]
   382
  +[5]44
  1352
```
⑥
```
   808
   4[5]6
  +[9]24
  [2]18 8
```

4 795こ

5
18	11	16
13	15	17
14	19	12

6 900円

1 ⑤,⑥は,ひき算部分を先にまとめて計算します。

⑤(ひき算部分)
```
   354
  +205
   559
```
```
   5 3 1
   6 4 0
  - 559
    8 1 …答え
```

⑥(ひき算部分)
```
   108
  +345
   453
```
```
    6 1
    7 3 5
   - 453
     282 …答え
```

2 ① □=184−38−45
　　38　←先にひき算をまとめます。
　+45
　　83　　□=184−83=101

② □=85+80−65
　85　←先にたし算をまとめます。
　+80
　165　　□=165−65=100

3 求める数をア,イ,…などとし,一の位から順に逆算をして求めます。

①
```
    38[ア]
    1[イ]3
   +[ウ]24
    850
```
ア=10−(3+4)=3
イ=15−(1+8+2)=4
ウ=8−(1+3+1)=3

②
```
    4[ア]5
    340
   +[イ]42
    162[ウ]
```
ウ=5+0+2=7
ア=12−(4+4)=4
イ=16−(1+4+3)=8

③
```
   [ア]05
    3[イ]6
   +508
    164[ウ]
```
5+6+8=19より, ウ=9
イ=4−(1+0+0)=3
ア=16−(3+5)=8

④
```
   [ア]45
    1[イ]0
   +38[ウ]
    1430
```
ウ=10−(5+0)=5
イ=13−(1+4+8)=0
ア=14−(1+1+3)=9

⑤
```
    4[ア]6
    38[イ]
   +[ウ]44
    1352
```
イ=12−(6+4)=2
ア=15−(1+8+4)=2
ウ=13−(1+4+3)=5

⑥
```
    808
    4[ア]6
   +[イ]24
   [エ]18[ウ]
```
8+6+4=18より,
ウ=8
ア=8−(1+2)=5
エ=1とすると,
イ=11−(8+4)
となってダメ。
したがって, エ=2となる。
イ=21−(8+4)=9

4 3人それぞれの持っている個数を順序よく計算していきます。
さやか=156+35=191(個)
ちずこ=191+246=437(個)
ゆうみ=191−180=11(個)
　156+191+437+11=795(個)

④ たし算(2) ⑪

5 11から19までの和を求めて3で割った数が，たて，横，斜めの1列に並んだ3つの数の和になります。

11+12+13+…+19=135…全部の和
135÷3=45…たて，横，斜めの3つの数の和

あいている□をア，イ，ウ，エ，オとします。

18	ア	16
イ	ウ	エ
14	オ	12

ア＝45－(18+16)＝11…上の横
イ＝45－(18+14)＝13…左のたて
エ＝45－(16+12)＝17…右のたて
オ＝45－(14+12)＝19…下の横
ウ＝45－(13+17)＝15…真中の横

6 あいこさんのお金の残りは，
　1800－1500＝300(円)
何円かの本の値段は，
　2500+500－1800－300
＝900(円)

☆☆☆ トップレベル ●本冊→28ページ

1 ① 42　② 552
　　③ 97　④ 151
　　⑤ 1771　⑥ 593
　　⑦ 3973

2
① 　3048
　　26③1
　＋16⑥4
　　7③43

② 　⑦346
　　1431
　＋38⑦4
　　1②651

③ 　2131
　　63⑨2
　＋430⑥
　　①2829

④ 　200⓪
　　3812
　＋2⑤34
　　8346

3
830	290	380
50	500	950
620	710	170

4
585	592	587
590	588	586
589	584	591

5 125こ

1 逆算の計算に慣れるまでは，簡単な例を作ってやってみるといいです。

(例) 3－□＝1　□＝3－1＝2
① □＝250－(68+140)＝42
② □＝346+48+158＝552
③ □＝305+48－256＝97
④ □＝248－59－38＝151
⑤ □＝4800－(2684+345)＝1771
⑥ □＝2050+2852－4309＝593
⑦ □＝4032+3865－3924＝3973

2 くり上がり，くり下がりに注意して逆算をします。

①　3048
　　2ア31
　＋16イ4
　　ウ34エ

8+1+4=13より，エ=3
イ=14－(1+4+3)=6
ア=13－(1+0+6)=6
ウ=1+3+2+1=7

②　ア346
　　1イ31
　＋38ウ4
　　エ265オ

6+1+4=11より，オ=1
ウ=15－(1+4+3)=7
イ=16－(1+3+8)=4
エ=1
ア=12－(1+1+3)=7

③　2ア31
　　63イ2
　＋430ウ
　　エオ829

ウ=9－(1+2)=6
イ=12－(3+0)=9
ア=8－(1+3+3)=1
2+6+4=12より，
エ=1，オ=2

④　200ア
　　38イ2
　＋2ウ34
　　エ346

ア=6－(2+4)=0
イ=4－(0+3)=1
ウ=13－(0+8)=5
エ=1+2+3+2=8

3 あいている□をア, イ, ウ, エ, オとします。

ア	290	380
イ	500	ウ
620	エ	オ

斜めに並んだ数から, まず3つの数の和を求めます。その数から2つの数の和をひけば, 残りの数を求めることができます。

3つの数の和は,
　380+500+620
=1500

ア=1500−(290+380)=830
イ=1500−(830+620)=50
ウ=1500−(50+500)=950
エ=1500−(290+500)=710
オ=1500−(620+710)=170

4 たて, 横, 斜めの1列の3つの数の和が1764になることを用いて解きます。

5 よりこさんの持っている赤色のおはじきは
　286+53=339(個)
ゆうみさんの持っている青色のおはじきは
　180÷2=90(個)
えりこさんの持っているおはじきは
　1145−(286+339+180+90)=250(個)
えりこさんは赤色のおはじきと青色のおはじきを同じ数持っているので, 赤色のおはじきは
　250÷2=125(個)

5 ひき算(2)

☆ 標準レベル　●本冊→30ページ

1　① 2118　② 3120
　　③ 3662　④ 2102
　　⑤ 1098　⑥ 348

2　① 2085　② 1992
　　③ 980　　④ 831
　　⑤ 598　　⑥ 642

3　①
```
   3[1]4
 −[1]47
   167
```
②
```
   [8]35
 − 38[6]
    449
```
③
```
   86[2]
 − 545
   31[7]
```
④
```
   48[2]
 −249
   2[3]3
```
⑤
```
   439
 −[2]2[5]
   2[1]4
```
⑥
```
   [4]7[2]
 −349
   123
```

4　① 133　② 402
　　③ 673　④ 1467
　　⑤ 1859　⑥ 3318

5　しき 120−48−24=48
　　答え 48まい

6　1195

1 くり下がる数を2つに分けて小さく書きましょう。くり下がりにつぐ, くり下がりとなる計算では, 上下2段に書き分けると, どちらの数のくり下がりかわかります。

④
```
   ⁴⁹
   65̸0̸0
 −4398
   2102
```

⑤
```
   ³⁹⁹
   4̸0̸0̸6
 −2908
   1098
```

⑥
```
   ²⁸
   30̸9̸6
 −2748
    348
```

5 ひき算(2) 13

2 ひき算部分を先にまとめて計算します。
→スーパーレジ方式

① ひき算部分
```
  1 2 1
    6 8 5
    3 9 2      3845-1760
  + 6 8 3      =2085
  -------
    1 7 6 0
```

3 求める数をア，イ，…などとして，一の位から順に逆算をして求めます。くり下がりの数を○とおくとミスを防ぐことができます。

①
```
    ²○
  3 ア 4
 -イ 4 ウ
  -------
  1 6 7
```
ウ=14-7=7
6+4=10より，○=0
ア=0+1=1
イ=2-1=1

②
```
   ○ ²
  ア 3 5
 -3 8 イ
  -------
    4 ウ 9
```
イ=15-9=6
ウ=12-8=4
○=4+3=7より，
ア=7+1=8

③
```
    ⁵
  8 6 ア
 -イ 4 5
  -------
  3 ウ 7
```
5+7=12より，
ア=2
ウ=5-4=1
イ=8-3=5

④
```
      ○
  4 ア イ
 -2 4 9
  -------
  ウ 3 3
```
3+9=12より，イ=2
○=3+4=7
ア=7+1=8
ウ=4-2=2

⑤
```
  4 3 9
 -ア 2 イ
  -------
  2 ウ 4
```
イ=9-4=5
ウ=3-2=1
ア=4-2=2

⑥
```
    ○
  ア イ 2
 -3 4 ウ
  -------
  1 2 3
```
12-3=9より，ウ=9
○=2+4=6
イ=6+1=7
ア=1+3=4

4 逆算でややこしくなったら，簡単な数の例を作って確認します。
(例) 3-□=1   □=3-1=2
等式では，=の反対側に移動すると，-は+に，+は-に変わることに注意させます。

① □=367-234=133

6 問題文を1つずつ式に表して解いていきます。
ある数を□とおきましょう。
A=1234
B=1234+769=2003
C=2003-1435=568
ある数を□とおくと，
1234+2003+568+□=5000
□=5000-(1234+2003+568)
 =5000-3805
 =1195

☆☆ 発展レベル　●本冊→32ページ

1 ① 3329　② 3612
　　③ 786　　④ 538
　　⑤ 2893　⑥ 1387

2 ① 5420　② 1257
　　③ 3786　④ 6815
　　⑤ 3808　⑥ 1923
　　⑦ 1424　⑧ 886

3 ①
```
    3 8 2 2
   -1 0 9 9
   ---------
    2 7 2 3
```
②
```
    4 1 8 7
   -1 2 5 6
   ---------
    2 9 3 1
```

③
```
    4 0 3 1
   -2 0 3 2
   ---------
    1 9 9 9
```
④
```
    5 3 8 9
   -3 8 5 5
   ---------
    1 5 3 4
```

⑤
```
    8 4 4 8
   -4 6 6 2
   ---------
    3 7 8 6
```
⑥
```
    9 2 4 4
   -3 9 0 5
   ---------
    5 3 3 9
```

4 539こ

5 1450円

6 A 234　B 843　C 2340　D 1800

1 ひき算部分をまとめて計算します。
→スーパーレジ方式
① 8809-(468+5012)=3329

2 たし算部分とひき算部分をまとめて計算します。
① (2865+4532)-1977=5420
⑥ 8456-(2450+4083)=1923

14 **5** ひき算(2)

3 4けたになっても同じです。求める数をア，イ，…として，一の位から逆算で求めます。くり下がりの数を○とおきましょう。

①
```
   3 8 ⁷ア ○2
 -  1 0 9 イ
   ウ エ 2 3
```
12-3=9より，
イ=9
9+2=11より，
○=1
したがって，
ア=1+1=2
エ=7-0=7
ウ=3-1=2

4 3人の個数をきちんと求めてから，最後に合計を出します。

たろう…284(個)
しんすけ…284-124=160(個)
よりこ…160-65=95(個)
よって，284+160+95=539(個)

5 まず，それぞれの値段を線分図で表します。

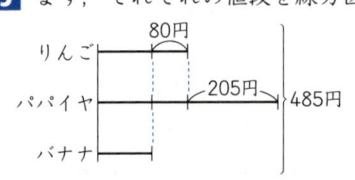

485-80-(205+80)=120(円)
…バナナ3本分の値段
バナナ1本の値段=120÷3=40(円)
りんご1個=40+80=120(円)
パパイヤ1個=120+205=325(円)
よって，
120×5+325×2+40×5=1450(円)

6 4つの数の関係を線分図に表します。

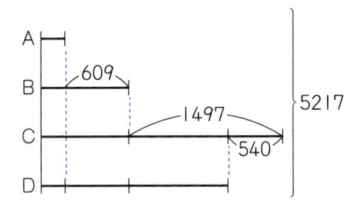

A 4つ分は，
5217-609-(609+1497)
　-(609+1497-540)
=5217-609-2106-1566
=5217-(609+2106+1566)
=5217-4281=936

A=936÷4=234
B=234+609=843
C=843+1497=2340
D=2340-540=1800

☆☆☆ トップレベル ●本冊→34ページ

1 ① 1036　② 5503
　③ 3631　④ 3488
　⑤ 2908　⑥ 4634

2 ① 482　② 4935
　③ 8452　④ 585
　⑤ 1083　⑥ 4028

3 ① 968　② 1169
　③ 3909　④ 5159
　⑤ 7006　⑥ 4022

4

2346	2353	2348
2351	2349	2347
2350	2345	2352

5 4730

6 335こ

1 ⑤，⑥は，ひき算部分をまとめます。
⑤　8324-3407-2009
　=8324-(3407+2009)
　=8324-5416
　=2908

2 たし算部分とひき算部分をまとめて計算します。
①(たし算部分)　　(ひき算部分)
```
  4 8 6 5        3 9 3 0
+ 2 0 0 9      + 2 4 6 2
  6 8 7 4        6 3 9 2
```
6874-6392=482

3 □の部分を逆算によって求めます。＝の反対側に移動すると＋は－に，－は＋になります。
① □=830+432-294
　 =1262-294=968

4 たて，よこ，斜めに並んだ数の和が7047となることから，求めます。

5 まず，問題文を式に表します。
A＝B－2865
C＝B－3456
D＝C÷2
A＋B＋C＋D＝8506
次に線分図で表します。

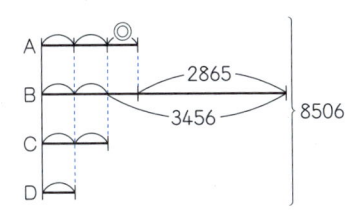

◎＝3456－2865＝591
D＝
　＝(8506－3456－591)÷7
　＝637
よって，
　B＝637×2＋3456＝4730

6 よりこ…ともこ÷2
りえこ…ともこ－230
以上から線分図をかきます。

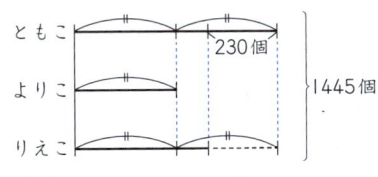

よりこさんのマメの数は，
(1445＋230)÷5＝335(個)

6 長さ(1)

☆ 標準レベル　●本冊→36ページ

1	① 10cm	② 8cm	
	③ 4cm5mm	④ 14cm	
2	① 8	② 60	
	③ 25	④ 1, 8	
	⑤ 38	⑥ 106	
	⑦ 23, 8	⑧ 60, 8	
3	① 7	② 10	
	③ 4	④ 14, 5	
	⑤ 6, 5	⑥ 17, 5	
4	225		
5	14, 2		
6	12, 6		

1 図から読み取って計算します。
① 25cm－15cm＝10cm
② 26cm－18cm＝8cm
③ 24cm－19cm5mm＝4cm5mm
④ 27cm5mm－13cm5mm＝14cm

2 1cm＝10mmを使って長さを換算します。

3 問題文を式に表します。最後に単位の換算を忘れずにしましょう。
① 1cm×5＋2cm×1＝7cm
② 7cm＋3cm＝10cm
③ 10cm－6cm＝4cm
④ 6cm＋8cm5mm＝14cm5mm
⑤ 5mm×4＋4cm5mm＝2cm＋4cm5mm
　　　＝6cm5mm
⑥ 3cm5mm×2＋10cm5mm
　　　＝7cm＋10cm5mm＝17cm5mm

5 よりこ＝15cm
あきこ＝15cm－8mm
　　＝14cm10mm－8mm
　　＝14cm2mm
15cm＝14cm10mmとすると計算しやすくなります。

16 6 長さ(1)

6 図に表して考えます。

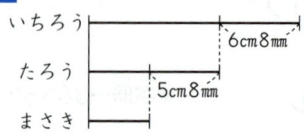

いちろう　　　　6cm8mm
たろう　　　5cm8mm
まさき

6cm 8mm + 5cm 8mm = 11cm 16mm
　　　　　　　　　　　= 12cm 6mm

☆☆ 発展レベル　●本冊→38ページ

1 ① 6cm 4mm　　② 3cm 7mm
　③ 7cm 9mm　　④ 6cm 6mm

2 ① 22　　　　　② 13, 5
　③ 16, 5　　　 ④ 9, 1

3 ① 50　　　　　② 8
　③ 65　　　　　④ 13, 4
　⑤ 126　　　　 ⑥ 1, 23, 5

4 42cm 5mm

5 ① 72cm　　　　② 72cm
　③ 72cm

1 図から読み取って計算します。

2 ①　2cm×2 + 6cm×3 = 4cm + 18cm
　　　　　　　　　　　= 22cm
　②　3cm×4 + 1mm×15
　　　　　= 12cm + 15mm
　　　　　= 13cm 5mm ⟩15mm = 1cm 5mm
　③　4cm 5mm×2 + 1cm 5mm×5
　　　　　= 8cm 10mm + 5cm 25mm
　　　　　= 9cm + 7cm 5mm = 16cm 5mm
　④　2cm 3mm×2 + 1cm 5mm×3
　　　　　= 4cm 6mm + 3cm 15mm
　　　　　= 7cm 21mm ⟩21mm = 2cm 1mm
　　　　　= 9cm 1mm

3 1cm = 10mm を使って長さを換算します。

4 テープ全体の長さは　30cm×5 = 150cm
　150cm − (15cm×7 + 25mm)
　= 150cm − (105cm + 2cm 5mm)
　= 150cm − 107cm 5mm
　= 42cm 5mm

5 長方形のまわりの長さは，(たて＋よこ)×2で求めます。

②，③は内側の辺をずらして，同じ長さの外周の辺に置き換えると，簡単に求めることができます。

① たて 6cm，よこ = 6cm×5 = 30cm
　よって，(6 + 30)×2 = 72(cm)

② 全体のたて
　　6cm×2 = 12cm
　よこ　6cm×3 = 18cm

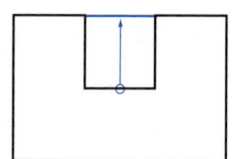

よって，(12 + 18)×2 + 6×2 = 72(cm)

③ 全体のたて
　　6cm×2 = 12cm
　よこ　6cm×3 = 18cm

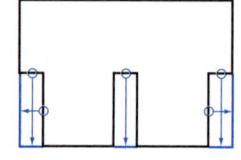

よって，(12 + 18)×2 + 6×2 = 72(cm)

☆☆☆ トップレベル　●本冊→40ページ

1 ① 7, 3　　　　② 11
　③ 4, 3　　　　④ 6

2 ① 14　　　　　② 540
　③ 18　　　　　④ 18, 9
　⑤ 4, 8, 9　　⑥ 5, 40

3 117cm 7mm

4 ① 21cm　　　　② 22cm
　③ 58cm　　　　④ 78cm

1 まず，㋐，㋑，㋒の長さを求めます。
㋐ = 5cm 8mm
㋑ = 1cm 5mm
㋒ = 3cm 7mm

① ㋐＋㋑ = 5cm 8mm + 1cm 5mm
　　　　　= 6cm 13mm = 7cm 3mm
② ㋐＋㋑＋㋒ = 7cm 3mm + 3cm 7mm
　　　　　　　= 10cm 10mm = 11cm
③ ㋐－㋑ = 5cm 8mm − 1cm 5mm
　　　　　= 4cm 3mm
④ ㋐－㋑－㋒ = 4cm 3mm − 3cm 7mm
　　　　　　　= 43mm − 37mm = 6mm

4cm 3mm－3cm 7mmのようにくり下がりが必要なときは，4cm 3mm＝3cm 13mmと先に変換して求めることもできます。

3 お母さんの背の高さは，
175cm 8mm－15cm 5mm＝160cm 3mm
妹の背の高さは，
　160cm 3mm－42cm 6mm
＝1603mm－426mm
＝1177mm
＝117cm 7mm

4 ㋐より，よこの長さは，
12÷3＝4(cm)
㋑より，たての長さは，
15－4×2＝7(cm)
① □＝7×3＝21(cm)
② ㋓より，
△＝7×2＋4×2＝22(cm)
③ (22＋7)×2＝58(cm)
④ (4＋7＋4＋7＋4＋7)×2
　　　　＋(7－4)×4
＝66＋12
＝78(cm)

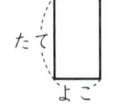

受験指導の立場から
・長さの単位換算は図形問題の基本で，面積や体積を求めるときにも重要になります。瞬時に換算できるようにさせてください。
・複雑な形をした図形の周りの長さを求める問題では，辺を外側にずらして求める方法を知っているかどうかで，解答時間に大きな差がでます。是非マスターしておきたいものです。

復習テスト2 　●本冊→42ページ

① ① 1372　② 4825
③ 10644　④ 303
⑤ 392　⑥ 1310
⑦ 68　⑧ 1, 4

② ①　　3 8 6
　　　－2 4 5
　　　　1 4 1

②　　5 8 6
　　－3 9 8
　　　1 8 8

③　　4 8 4 4
　　－2 9 8 6
　　　1 8 5 8

④　　4 2 9 5
　　－3 6 5 7
　　　　6 3 8

⑤ 4, 20　⑥ 9600

③ ① 6667　② 8374
③ 165　④ 4987

④ 252こ

⑤ ① 2, 4　② 3, 84

① ひき算部分はまとめて計算した方がミスの防止になります。(**スーパーレジ方式**)

② ①　　3 ア 6
　　　－2 4 イ
　　　　ウ 4 1
イ＝6－1＝5
ア＝4＋4＝8
ウ＝3－2＝1

②　　5 ア 6
　　－イ 9 ウ
　　　1 8 8
ウ＝16－8＝8
8＋9＝17より，
○＝7
よって，ア＝7＋1＝8
イ＝4－1＝3

③　　ア 8 4 4
　　－2 イ ウ 6
　　　1 8 5 エ
エ＝14－6＝8
ウ＝13－5＝8
イ＝17－8＝9
○＝1＋2＝3
よって，ア＝3＋1＝4

④　　4 ア 9 イ
　　－ウ 6 5 7
　　　　6 エ 8
8＋7＝15より，
イ＝5
エ＝8－5＝3
6＋6＝12より，ア＝2
ウ＝3－0＝3

⑤ 240cm＋180cm＝420cm
＝4m 20cm

⑥ 2m 10cm＋7m 50cm
＝9m 60cm
＝9600mm

くり上がり，くり下がりのときの逆算の求め方に注意させてください。

④ よりこ…48（個）
　ゆうこ…48＋75＝123（個）
　まさこ…123－42＝81（個）
　48＋123＋81＝252（個）

⑤ ① 折れ曲がった辺の長さを外周に移動すると，太い線の長さと同じになります。
たて…15＋15＋15＝45（cm）
横…22＋15＋20＝57（cm）
（45＋57）×2＝204（cm）
　　　　　　　＝2（m）4（cm）

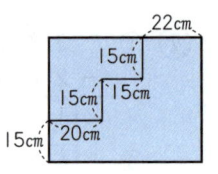

② 20cmの横の辺を上に移動して考えます。
たて＝40（cm）
横＝10＋20＋28＋20＋10
　＝88（cm）
よって，（40＋88）×2＋32×4
　＝256＋128＝384（cm）
　＝3（m）84（cm）

受験指導の立場から

・ひき算部分はまとめて計算します（スーパーレジ方式）。くり上がり，くり下がりのときの逆算の仕方に注意しましょう。逆算をきっちりとできるように練習させてください。ややこしい逆算のときには，簡単な例を作ってやってみるとよいでしょう。
・文章問題では，
　①図をかく
　②式を書く
　③工夫して計算スピードを上げる
以上のポイントを重点的に学習させてください。

7 10000までの くらいどり

☆ 標準レベル　●本冊→44ページ

1 ① 6853　② 5, 0, 8, 6
2 ① 7500　② 9700
　③ 8600
3 ① 2600, 3200
　② 3900, 3920
　③ 8820, 8780
　④ 4105, 4075
4 ① 二千　② 四千五百
　③ 三千八百七十　④ 四千五百二
　⑤ 九千五十　⑥ 四千三
5 ① ＜　② ＜
　③ ＜　④ ＞
6 しき 5000－（2345＋1355）＝1300
　答え 1300円

1 位ごとに数を分解して考えます。
① 3＋50＋800＋6000＝6853
② 6805＝5＋800＋6000

2 7000と8000の間の目もりの数から，1目もりの大きさを求めます。
1目もり…（8000－7000）÷10＝100
① ㋐＝7000＋100×5
　　＝7500
② ㋑＝10000－100×3
　　＝9700
③ （9700－7500）÷2＝1100
　7500＋1100＝8600
（別解）㋐と㋑のまん中の数…㋐と㋑の平均になるので，
（7500＋9700）÷2＝8600

3 数が規則的に並んでいる数列の問題ではとなり同士の差をとって考えます。
① 3000－2800＝200より，
右の方へ200ずつ大きくなっていきます。
② （3910－3890）÷2＝10
右の方へ10ずつ大きくなっています。

7 10000までの くらいどり　19

③　8900−8860=40
右の方へ40ずつ小さくなっています。
④　4045−4015=30
右の方へ30ずつ小さくなっています。

5　桁数が同じだから，上の位の数から順に比べます。上の位の数が大きいものほど，大きな数となることを理解させます。

☆☆ 発展レベル　●本冊→46ページ

1　① 3705, 3570, 3507, 3057
　　② 5857, 5768, 5687, 5678
2　① 1245, 1275
　　② 3975, 3930
　　③ 1300, 1350
　　④ 8600, 8400
3　① 一万　　　　② 五千五百
　　③ 三千六百三　④ 二千三百四十五
4　① 2500　　　② 9100
　　③ 4051　　　④ 6011
5　① 3400　　　② 7006
　　③ 1430　　　④ 3235
6　① 4321　　　② 1234
　　③ 2431

1　① 3705＞3570＞3507＞3057
　　② 5857＞5768＞5687＞5678
大きな位の数から順に比較して大小を判定します。

2　となり同士の差をとって考えます。
① (1260−1230)÷2=15
右の方へ15ずつ大きくなっています。
② 4065−4020=45
右の方へ45ずつ小さくなっています。
③ 1250−1200=50
右の方へ50ずつ大きくなっています。
④ (8700−8500)÷2=100
右の方へ100ずつ小さくなっています。

3　下の位から，一，十，百，千として，各位の数をしっかり読みとります。

4　漢数字をそのまま算用数字で表すときは，先に4つの区切りを考えておくとミスを防止できます。
5　先に算用数字になおしてから計算します。
① 3000+400=3400
② 6300+706=7006
③ 1960−530=1430
④ 7000−3765=3235

6　大きい，小さいを決めるときは，上の位から順に考えていきます。
上の位から順に小さい数を置いていくと数は小さくなり，上の位から順に大きな数を置いていくと数は大きくなります。

☆☆☆ トップレベル　●本冊→48ページ

1　① 45　　　　② 3, 86
　　③ 80, 65
2　① 6, 7, 8, 9
　　② 4, 3, 2, 1, 0
　　③ 5, 6, 7
　　④ 4, 5, 6, 7
3　① 13　　　　② 3, 3, 1, 1
4　① 1　　　　 ② 4
5　① 8732　　　② 2037
　　③ 7023　　　④ 2378

1　① 4500÷100=45(個)
② 3860=3000+860
　　　=1000×3+10×86
③ 8065=100×80+1×65
2　各位ごとに大小を決める数字をあてはめて考えます。
① 5より大きな数。
② 5より小さな数。
③ 5以上で，8より小さな数。
④ 3より大きく，7以下の数。
3　① 2880−(500×5+50×5)
=2880−2750
=130
　130÷10=13(枚)

② 枚数を最も少なくするためには，金額の高い硬貨をできるだけ多く使うことです。
4860－1000×3＝1860
1860÷500＝3あまり360
360÷100＝3あまり60
60÷50＝1あまり10
10÷10＝1(枚)

4 あいている□をウ〜キとおいて考えます。
|5|＋|ウ|＋|ア|＝ 8
＋　＋　＋
|エ|＋|オ|＋|6|＝ 23
＋　＋　＋
|カ|＋|イ|＋|キ|＝ 14
‖　‖　‖
21　14　10

エ＋カ＝21－5＝16＝(9＋7)
エ＝7とすると，オ＝10となってしまうので，
エ＝9，カ＝7
オ＝23－(9＋6)＝8
ウ＝2または1，ウ＝2とすると，
イ＝14－(2＋8)＝4
キ＝14－(7＋4)＝3
ア＝8－(5＋2)＝1
これですべての式が成り立ちます。

5 ④ 小さい順に並べると次のようになります。
2037, 2038, 2073, 2078,
2083, 2087, 2307, 2308,
2370, 2378…10番目に小さい

8 三角形，四角形

★ 標準レベル　●本冊→50ページ

1 ① イ，カ
② ウ，ク，ケ
③ オ

2 ① 6こ
② 5こ
③ 8こ
④ 8こ

3 イ，オ，ク，ケ

4 ① ア，ケ
② カ，ク
③ イ，コ
④ エ，キ

5 14こ

1 三角形，四角形，五角形，…は，直線(まっすぐな線)が3本，4本，5本，…からできていることを理解させます。

2 小さな図形に分割すると，わかりやすくなります。
① 3個　3＋3＝6(個)
　　3個
② 3個
　3＋1＋1＝5(個)
③ 4＋2＋1＋1＝8(個)
④ 4個　4個
　4＋4＝8(個)

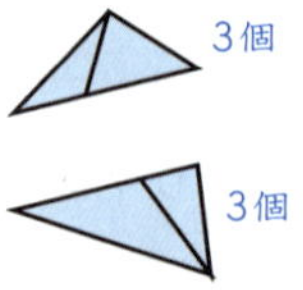

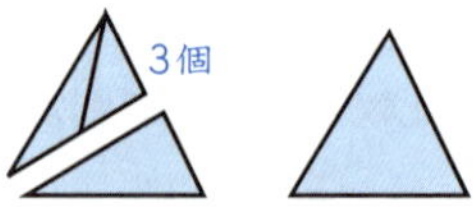

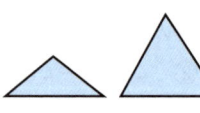

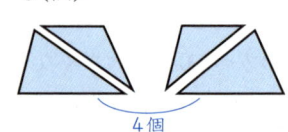

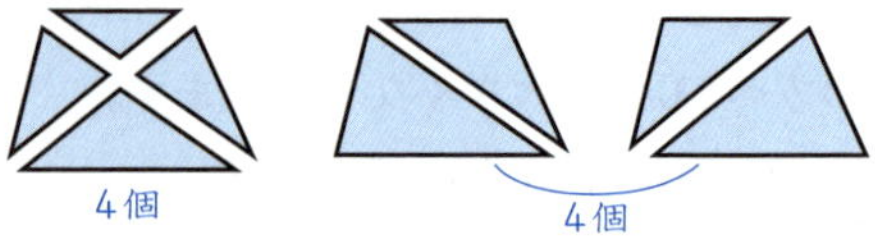

3 直線と曲線をしっかりと区別できるようにさせましょう。

4 長方形…4つの角が直角
ひし形…4つの辺の長さが等しい
正方形…4つの角が直角で，4つの辺の長さが等しい
台形…1組の向かい合う辺が平行

5 正方形の大きさで分類分けして，数え上げます。
□ の大きさ…3×3＝9(個)
⊞ の大きさ…4個   ⊞ の大きさ…1個

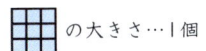

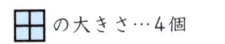

9＋4＋1＝14(個)

4 ③ 20cm / 10cm 10cm となって，三角形は作れない。
④ 10cm / 3cm 6cm となって，三角形は作れない。

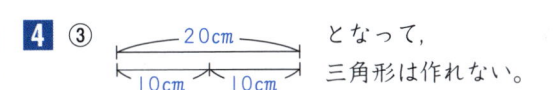

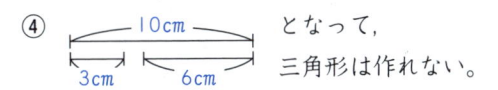

三角形の決定条件
三角形の2辺の和＞他の1辺

6 上から1段目，2段目と順に数えていきます。
△ の正三角形 1＋2＋3＋4＝10(個)
▽ の正三角形 1＋2＋3＝6(個)
△ の正三角形 1＋2＋3＝6(個)   ▽ の正三角形 1(個)
△ の正三角形 1＋2＝3(個)   △ の正三角形 1(個)

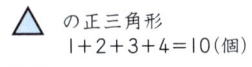

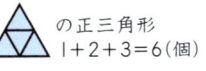

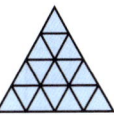

全部で，
10＋6＋6＋1＋3＋1＝27(個)

☆☆ 発展レベル ●本冊→52ページ

1 ① イ
② ウ
③ ア

2 ① ア，ウ，キ
② イ，カ，ク
③ エ，オ

3 9まい

4 ① ○
② ○
③ ×
④ ×

5 ア 平行四辺形   イ 台形
ウ 正方形   エ 四角形
オ 長方形   カ ひし形

6 27こ

1 直角三角形…直角の角がある三角形
正方形…4つの角が直角で，4つの辺の長さが等しい四角形
長方形…4つの角が直角である四角形

2 二等辺三角形…2つの辺の長さが等しい三角形
正三角形…3つの辺の長さが等しい三角形

3 1段目…1枚
2段目…3枚
3段目…5枚
1＋3＋5＝9(枚)

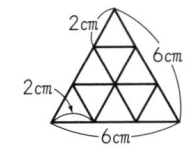

☆☆☆ トップレベル ●本冊→54ページ

1 ① ウ，カ，キ
② ア，エ，ク
③ イ，オ

2 ① ア，ク，サ
② エ，キ
③ イ，オ
④ カ，コ
⑤ ウ，ケ

3 ① ひし形
② 正方形
③ 平行四辺形
④ 長方形

4 ① 8つ   ② 8つ

5 33こ

1 二等辺，直角の意味をきっちりと理解させてください。

2 台形，平行四辺形，ひし形，長方形，正方形の定義をしっかりと理解させましょう。

3
① ひし形
② 正方形 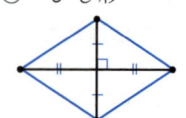 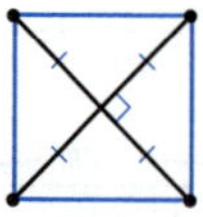
③ 平行四辺形
④ 長方形

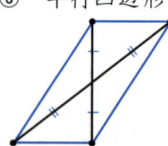

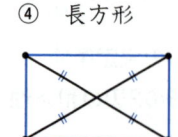

ひし形，正方形，平行四辺形，長方形の対角線の形をしっかりと理解させましょう。

4
もれなく，きっちりと数え上げていきます。順番に数えていくときの基準をどこにとるかがポイントです。

① 長方形　8個

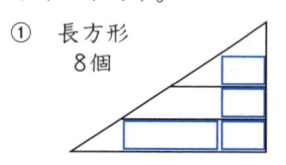

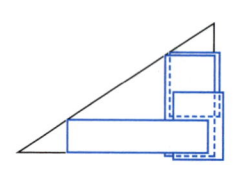

② 直角三角形　8個

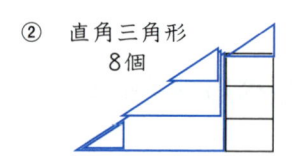

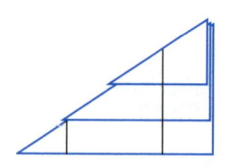

5
上から下へ，1段目，2段目と調べます。正三角形なので同じ形が，3つの辺を基準にして3方向に存在します。

台形…

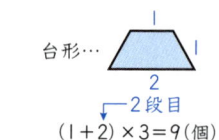

2段目
(1+2)×3＝9(個)
1段目 ← 上，左下，右下の3方向にある。

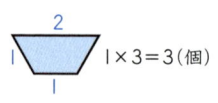

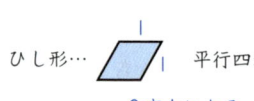

1×3＝3(個) 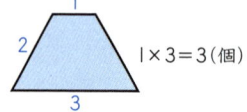　　1×3＝3(個)

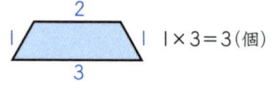

1×3＝3(個)

台形は　9＋3＋3＋3＝18(個)

ひし形…　　平行四辺形… 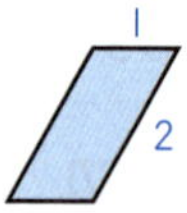
3方向にある
(1+2)×3＝9(個)　　1×2×3＝6(個)
ひし形と平行四辺形は　9＋6＝15(個)
全部で　18＋15＝33(個)

9 かんたんな分数

☆ 標準レベル　●本冊→56ページ

	①	②	③	④
1	6	2	3	
2	5	7	9	
3	$\frac{3}{5}$	$\frac{5}{7}$	$\frac{7}{8}$	
4	5	7	$\frac{5}{7}$	$\frac{2}{5}$
5	$\frac{3}{4}$	$\frac{3}{5}$	$\frac{1}{7}$	5

1 単位分数をしっかりと理解させてください。
　分母は何等分したかを表します。

2 分子←分母の数で分けたものがいくつ分かを表す。
　分母←全体を何等分したかを表す。

3 分母が同じとき，分子が大きい方が分数は大きくなります。

4 ④　図に表して考えます。

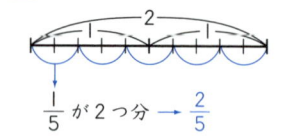

$\frac{1}{5}$ が2つ分 → $\frac{2}{5}$

☆☆ 発展レベル　●本冊→58ページ

	①	②	③	④
1	$\frac{1}{8}$	3	$\frac{1}{7}$	
2	3	4	5	
3	$\frac{1}{2}$	$\frac{1}{4}$	$\frac{5}{7}$	
4	4	$\frac{1}{8}$	2	4
5	$\frac{4}{5}$	$\frac{4}{7}$	$\frac{2}{11}$	4

1 ②　図に表して考えます。

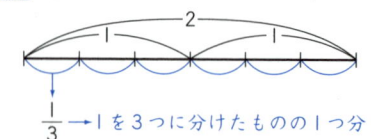

$\frac{1}{3}$ → 1を3つに分けたものの1つ分

9 かんたんな分数 23

3 分子が同じときは，分母が小さい分数の方が大きくなります。
同じものを分けるとき，少ない人数で分けた方がたくさんもらえるのと同じです。

4 ③ 図に表して考えます。

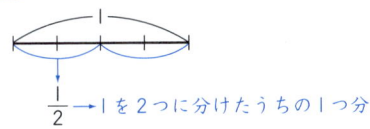

$\frac{1}{2}$ → 1を2つに分けたうちの1つ分

④ 図に表して考えます。

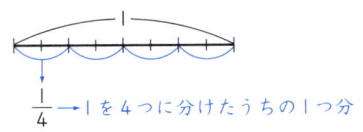

$\frac{1}{4}$ → 1を4つに分けたうちの1つ分

5 ③，④は図に表して考えます。

③ $\frac{2}{11}$m　$\frac{8}{11}$m → $\frac{2}{11}$m の4つ分

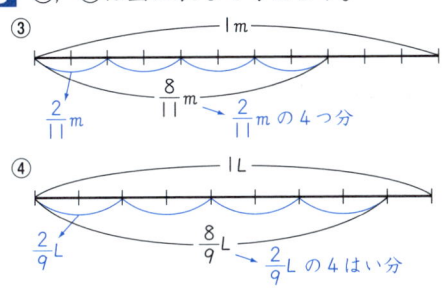

④ $\frac{2}{9}$L　$\frac{8}{9}$L → $\frac{2}{9}$L の4はい分

分母，分子ともに2つずつ大きくなっています。

③ $\frac{1}{3}+\frac{1}{4}$　$\frac{1}{4}+\frac{1}{5}$
　　　　同じ

そこで，$\frac{1}{3}$と$\frac{1}{5}$の大きさを比べると，$\frac{1}{3}>\frac{1}{5}$となります。

したがって，$\frac{1}{3}+\frac{1}{4}>\frac{1}{4}+\frac{1}{5}$

3 ① 分子が同じときは，分母が小さい方が大きな分数 ←人数が少ない方が分け前は多い

② 7×4=28より，1を28等分します。

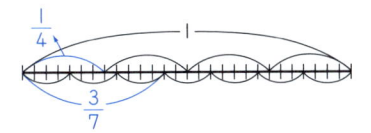

$\frac{1}{4}$　$\frac{3}{7}$

③ 5×3=15より，1を15等分します。

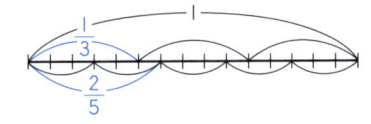

$\frac{1}{3}$　$\frac{2}{5}$

②，③は通分の基礎を身につける問題です。

4 ② $\frac{15}{17}$ → $\frac{5×3}{17}$ → $\frac{5}{17}$の3倍

③ $\frac{2}{6}×2$ → $\frac{4}{6}$

5 ① $\frac{1}{4}$m　$\frac{1}{4}$mの2つ分 → $\frac{1}{8}$mの4つ分

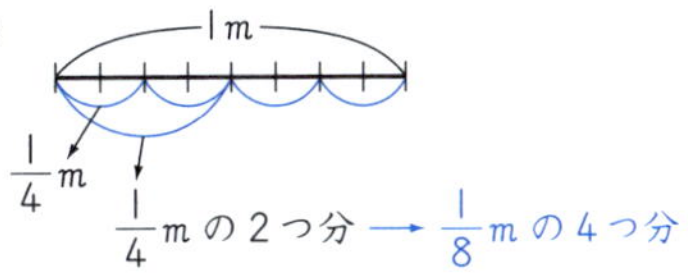

② $\frac{2}{9}$L　$\frac{6}{9}$L → $\frac{2}{9}$Lの3ばい分

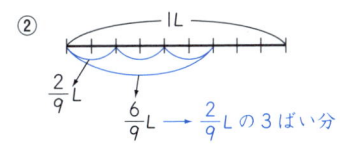

③ $\frac{4}{11}$m　$\frac{4}{11}$m　$\frac{3}{11}$m

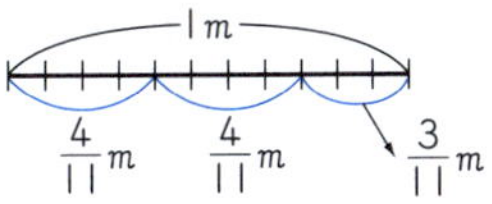

④ $\frac{1}{4}$L　$\frac{3}{8}$L　$\frac{3}{8}$L
$\frac{3}{8}$Lの2はい分 → $\frac{1}{4}$Lの3ばい分

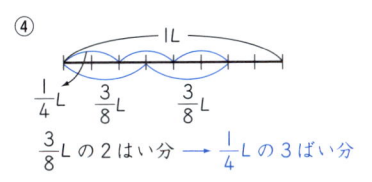

☆☆☆ トップレベル ●本冊→60ページ

1 ① $\frac{1}{13}$　② $\frac{8}{9}$　③ $\frac{1}{3}+\frac{1}{4}$

2 ① $\frac{5}{6}$　② $\frac{7}{8}$　③ $\frac{11}{13}$

3 ① $\frac{2}{3}$　② $\frac{3}{7}$　③ $\frac{2}{5}$

4 ① 9　② $\frac{5}{17}$　③ 6

5 ① 4　② 3　③ $\frac{3}{11}$　④ 3

1 分数を分母と分子に分けて考えて，分子，分母それぞれの**規則性**を考えます。

① $\frac{1}{7}, \frac{1}{9}, \frac{1}{11}, \boxed{\frac{1}{13}}, \frac{1}{15}$
　　　　+2

分母が2つずつ大きくなっています。

② $\frac{2}{3}, \frac{4}{5}, \frac{6}{7}, \boxed{\frac{8}{9}}, \frac{10}{11}, \frac{12}{13}$
+2　　　　　　　　　　+2

復習テスト3

●本冊→62ページ

① ① 255　　② 8200
　 ③ 9　　　④ 4

② ① 二千八百六　② 三千九十六
　 ③ 4635　　　④ 7011

③ ① ○　　② ○
　 ③ ×　　④ ×

④ 36こ

⑤ ① $\frac{2}{3}$　　② $\frac{5}{6}$
　 ③ $\frac{1}{7}$　　④ 3

⑥ ① 3210　　② 1023
　 ③ 2310

⑦ ① $\frac{1}{4}$　　② $\frac{2}{5}$
　 ③ $\frac{3}{4}$

① ①,②はとなり同士の差を取って考えます。③,④はそれぞれの位で比較します。

① 245, 250, [255], 260, 265
　　　　+5　+5　+5　+5

② 8400, [8200], 8000, 7800
　　　　-200　-200　-200

② 4つの区切りを考えて,位取りを決めていきます。

③ 三角形の決定条件
　　三角形の2辺の長さの和＞他の1辺の長さ
　を使います。

④
① 1×[ ] 3×3=9(個)　　① 2×[ ] 2×3=6(個)
② 1×[ ] 3×2=6(個)　　② 2×[ ] 2×2=4(個)
① 3×[ ] 1×3=3(個)　　③ 3×[ ] 3×1=3(個)
② 3×[ ] 1×2=2(個)　　③ 3×[ ] 2×1=2(個)
③ 3×[ ] 1×1=1(個)

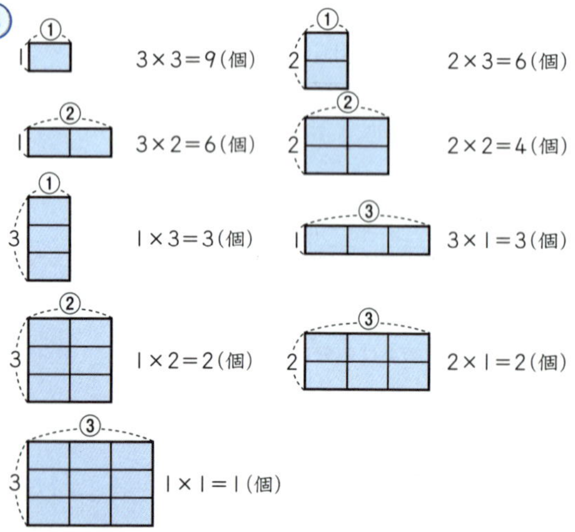

順序立てて整理整頓しながら計算によって求めます。

⑤ **単位分数**を確実に理解させてください。

⑥ 0の取り扱いに注意しましょう。

⑦ 分母,分子が異なる分数の大小比較では,**分母の最小公倍数の目もり**をとって考えます。

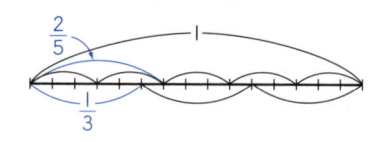

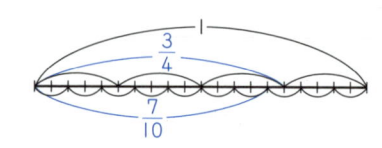

$\frac{2}{5}$　　$\frac{1}{3}$

$\frac{3}{4}$　　$\frac{7}{10}$

受験指導の立場から

・数が規則的に並んでいるときは,となり同士の差をとって考えます。大きな数の取り扱いでは,4けたで区切って,位取りを正確にしましょう。

・三角形の決定条件を理解させてください。
　三角形の2辺の長さの和＞他の1辺の長さ

・分母,分子が異なる分数の大小比較は,分母の最小公倍数で目もりをとり,その区切りの中での分数を表して比較します。つまり,通分するわけです。通分は分数の重要ポイントです。

10 かけ算(1)

☆ 標準レベル　●本冊→64ページ

1 ① 6　　② 12
　　③ 8　　④ 15

2 ① 3, 3, 3, 9　　② 7, 14
　　③ 4　　　　　　④ 9

3 ① 9　　② 8
　　③ 16　　④ 21
　　⑤ 20　　⑥ 40
　　⑦ 24　　⑧ 42
　　⑨ 21　　⑩ 35
　　⑪ 32　　⑫ 72
　　⑬ 27　　⑭ 48
　　⑮ 63

4 しき 4×5=20
　　答え 20こ

5 しき 4×6=24
　　答え 24こ

6 しき (3×4)+(4×6)=36
　　答え 36こ

1 ここでは、九九をしっかりと憶えることが目的です。

2 ここでは、かけ算の意味をたし算の式と合わせて理解することが目的です。
　① 3×3=3+3+3=9
　② 2×7=2+2+2+2+2+2+2
　　　　=14
　③ 4×7=28, 4×6=24
　　28−24=4
　　(別解)
　　4×7=4+4+4+4+4+4+4
　　4×6=4+4+4+4+4+4
　　よって、4×7の方が4大きくなります。
　④ 3×8=3+3+3+3+3+3+3+3
　　3×9=3+3+3+3+3+3+3+3+3

☆☆ 発展レベル　●本冊→66ページ

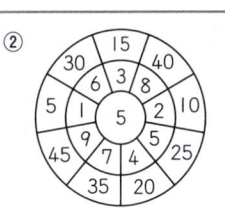

1 ①　②　③ （九九の円盤図）

2 ① 6×4=24
　　② 6×5=30

3 ① 18　　② 17
　　③ 51　　④ 31
　　⑤ 59　　⑥ 66

4 しき 3×6−6=12
　　答え 12本

5 しき 18−3×5=3
　　答え 3本

6 しき 4×8−26=6
　　答え 6人

1 2 いろいろなタイプの問題をさせて、九九を飽きさせずに練習させ、スピードアップさせましょう。

3 暗算でできるまで練習させてください。
　① 3×4+6=12+6=18
　② 4×5−3=20−3=17
　③ 6×7+9=42+9=51
　④ 7×5−4=35−4=31
　⑤ 8×7+3=56+3=59
　⑥ 8×9−6=72−6=66

4 全部で、3×6=18(本)
　　赤えんぴつは、18−6=12(本)

5 全部で、3×5=15(本)
　　あまっているのは、18−15=3(本)

6 4×8=32(人)
　　32−26=6(人)

26　10　かけ算(1)

☆☆☆ トップレベル　●本冊→68ページ

1 ① 6　　② 8
　　③ 3　　④ 8
　　⑤ 6　　⑥ 3

2 ① 3, 3　② 1, 3
　　③ 8　　④ 1

3 ① 5　　② 6
　　③ 6　　④ 9
　　⑤ 8　　⑥ 7

4 ① 2円　② 2円

5 1こ

6 ゆみさん 84点, たかしくん 76点

---

1 計算の基礎をしっかりと習熟させることが目的です。

① $4×5+4=(4×5)+(4×1)$
　　　　　　$=4×\boxed{6}$

② $6×7+6=(6×7)+(6×1)$
　　　　　　$=6×\boxed{8}$

③ $7×4-7=(7×4)-(7×1)$
　　　　　　$=7×\boxed{3}$

④ $3×9-3=(3×9)-(3×1)$
　　　　　　$=3×\boxed{8}$

⑤ $6×8+\square=9×6$　　$\square=6$

⑥ $4×6-\square=3×7$
　　　　$\square=(4×6)-(3×7)=3$

2 ① $24-(7×3)=3$
　　　$9×3-24=3$
　　　$\boxed{3}$大きく, $\boxed{3}$小さい。

② $6×6-35=1$
　　$35-(4×8)=3$
　　$\boxed{1}$小さく, $\boxed{3}$大きい。

③ $(7×8)-(8×6)=56-48$
　　　　　　　　$=8$

④ $7×5+\square=6×7-6$
　　　$35+\square=36$
　　　　　$\square=1$

3 $\square$をふくむ部分をまとめて**置き換え**て計算をします。

① $(6×4)+(7×\square)=59$
　　　　$7×\square=59-(6×4)=35$
　　　　　$\square=35÷7=5$

② $(8×4)-(3×\square)=14$
　　　　$3×\square=(8×4)-14=18$
　　　　　$\square=18÷3=6$

③ $(4×7)+(5×\square)=58$
　　　　$5×\square=58-(4×7)=30$
　　　　　$\square=30÷5=6$

④ $(3×\square)-(7×3)=6$
　　　　$3×\square=6+(3×7)=27$
　　　　　$\square=27÷3=9$

⑤ $(4×8)+(7×2)=6×\square-2$
　　　　$6×\square=32+14+2=48$
　　　　　$\square=48÷6=8$

⑥ $(9×\square)-(4×7)=6×4+11=35$
　　　　$9×\square=35+(4×7)=63$
　　　　　$\square=63÷9=7$

4 問題文をしっかりと読んで**立式**します。

① $4×7=28$(円)
　　$30-28=2$(円)

② $4×8-30=2$(円)

5 $(4×8)+(6×8)=32+48=80$(個)
　　$9×9-80=1$(個)

6 ゆみさんの負けの回数は,
　　$20-(9+4)=7$(回)
各人の結果を表で表すと,

	かち	あいこ	まけ
ゆみさん	9回	4回	7回
たかしくん	7回	4回	9回

ゆみさん, たかしくんの得点は,
ゆみさん
　$(6×9)+(4×4)+(2×7)=84$(点)
たかしくん
　$(6×7)+(4×4)+(2×9)=76$(点)

11 かけ算(2)

☆ 標準レベル ●本冊→70ページ

1 ① 56　② 63
　 ③ 36　④ 24
　 ⑤ 60　⑥ 60
　 ⑦ 90　⑧ 125
　 ⑨ 150　⑩ 140

2 ① (4×9, 6×6, 9×4)
　 ② (6×8, 8×6)
　 ③ (8×9, 9×8)
　 ④ (2×6, 3×4, 4×3, 6×2)
　 ⑤ (2×9, 3×6, 6×3, 9×2)
　 ⑥ (3×8, 4×6, 6×4, 8×3)

3 ① 12, 15, 24
　 ② 10, 25, 30
　 ③ 18, 24, 42, 48
　 ④ 64, 56, 32
　 ⑤ 72, 45, 36
　 ⑥ 18, 24, 36

4 ① 6　② 8

5 しき 8×6−6×7=6
　 答え チューリップの 方が 6本 多い。

6 4本

---

3 ① 9, [12], [15], 18, 21, [24], 27
　　　　　3×4　3×5　　　　　3×8
　　　　　　　差が3

以下，同じように**となり合う数の差から**規則性を見つけていきます。

② となり合う数の差が5
③ となり合う数の差が6
④ となり合う数の差が8
⑤ となり合う数の差が9
⑥ となり合う数の差が6

4 □を含む部分を**ひとかたまり**と考えて解きます。
① (8×□)+(24×5)=168
　 8×□=168−(24×5)
　　　 =168−120=48
　 □=48÷8=6

5 6×7=42(本)
　 8×6=48(本)
　 48−42=6(本)

6 分からないものは□とおいて式を立てます。
□を含む部分は**ひとかたまり**で処理します。
120cm−(16cm×3)−(10cm×4)
−(6cm×□)=8cm
120cm−48cm−40cm−(6cm×□)=8cm
6cm×□=32cm−8cm=24cm
□=24cm÷6cm=4

☆☆ 発展レベル ●本冊→72ページ

1 ① <　② >
　 ③ =　④ >

2 ① 6　② 5
　 ③ 4　④ 9

3 ① 44　② 16
　 ③ 9

4 ① 18　② 21
　 ③ 144

5 しき 12×6−14×5=2
　 答え ゆうすけくんの 方が 2cm 長い

6 しき 120−(10×8)=40
　 答え 40ページ のこって いる。

---

1 ① 13×4 < 12×5
　　　 52　　 60
② 6×22 > 7×18
　 132　　 126
③ 13×12 = 12×13
④ 25×13 > 14×23
　 325　　 322

2 ③～④も同じように□を含む部分を**ひとかたまり**で考えます。
① (32×8)+(8×□)=304
　　↓
　 256
　 8×□=304−256=48
　 □=48÷8=6

28 11 かけ算(2)

② (□×8)+(33×8)=304
　　　　　↓
　　　　264
　□×8=304−264=40
　□=5

3 ① 50, 48, 46, 44, 42, 40, …
　　　　 −2 −2 −2 −2 −2

② 1, 2, 4, 7, 11, 16, 22, 29, …
　　 +1 +2 +3 +4 +5 +6 +7

③ 1, 2, 3, 2, 4, 6, 3, 6, 9, 4, …
　　　　 1×2 2×2 3×2　1×3 2×3 3×3　1×4
|小→大|のかたまりで区切って考えます。

4 九九の表では, 同じ行, 同じ列で, 一定の数ずつ変化します。

① 24−12=12　　12÷2=6
　　⑦=12+6=18

② 18−15=3, ④=18+3=21

③ 10+15+20+12
　+24+14+21
　+28=144

2×5	3×5	4×5	
10	15	20	+5
2×6	3×6	4×6	
12	18	24	+6
2×7	3×7	4×7	
14	21	28	+7
+2	+3	+4	

5 ゆうすけ　12×6=72(cm)
　　さやか　 14×5=70(cm)
　　　　　　72−70=2(cm)

6 120−(10×8)=120−80
　　　　　　　　＝40(ページ)

☆☆☆ トップレベル　●本冊→74ページ

1 ① 7　　② 9
　　③ 5　　④ 5

2 ① 3×4, 5×6　② 9, 16
　　③ 143　　　　④ 169, 225

3 よりこ…96こ, ちずこ…32こ
　　なおこ…128こ

4 ① 4(まい)　② 9(まい)
　　③ 4(まい)　④ 18(まい)

1 ① 18×6+23×5=27×8+□
　　　　 108　115　　 216
　　□=108+115−216=7

② 36×4+8×□=3×12+12×15
　　 144　　　　 36　　　180
　8×□=36+180−144=72
　□=72÷8=9

2 ① 1×2, 2×3, 3×4, 4×5, 5×6, 6×7
　　　　　　　　+1　　　　　　+1

② 1, 4, 9, 16, 25, 36, 49
　 1×1 2×2 3×3 4×4 5×5 6×6 7×7

③ 15, 35, 63, 99, 143, 195
　 3×5 5×7 7×9 9×11 11×13 13×15

④ 100, 121, 144, 169, 196, 225,
　 10×10 11×11 12×12 13×13 14×14 15×15
　256
　16×16

②〜④は今はできなくても大丈夫です。高学年になって入試問題を解くようになると自然に解けるようになります。

3 下のような線分図を書いて基本単位(1つ分)を求めます。

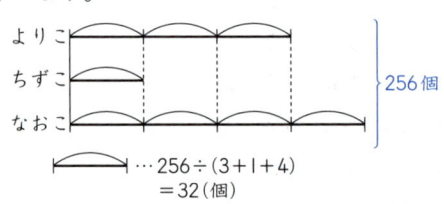

よりこ
ちずこ
なおこ
　　　　　　　　　　256個
　　…256÷(3+1+4)
　　　＝32(個)

よりこ…32×3=96(個)
ちずこ…32個
なおこ…32×4=128(個)

4 ① 図より, 4枚

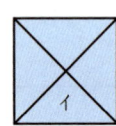

② 図から,
　3×3=9(枚)

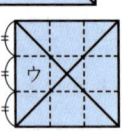

③ 図から, 4枚

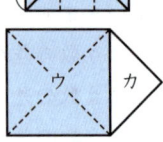

④ ③よりウはカの4枚分, エ, オはカの2枚分,
　ゆえに, イはカの
　2+2+4+1=9(枚分)
　したがって, アはその2倍で
　9×2=18(枚分)

12 かんたんな ひょうや グラフ

☆ 標準レベル　●本冊→76ページ

1
① 12人　② 7月
③ 11月　④ 4人
⑤ 120人

2 ①

はれ	くもり	雨
12日	11日	8日

② はれ
③ くもりが 3日 多い

1 表やグラフをしっかりと読みとる練習をします。⑤では，もれがないか**確認**するようにしましょう。

☆☆ 発展レベル　●本冊→78ページ

1 ①

日後 なまえ	1	2	3	4	5	6	7	8	……
よしこ	58	56	54	ア52	イ50	ウ48	エ46	オ44	……
のりこ	57	54	カ51	キ48	ク45	ケ42	コ39	サ36	……

② 6ページ　③ 12日後　④ 14日後

2 ① 2人　② 4人　③ 4人

1 表の読み取りの練習をします。**規則性（数列）**としての取り扱いにも慣れるようにしましょう。

② 48－42＝6(ページ)

③

日	1	2	3	4	…	12
読んでいないページ数の合計	115	110	105	100	…	60

115－60＝55　　55÷5＋1＝12(日後)

④ 表から，14日後。

日	1	2	3	4	5	…	14
2人がまだ読んでいないページ数のちがい	1	2	3	4	5	…	14

2 ① 3－1＝2(人)
② 19－(4＋6＋3＋2)＝4(人)
③ 表から，4人。

月	火	水	木	金
4	3	2	1	0

－1　－1　－1　－1

☆☆☆ トップレベル　●本冊→80ページ

1
① 2回　② 22こ
③ よりこさん…16こ
　たくやくん…24こ

2 ① 24　② 31
③ 22　④ 18

3 ① □＋11　② □×2
③ 10－□

1 表からしっかりと読み取りをさせます。**規則性**についても考えさせましょう。

回 なまえ	1	2	3	4	5	6	7	8
よりこ	22	20	20	22	20	20	18	16
たくや	18	20	20	18	20	20	22	24

① 2回(3回目，6回目)
② 表より，22個。
③ 表より，よりこさん…16個
　　　　　　たくやさん…24個

2 関数の考え方の基本を学びます。
① ア：入ってきた数に12をたす。
② イ：入ってきた数に11をたす。
③ ウ：入ってきた数に9をたす。
④ エ：入ってきた数から5をひく。

3 関数の考え方から，**関係式**を作ることができるようにします。
① △－□＝11
したがって，△＝□＋11
② △＝□×2
③ △＋□＝10　　△＝10－□

受験指導の立場から

・表やグラフを読み取る問題では，まず，横軸とたて軸が何を表しているかを考えます。グラフであれば，それが棒グラフのように単に度数を表しているだけなのか，折れ線グラフのように変化を示しているものなのかも見極めましょう。

・表の取り扱いでは，数の規則性を考える問題なのか，お互いの量の変化を考える関数の問題なのかを，となり同士の差をとって考えてみることがポイントです。

復習テスト④

●本冊→82ページ

① ① 161　② 270
　③ 544　④ 686

② ① 845　② 1456
　③ 2881　④ 6873

③ ① 9600　② 35292
　③ 21315　④ 61028

④ 266こ

⑤ 5こ

⑥ ① 900円　② 600円
　③ 800円

① 位をそろえて，小さい位から順に九九を使ってかけていきます。

② かける数が2けたなので，位取りに注意して筆算をさせてください。

```
①   65      ②   52      ③   43
  ×13         ×28         ×67
  ―――         ―――         ―――
  195         416         301
  65          104         258
  ―――         ―――         ―――
  845        1456        2881

④   79
  ×87
  ―――
  553
  632
  ―――
  6873
```

③ ①   384   ②   692   ③   87
　　×25   ×51   ×245
　　―――   ―――   ―――
　　1920   692   435
　　768   3460   348
　　―――   ―――   174
　　9600   35292   ―――
　　 21315

④   73
　×836
　―――
　 438
　 219
　 584
　―――
　61028

かける数が3けたのかけ算も位取りに注意しながら，①で述べた計算をくり返し3回行います。

④ りょうすけくんは 38×6＝228（個）
　2人合わせて 38＋228＝266（個）

⑤ 線分図を書いて考えます。

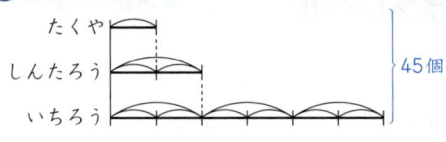

たくや
しんたろう　　　　　　　　　　45個
いちろう

$45÷(1＋2＋6)＝5$（個）

よって，たくやくんが持っているのは5個。

⑥ グラフの読み取りができるように練習させましょう。
　② 1200÷2＝600（円）
　③ 4900－(800＋1200＋900＋600＋600)＝800（円）

受験指導の立場から

・かけ算は筆算で行います。位をそろえて，小さい位から順に九九を使ってかけていきます。筆算では，けた数の多い方を上に書き，けた数の小さい方を下に書いて，小さい位から順にかけていきます。

・文章題では，問題文をしっかりと理解して，必ず図や表やグラフにまとめて解く習慣をつけさせてください。図や表やグラフの読み取りの練習もしっかりとやっておきましょう。

13 長さ(2)

☆ 標準レベル ●本冊→84ページ

1 ① 25, 4　　② 36, 3
　③ 13, 8　　④ 74, 4
　⑤ 89, 8　　⑥ 80, 8

2 ① >　　② =
　③ =　　④ =
　⑤ <　　⑥ >

3 しき 1m82cm－1m46cm＝36cm
　答え 36cm

4 しき (125m＋185m60cm)×2
　　　＝621m20cm
　答え 621m20cm

5 しき 442cm－84cm－1m65cm
　　　＝1m93cm
　答え 1m93cm

1 そのまま計算して，最後に単位を整えます。⑥は285mmを他と同じように，△cm○mmと換算してから計算します。
① 60mm＋194mm＝254mm
　　　　　　　　　＝25cm 4mm
⑥ 285mm－13cm5mm＋65cm8mm
　＝28cm5mm－13cm5mm＋65cm8mm
　＝80cm8mm

2 1m＝100cm, 1cm＝10mm の単位換算をしっかりと理解させましょう。
① 9m48cm＝948cm
② 1m1cm＝101cm
③ 7m12cm＋1m88cm
　＝8m100cm＝9m
④ 2m7cm＋10mm
　＝2m7cm＋1cm
　＝2m8cm
⑤ 1m45cm－98cm
　＝145cm－98cm
　＝47cm
　　78mm＋39cm4mm
　＝7cm8mm＋39cm4mm
　＝46cm12mm
　＝47cm2mm
⑥ 4m8cm5mm＝4085mm

4 よこ 125m＋60m60cm
　　　＝185m60cm
　よって (125m＋185m60cm)×2
　　　＝620m＋120cm＝621m20cm
　　　　　　　　　└→1m20cm

5 442cm－84cm－1m65cm
　　　　　　　　└→165cm
　＝442cm－249cm＝193cm
　＝1m93cm

☆☆ 発展レベル ●本冊→86ページ

1 ① 5, 40　　② 12, 76
　③ 5, 80　　④ 2, 60
　⑤ 6, 21, 3　⑥ 5, 46, 7

2 ① 2m41cm＞239cm＞2m4cm
　② 1008cm＞1m30cm＞1003mm

3 42cm

4 ① 2m85cm　② 2m25cm

5 ① 19, 20　② 54, 50

1 ①, ⑥は単位をそろえてから計算します。③, ④はmからcmへくり下げてから計算します。
① 300cm＋2m40cm
　＝3m＋2m40cm＝5m40cm
③ 8m40cm－2m60cm
　＝7m140cm－2m60cm＝5m80cm
④ 7m48cm－4m88cm
　＝6m148cm－4m88cm＝2m60cm
⑥ 2345mm－1m48cm6mm
　　　＋4m60cm8mm
　＝2m34cm5mm＋4m60cm8mm
　　　－1m48cm6mm
　＝5m46cm7mm

2 1つの単位にそろえて考えます。
① 2m4cm＝204cm
　2m41cm＝241cm

13 長さ(2)

② 1008cm=10080mm
　1m30cm=1300mm

3 3本のテープをつなぐと，重なるのは2か所です。
12cm+12cm+22cm−(2cm×2)
=46cm−4cm=42cm
　　　　　↑重なる部分

4 ① 80cm×3+45cm
　　=285cm=2m85cm

② 7m45cm−2m35cm−2m85cm
　=7m45cm−4m120cm
　=7m45cm−5m20cm=2m25cm

5 まわりの長さは**簡単な図形におきかえて**考えます。

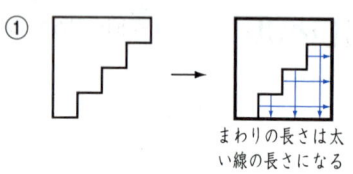

①
まわりの長さは太い線の長さになる

1m20cm×4=4m80cm
4m80cm×4=16m320cm
　　　　　　=19m20cm

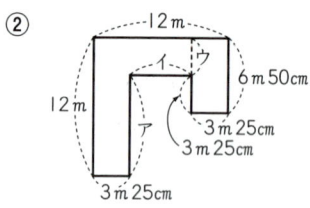

②

イ　12m−3m25cm×2
　=12m−6m50cm=5m50cm

ウ　6m50cm−3m25cm
　=3m25cm

ア　12m−3m25cm
　=8m75cm

よって，まわりの長さは，
12m+3m25cm+8m75cm
　+5m50cm+3m25cm
　+3m25cm+6m50cm+12m
=52m250cm=54m50cm

★★★ トップレベル　●本冊→88ページ

1 ① 37, 4　　② 8, 8
　③ 22, 5　　④ 30, 5
　⑤ 26, 3　　⑥ 93, 1

2 ① 35, 38　　② 23, 86

3 2m55cm

4 6m40cm

5 4m80cm

6 ① 1cm8mm
　② 2cm6mmの本3さつ
　　4cm4mmの本2さつ

---

1 ①　25cm+3cm6mm+88mm
　=28cm6mm+8cm8mm
　=36cm14mm=37cm4mm

② 24cm9mm−7cm3mm−88mm
　=17cm6mm−8cm8mm
　=8cm8mm

③ 9cm4mm+43cm−29cm9mm
　=52cm4mm−29cm9mm
　=22cm5mm

④ 3m40cm+845mm−3m94cm
　=3m40cm+84cm5mm−3m94cm
　=3m124cm5mm−3m94cm
　=30cm5mm

⑤ 12m68cm−9984mm−2m43cm3mm
　=12m68cm−9m98cm4mm
　　−2m43cm3mm
　=12m68cm−11m141cm7mm
　=12m68cm−12m41cm7mm
　=26cm3mm

⑥ 12m45cm6mm+428mm−11953mm
　=12m45cm6mm+42cm8mm
　　−11m95cm3mm
　=12m87cm14mm−11m95cm3mm
　=92cm11mm=93cm1mm

13 長さ(2) 33

2 ①

※＝6m－2m40cm－2m18cm
　＝6m－4m58cm＝1m42cm
ア　6m－2m8cm－1m42cm
　＝6m－3m50cm＝2m50cm
よって，まわりの長さは
　6m＋2m18cm＋2m40cm＋2m50cm
　　＋2m8cm＋2m43cm＋6m
　　＋2m21cm＋2m50cm
　　＋2m40cm＋2m18cm
　　＋2m50cm
＝32m338cm＝35m38cm

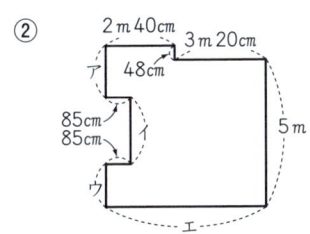

②

ア＋イ＋ウ＝5m＋48cm＝5m48cm
エ＝2m40cm＋3m20cm＝5m60cm
よって，まわりの長さは，
5m48cm＋85cm×2
　＋5m60cm＋5m＋3m20cm
　＋48cm＋2m40cm
＝20m386cm＝23m86cm

3 白いひも　7m48cm－90cm
　　　　　　＝6m148cm－90cm
　　　　　　＝6m58cm
青いひも　6m58cm－2m48cm
　　　　　＝4m10cm
黄色いひも　4m10cm－1m55cm
　　　　　↓くり下げ
　　　　　＝3m110cm－1m55cm
　　　　　＝2m55cm

4 45cm×4＋80cm×4＋75cm×4－15cm×4
　　－25cm×4
＝180cm＋320cm＋300cm－60cm－100cm
＝640cm＝6m40cm

5 2日目の部分を別の線分図に取り出して考えます。

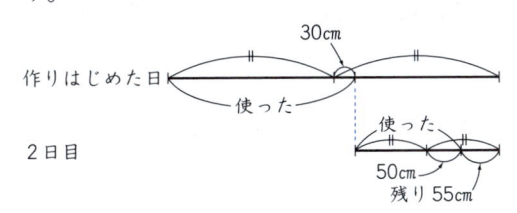

作りはじめた日に残ったテープは
　(50＋55)×2＝210(cm)
持っていたテープは
　(210＋30)×2＝480(cm)
＝4(m)80(cm)

6 あてはめて整数解を求める高度な問題です。
① 　4cm4mm－2cm6mm
　＝3cm14mm－2cm6mm
　＝1cm8mm
② 　2cm6mm＝26mm
　4cm4mm＝44mm
　　26mm×□＋44mm×○
　＝16cm6mm＝166mm
○＝1，2，…として，あてはまる□を探します。
□＝3，○＝2で適することがわかります。

> 🐻 **受験指導の立場から**
>
> 1km＝1000m，1cm＝10mmのように，k(キロ)，c(センチ)，m(ミリ)のような補助単位を少しずつ理解していく必要があります。低学年の間は単位の変換を「枠」をとることによって，機械的に変換させることも可能ですが，高学年，特に入試向きになってくると頭の中で変換できるようになっていなければなりません。
> 　要は，単位の変換を頭の中でできるように日頃から少しずつ慣れておくことです。

14 面積

☆ 標準レベル　●本冊→90ページ

1 ① 28　② 35
　　③ 56　④ 36
　　⑤ 80

2 ① 20　② 44
　　③ 92

3 ① 20　② 48
　　③ 12　④ 16

4 ① 7　② 8
　　③ 10　④ 4

---

1 ④は2つに分けて，⑤は大きな長方形から欠けている部分をひいて求めます。

① $4 \times 7 = 28$(枚)
② $7 \times 5 = 35$(枚)
③ $7 \times 8 = 56$(枚)
④ $4 \times 6 + 4 \times 3 = 36$(枚)
　　↳下　↳上
⑤ $8 \times 12 - 4 \times 4 = 80$(枚)

2 長方形では，**面積＝たて×横**となります。

① $5 \times 4 = 20$(cm²)
② $4 \times 8 + 4 \times 3 = 44$(cm²)
　　↳下　↳上
③ $4 \times 12 + 6 \times 4 + 5 \times 4 = 92$(cm²)
　　↳上　↳左下　↳右下

3 下の3つの求め方を考えます。
　1．直接かけ算によって求める。
　2．まわり（全体）からひく。
　3．2つに分ける。

① $4 \times 5 = 20$(cm²)
② $6 \times 8 = 48$(cm²)
③ $4 \times 4 - 2 \times 2 = 12$(cm²)
④ $4 \times 5 - 2 \times 2 = 16$(cm²)

4 **たて＝面積÷横**を用いて，一方の長さを求めます。

① $28 \div 4 = 7$(cm)
② $32 \div 4 = 8$(cm)
③ $30 \div 3 = 10$(cm)
④ $48 \div 12 = 4$(cm)

☆☆ 発展レベル　●本冊→92ページ

1 ① 8　② 14
　　③ 45　④ 16

2 ① イ
　　② イ
　　③ アが 2cm² 大きい
　　④ イが 4cm² 大きい

3 ① 4　② 20

---

1 1．面積＝たて×横で求める。
　2．まわりからひく。
　3．2つに分ける。

① $(6 \times 1) + (1 \times 2) = 8$(枚)
② $(3 \times 3) + (1 \times 5) = 14$(枚)
③ $(6 \times 9) - (3 \times 3) = 45$(枚)
④ $(4 \times 6) - (2 \times 2) - (2 \times 2) = 16$(枚)

2 ① ア…$3 \times 6 = 18$(cm²)
　　　イ…$3 \times 7 = 21$(cm²)
　　　イが大きい。
② ア…$10 \times 6 = 60$(cm²)
　　イ…$12 \times 6 = 72$(cm²)
　　イが大きい。
③ ア…$8 \times 6 - 3 \times 2 = 42$(cm²)
　　イ…$8 \times 6 - 4 \times 2 = 40$(cm²)
　　ア－イ＝$42 - 40 = 2$(cm²)
　　アが2cm²大きい。
④ ア…$6 \times 8 - 4 \times 6 = 24$(cm²)
　　イ…$6 \times 8 - 4 \times 5 = 28$(cm²)
　　イ－ア＝$28 - 24 = 4$(cm²)
　　イが4cm²大きい。

3 最小の△(▽)がいくつあるかを数え上げていきます。

① 4つ
② $1 + 3 + 5 + 7 + 1 + 3 = 20$(個)
　　↳1辺4cmの正三角形　↳1辺2cmの正三角形

☆☆☆ トップレベル ●本冊→94ページ

1 ① 9こ   ② 98こ
   ③ 36こ

2 ① 16こ   ② 25こ
   ③ 80こ   ④ 96こ
   ⑤ 600こ

1 計算を利用して数え上げていきます。②，③は小さな1つの正方形に，直角二等辺三角形がいくつあるか考えます。
① 1+3+5=9（個）←下から数える
② 2×7×7=98（個）←1つの□に2こ
③ 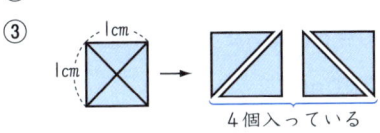
したがって，4×3×3=36（個）

2 ③〜⑤はいくつかのブロックに分けて考えます。
① 1+3+5+7=16（個）←上から数える
② 1+3+5+7+9=25（個）←下から数える
③ 5つのブロックに分けて考えます。 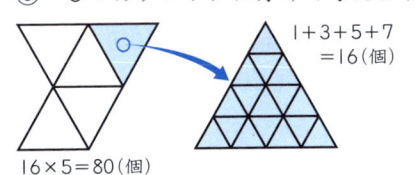
   16×5=80（個）
④ 6つのブロックに分けて考えます。 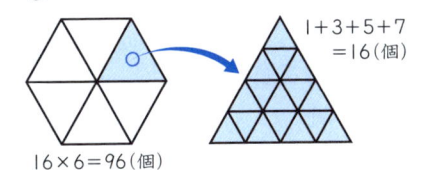
   16×6=96（個）
⑤ 右の1つのブロックには， 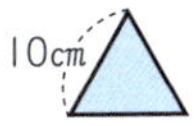
   1+3+5+7+9+11+13+15+17+19
   =100（個）
したがって，全体で6ブロックあるから
   100×6=600（個）

15 水のかさ

☆ 標準レベル ●本冊→96ページ

1 ① 8   ② 5
   ③ 14   ④ 5
   ⑤ 1   ⑥ 3

2 ① 2, 3   ② 2
   ③ 1, 5   ④ 4, 500

3 しき 5dL−2dL=3dL
   答え りょうすけくんが 3dL 多く のんだ。

4 しき 500mL+500mL+500mL+500mL
        =2000mL=2L
   答え 2L

1 1L=10dL，1L=1000mLの**基本単位の換算**に慣れることが目的です。

☆☆ 発展レベル ●本冊→98ページ

1 ① 40   ② 5
   ③ 2, 4   ④ 35
   ⑤ 3000   ⑥ 5
   ⑦ 300   ⑧ 4

2 ① 17   ② 6
   ③ 3, 7   ④ 1, 5
   ⑤ 6, 2   ⑥ 1, 8

3 Bの バケツが 1L9dL 多い。

4 1L400mL

5 ① 1750mL   ② 1220mL
   ③ 8L540mL

2 ⑤ 3L4dL+2L8dL=5L12dL
              =6L2dL
   ⑥ くり下げて，ひき算をします。
      3L6dL−1L8dL
     =2L16dL−1L8dL
     =1L8dL

36 15 水のかさ

3 A…3L 4dL　　B…5L 3dL
　5L 3dL－3L 4dL
　＝4L 13dL－3L 4dL
　＝1L 9dL
　よって，Bのバケツが1L 9dL多い。

4 600mL＋320mL＋480mL
　＝1400mL
　＝1L 400mL

5 ① 250mL×7＝1750mL
　② 360mL＋360mL＋250mL＋250mL
　　＝1220mL
　③ 1220mL×7＝8540mL＝8L 540mL

★★★ トップレベル ●本冊→100ページ

1 ① 2400　　② 3, 5
　③ 3　　　 ④ 2, 6
　⑤ 8, 800　⑥ 4, 800

2 ① 6こ
　② 200mL

3 4800円

4 ① 4L 880mL
　② 1L 280mL

5 ① 30L　　② 12分
　③ 24分

1 単位をそろえて計算します。
　1L＝10dL，1L＝1000mL
① 2L 4dL＝2400mL
② 3500mL＝3L 500mL
　　　　　　＝3L 5dL
③ □L＝7L 4dL－2L 6dL－1L 8dL
　　　＝6L 14dL－3L 14dL
　　　＝3L
　　□＝3
④ □L□dL
　＝3L 3dL－2L 5dL＋1L 8dL
　＝4L 11dL－2L 5dL＝2L 6dL
⑤ 3L 400mL＋6L 800mL－□L□mL
　＝1L 400mL

□L□mL＝3L 400mL＋6L 800mL
　　　　－1L 400mL
　　　＝2L＋6L 800mL
　　　＝8L 800mL

⑥ 3L 800mL＋□L□mL＋1L 400mL
　＝10L
　□L□mL＝10L－3L 800mL
　　　　　－1L 400mL
　　　　＝10L－4L 1200mL
　　　　＝10L－5L 200mL
　　　　＝4L 800mL

2 1L＝1000mLを使います。
　2L＝2000mL
　2000÷300＝6(個)あまり200(mL)

3 400mL＝200mL×2
　2L＝2000mL
　　＝500mL×4
　400×2＋1000×4＝4800(円)

4 ① 1L 800mL＋2L 400mL＋680mL
　　＝3L 1880mL
　　＝4L 880mL
　② 2L 400mL＋680mL－1L 800mL
　　＝2L 1080mL－1L 800mL
　　＝1L 280mL

5 1分あたりの入る量を求めることが目的です。
　① 600÷20＝30(L／分)
　② Bのせんからは，
　　　600÷30＝20(L／分)
　　AとBの両方開くと，1分間に
　　　30＋20＝50(L)
　　入ります。
　　したがって，
　　　600÷50＝12(分)
　③ 30＋20－25＝25(L／分)
　　600÷25＝24(分)

復習テスト5

●本冊→102ページ

① ① 40, 6
② 2, 43
③ 43, 4
④ 1, 36, 4
⑤ 2, 2
⑥ 1, 360

② 42cm

③ ① 3m20cm
② 6m

④ ① 25まい
② 48まい

⑤ ① 10L800mL
② 75L600mL

⑥ 42cm

① ① 35cm7mm+4cm9mm
　=39cm16mm
　=40cm6mm
② 5m38cm−2m95cm
　=4m138cm−2m95cm
　=2m43cm
③ 286mm+148mm
　=434mm=43cm4mm
④ 845mm+1m45cm8mm−93cm9mm
　=845mm+1458mm−939mm
　=1364mm
　=1m36cm4mm
⑤ 1L5dL+2L6dL−1L9dL
　=3L11dL−1L9dL=2L2dL
⑥ 400mL+3L860mL−2L900mL
　=3L1260mL−2L900mL
　=1L360mL

単位の換算を練習しておきましょう。

② 紙テープ 8×4+10×2=52(cm)
のりしろ 4+2−1=5(か所)
つないだ長さ 52−2×5=42(cm)
のりしろ部は**植木算**の考え方で,

(本数−1)か所になります。

③ ① まわりの長さは全体を外側に移動させて長方形として考えます。
たて：35+35+20=90(cm)
よこ：35+20+15=70(cm)
(90+70)×2=320(cm)
　　　　　　=3(m)20(cm)

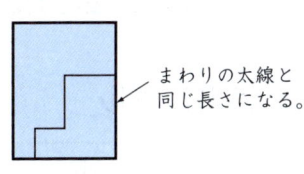

→ まわりの太線と同じ長さになる。

② たて+横
=60cm+1m60cm
=2m20cm
　2m20cm×2+40cm×4
=4m40cm+160cm
=4m200cm
=6m

④ ① 上から1段ずつ数えていきます。
1+3+5+7+9=25(枚)
② 3つの正三角形のブロックに分けます。
1つのブロックには,
1+3+5+7=16(枚)
よって, 16×3=48(枚)

⑤ ① 3L600mL×3=9L1800mL
　　　　　　　　　　→1L800mL
　　　　　　　=10L800mL
② 10L800mL×7=70L5600mL
　　　　　　　　　　→5L600mL
　　　　　　　=75L600mL

⑥ リングの問題は内径(内側の直径)で考えます。長さはそれに両外側の**(はば)×2**をたしたものになります。
内径 10−1×2=8(cm)
はしからはし 8×5+1×2=42(cm)

16 正方形, 長方形, 直角三角形

☆ 標準レベル ●本冊→104ページ

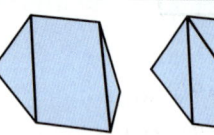

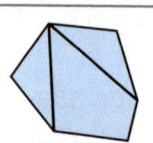

1 図のほかにもいろいろな分け方があります。

2 ① ア
② オ
③ キ
④ ウ
⑤ カ
⑥ エ
⑦ イ
⑧ ク

3 正方形…4こ
長方形…6こ

4 正三角形…2こ
二等辺三角形…2こ
直角三角形…8こ

2 角度の概念をしっかりと理解させてください。
90°未満→鋭角
90°より大→鈍角
90°＝直角
180°＝2直角
270°＝3直角
360°＝4直角

3 長方形は，正方形2つ分が3個，正方形3つ分が2個，正方形4つ分が1個あります。

4 もれなく数え上げます。長方形の内部で交差している2直線は直交しています。

☆☆ 発展レベル ●本冊→106ページ

1 ① 正三角形　② 二とうへん三角形
③ 直角三角形　④ 正三角形
⑤ 二とうへん三角形
⑥ 直角二とうへん三角形

2 ア 45ど　イ 60ど
ウ 120ど　エ 75ど
オ 135ど

3 ① 9こ　② 4こ

4 ① 5　② 15

5 3こ

1 二等辺三角形，直角三角形，正三角形の定義をしっかりと理解させます。

2 ウ＝180°－イ
エ＝45°＋30°
オ＝90°＋45°

3 ① 1つの正方形に4本必要だから，
36÷4＝9(個)
② 1つの正方形を作るのに
1辺で，6÷3＝2(本)
4辺で，2×4＝8(本)必要だから，
36÷8＝4(個)あまり4(本)
よって，4個

4 ① 4＋1＝5(個)
② 上の図より，4＋4＋3＋2＋1＋1
＝15(個)

5 線分の引き方をいろいろ工夫して，二等辺三角形をもれなく数え上げます。

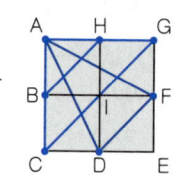

16 正方形，長方形，直角三角形　39

☆☆☆ トップレベル ●本冊→108ページ

1 ① 2, 2
　　② 4, 4
　　③ 3, 3

2 ア 45ど
　　イ 15ど
　　ウ 105ど
　　エ 15ど
　　オ 60ど

3 ① 5こ
　　② 16こ
　　③ 6こ 作れて，4本 あまる。

4 ① 13こ
　　② 48こ
　　③ 140こ

5 ① 48cm　　② 168cm

1 二等辺三角形，正方形，正三角形の定義をしっかりと理解させます。

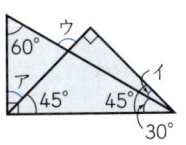

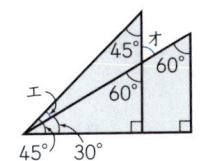

2
ウ＝ア＋60°
　＝45°＋60°
　＝105°
オ＝エ＋45°
　＝15°＋45°
　＝60°

三角定規の角度を理解させます。

3 ① 1つの正方形を作るのに，
　　10÷5＝2
　　2×4＝8(本)必要だから，
　　40÷8＝5(個)
　　よって，5個

② 右の図のような正方形の集まりができる。
　　4×4＝16(個)

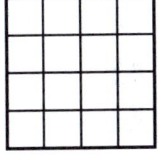

③ 1つの長方形を作るのに，
　　6本の棒が必要だから，
　　40÷6 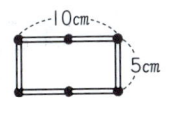
　　＝6(個)あまり4(本)
　　よって，6個作れて，4本あまる。

4 もれなく整理整頓し，分類分けして数え上げます。

① 4個　4個
　3個　1個
　1個
4＋4＋3＋1＋1＝13(個)

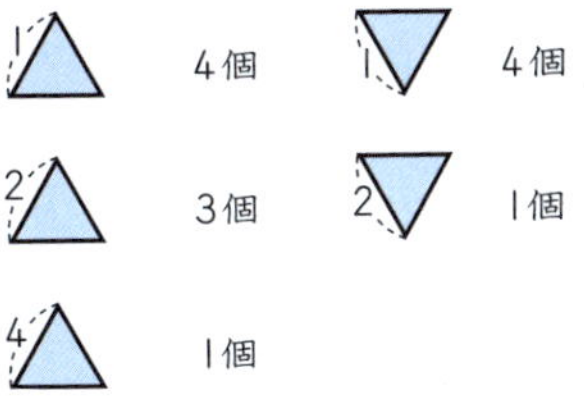

② 15個　10個
　10個　3個
　6個　3個　1個
15＋10＋10＋3＋6＋3＋1＝48(個)

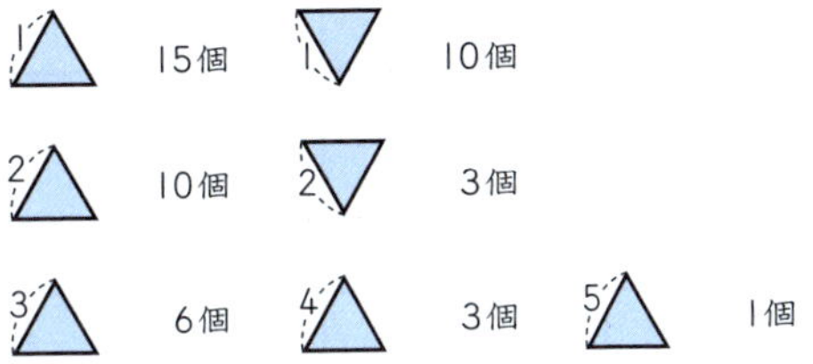

③ 4×8＝32(個)　32(個)
　3×7＝21(個)　21(個)
　2×6＝12(個)　12(個)
　5(個)　5(個)
(32＋21＋12＋5)×2＝140(個)

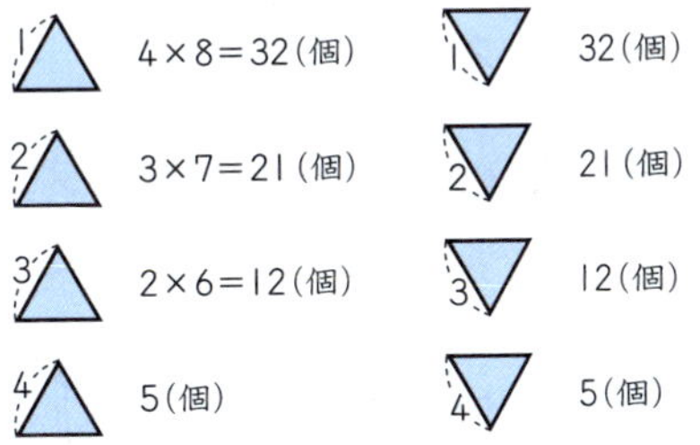

5 ① 正方形5つ分の周りの長さは
　　4×4×5＝80(cm)
　　2つの正方形が重なった周りの長さは
　　2×4＝8(cm)
　　80－8×4＝48(cm)

② 正方形20個分の周りの長さは
　　4×4×20＝320(cm)
　　2つの正方形が重なった周りの長さは
　　2×4＝8(cm)
　　320－8×(20－1)＝168(cm)

17 はこの形

☆ 標準レベル　●本冊→110ページ

1 ア めん
　イ へん
　ウ ちょう点

2 8, 12, 60

3 ① 円
　② ア

4 ①

	ちょう点の数	めんの数	へんの数
ア	6	5	9
イ	12	8	18
ウ	8	6	12
エ	8	6	12
オ	10	7	15
カ	8	6	12

　② ＋, －, 2

1 頂点, 面, 辺の言葉の意味を理解することが目的です。

2 右の図のようになります。
　ウ　5cm×12＝60(cm)

3 ② ア…球の中心を通る円を**大円**といいます。

4 ア…三角柱
　イ…六角柱
　ウ…直方体
　エ…直方体
　オ…五角柱
　カ…立方体
　② （頂点の数）＋（面の数）－（辺の数）＝2
　これを**オイラーの定理**といいます。

☆☆ 発展レベル　●本冊→112ページ

1 ① ア 正方形, 6　　イ 長方形, 6
　② ア　4cm…12本
　　イ　3cm…4本
　　　　4cm…4本
　　　　6cm…4本
　③ 52cm

2 ① 20cm　　② 22cm
　③ 14cm　　④ 72cm

3 ① ぼう…3cm 9本
　　　　　4cm 12本
　　　　　5cm 12本
　　ねん土…18こ
　② ぼう…5cm 18本
　　　　　8cm 6本
　　ねん土…13こ

4 ① 8こ　　② 6cm

1 ③　A…(6＋3)×2＝18(cm)
　　　B…(3＋4)×2＝14(cm)
　　　C…(4＋6)×2＝20(cm)
　　　よって　18＋14＋20＝52(cm)

2 ①　(3＋7)×2＝20(cm)
　② (7＋4)×2＝22(cm)
　③ (4＋3)×2＝14(cm)
　④ ウが2枚とイが2枚ずつになります。
　　14×2＋22×2＝72(cm)

4 ②　8×4＝32(cm)
　　6×4＝24(cm)
　　80－(32＋24)＝24(cm)
　　□＝24÷4＝6(cm)

☆☆☆ トップレベル　●本冊→114ページ

1 ① へん…18本　　ちょう点…12こ
　② 112cm

2 ① 180cm　　② 1220cm

3 12cm

4 15cm

5 ① 200 こ
② (あ) 4 こ　(い) 40 こ
　(う) 63 こ

1 ① 辺…6×3=18(本)
頂点…6×2=12(個)
② 真上から見ると，
2+5=7(cm)
図のまわり(太線部分)の長さは，
(7+9)×2=32(cm)
全部合わせると，
32×2+8×6=112(cm)

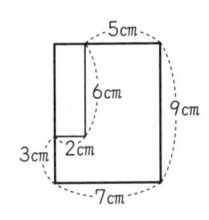

2 ① 20×8+20=180(cm)
② (30+40)×2×4
　+(30+45)×2×2
　+(40+45)×2×2+20
=1220(cm)

3 20÷4=5(行)
28÷4=7(列)
105÷(5×7)=3(段)
□=4×3=12(cm)

4 12×2×2+15×2×2=108
258−(108+30)=120(cm)
　　　…高さ部分で使ったひも
高さは　120÷(2×4)=15(cm)

5 ① 5×5×8=200(個)
② (あ) 上から1段目の角にある4個
(い) 1段目の外側で角の4個を除いた
3×4=12(個)
2段目から8段目の角にある
4×7=28(個)
合計で12+28=40(個)
(う) 外から見えない部分で，各段に
3×3=9(個)
2段目から8段目まであるので
9×7=63(個)

18 はこを ひらく

☆ 標準レベル　●本冊→116ページ

1 ① イ　　② エ
③ ウ　　④ ア

2 (1) ① アオ　　② イウ
③ スサ
(2) コ　　(3) ア, エ, ス

3 ①
```
    3
2 6 5 1
      4
```
②
```
    1
2 4
  6 5
    3
```
③
```
5 3
  6 2
    4 1
```

1 展開図を組み立てて，立体を作っていく作業をイメージできるようにします。理解できないときは，ア～エをコピーして実際に組み立ててみましょう。

2 組み立てたとき，どの頂点とどの頂点がくっつくかを展開図上で考えます。

3 さいころの向かい合った面の数の和は7になります。頭の中で展開図を組み立て，立方体の向かい合った面がどうなるのかを理解させます。

🐻 受験指導の立場から

・展開図から組み立てて立体をつくっていく作業をイメージできるようにします。特に，組み立てたとき，どの頂点とどの頂点がくっつくかを展開図上で理解できるようにします。サイコロ(立方体)の展開図は全11種類を理解しておきたいところです。
・立方体の向かい合った面と面の位置関係も重要です。頂点打ちのポイントとして対角打ちを習熟しておく必要があります。立体切断の切り口の線が展開図上で，どのような図形を示すのかをしっかりと練習させてください。
・展開図と見取り図の関係で，頂点の記号を先にすべて打っておくことを習慣づけましょう。

18 はこを ひらく

★★ 発展レベル ●本冊→118ページ

1 ① ア, イ, エ, カ
② エ…イ　オ…ウ　カ…ア

2 (1) ① エオ…イア　② オカ…ケク
③ スセ…チタ
(2) コとシ

3 [図]

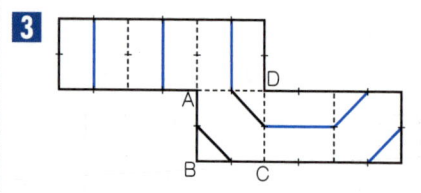

4 ① たて…4cm, よこ…12cm
② ア, イ

5 (1) ① 三角ちゅう　② 四角ちゅう, 直方体
③ 直方体, 四角ちゅう
④ 立方体　⑤ 六角ちゅう
⑥ 円ちゅう　⑦ 五角ちゅう
(2) ① エ　② オ
③ イ　④ ア
⑤ カ　⑥ キ
⑦ ウ

3 [見取り図と展開図]

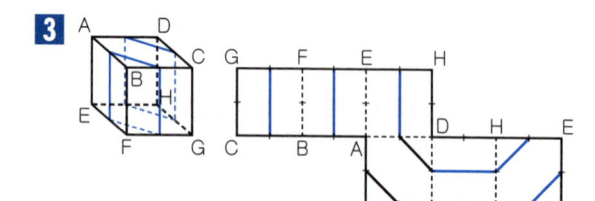

展開図からもとの立体の**見取り図**を作っていきます。その逆についても理解させてください。

4 ①のように, たてを, a cm とおいて式を立てます。

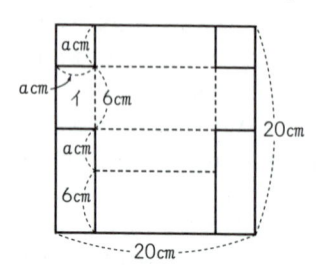

右の図から,
$a = (20 - 6 \times 2) \div 2 = 4$ (cm)
たては4cmとなります。
横は, $20 - 4 \times 2 = 12$ (cm)
よって, たて4cm, 横12cmとなります。

★★★ トップレベル ●本冊→120ページ

1 ① オ, 五角ちゅう
② イ, 四角すい
③ エ, 円すい
④ カ, 円ちゅう

2 ア…E
イ…D
ウ…A

3 ① ア…C
イ…A
ウ…B
② [図]

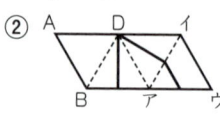

4 [図]

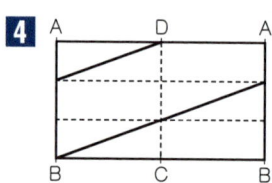

1 いろいろな**立体と展開図の関係**をしっかりと理解させてください。

2 [図]

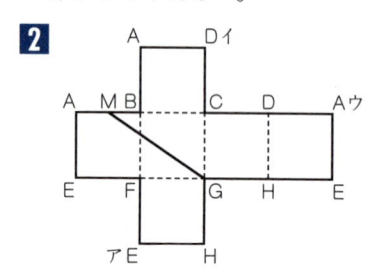

上の図のように先に頂点の記号をすべて打っておきます。その後で目的の線を書き入れて, 図2と比べます。

3 ① [図]

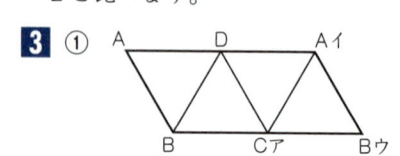

残りの頂点の記号を周りの位置関係から考えます。

復習テスト6   ●本冊→122ページ

① ① 正方形3こ　　長方形3こ
　② 正方形5こ　　長方形4こ

② ① 二とうへん三角形
　② 正三角形
　③ 直角二とうへん三角形

③ ア 135ど　　イ 75ど
　ウ 30ど　　エ 45ど
　オ 105ど

④ ア 4　　イ 5
　ウ 6　　エ 3
　オ 1　　カ 2

⑤ ① 17
　② 10cmの ぼう…4本
　　 4cmの ぼう…28本

① 大きさを基にして，正方形・長方形がそれぞれいくつあるか，順序よく数え上げます。
　① 正方形…3個
　　 長方形…3個
　② 正方形…4＋1＝5(個)
　　 長方形…2＋2＝4(個)

② 二等辺三角形，直角三角形，正三角形，直角二等辺三角形の定義をしっかりと理解させてください。

③ ア 90°＋45°＝135°
　イ 30°＋45°＝75°
　ウ 30°
　エ 90°−45°＝45°
　オ 45°＋60°＝105°

三角定規の角度を正しく理解させてください。

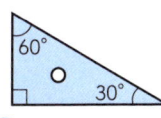

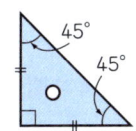

④ さいころの向かい合う面の数の和は7になります。
　ア 7−3＝4　　イ 7−2＝5
　ウ 7−1＝6　　エ 7−4＝3
　オ 7−6＝1　　カ 7−5＝2

19 難問研究1（和差算・分配算）

☆ 標準レベル　●本冊→124ページ

1 合わせて68こ，ちがいは12こ
2 A＝46，B＝40
3 兄…2000円　　弟…1400円
4 20
5 A＝40，B＝10
6 52こ
7 10こ

1 合わせる(和)　40＋28＝68(個)
　ちがい(差)　40−28＝12(個)

2 **和差算**の解き方を身につけます。はじめに小さい方を求めた方が楽です。
　B＝(86−6)÷2＝40
　A＝40＋6＝46

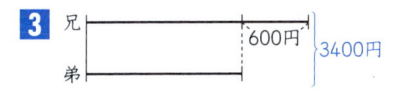

3 弟…(3400−600)÷2
　　＝1400(円)
　兄…1400＋600＝2000(円)

4 小…(40−10)÷2＝15
　大…15＋10＝25
　差は　15×3−25＝20

5 分配算は線分図を書いて山1つ分を求めます。
　B…50÷5＝10
　A…10×4＝40

6 ゆうみ…78÷3＝26(個)
　よりこ…26×2＝52(個)

20 難問研究1（和差算・分配算）

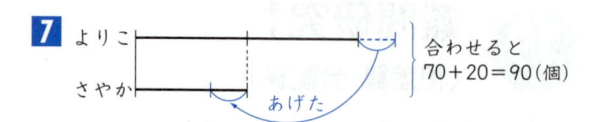

7 よりこ／さやか／あげた／合わせると 70＋20＝90(個)

よりこさんからさやかさんにあげた後の線分図は上のようになる。
さやか…90÷(1＋2)＝30(個)
あげたのは　30－20＝10(個)

★★ 発展レベル ●本冊→126ページ

1. 11時間20分
2. だい1分さつ…1500円
   だい2分さつ…1600円
3. よりこ…4000円　ちずこ…6000円
4. A…48L　　B…32L
5. よりこ…80こ　さやか…20こ
6. しんじくん…58こ
   りょうすけくん…12こ
7. 166

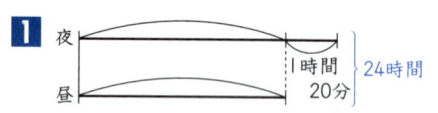

1 夜／昼／1時間20分／24時間

昼…(24時間－1時間20分)÷2
　＝11時間20分

2 だい1分さつ／だい2分さつ／100円／18600円÷6＝3100(円)

だい1分さつ…(3100－100)÷2＝1500(円)
だい2分さつ…1500＋100＝1600(円)

3 7000＋9000＝16000(円)
16000－10000＝6000(円)
1人がお母さんからもらった金額は
　　6000÷2＝3000(円)
よりこ…7000－3000＝4000(円)
ちずこ…9000－3000＝6000(円)

4 A／B／はじめ／はじめ／8L／8L／80L

80÷2＝40(L)
はじめ，A＝40＋8＝48(L)
B＝40－8＝32(L)

5 さやか…100÷(1＋4)＝20(個)
よりこ…20×4＝80(個)

6 線分図を書いて過不足があるときは山が整数個になるように調整して解きます。

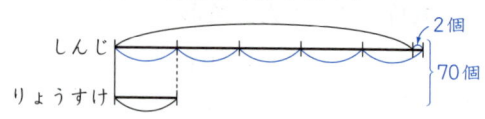

しんじ／りょうすけ／2個／70個

70＋2＝72(個)
りょうすけ…72÷(1＋5)＝12(個)
しんじ…70－12＝58(個)

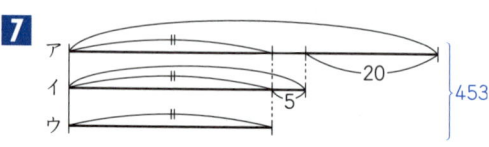

7 ア／イ／ウ／20／5／453

ウ＝(453－5－5－20)÷3＝141
ア＝141＋5＋20＝166
いちばん小さい山を求めるように過不足を調整します。

★★★ トップレベル ●本冊→128ページ

1. 午後7時9分
2. 51cm
3. 27才
4. 1000円
5. ① 4こ
   ② 4こ
6. 8分

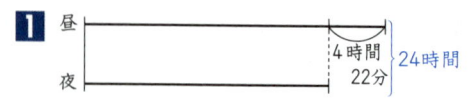

1 昼／夜／4時間22分／24時間

昼…(24時間＋4時間22分)÷2
　＝14時間11分
したがって，
　4時58分＋14時間11分＝18時69分
　＝19時9分→午後7時9分
　　　　　　　└1時間9分

2

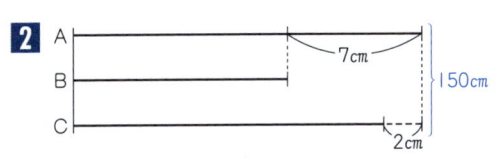

A=(150+7+2)÷3=53(cm)
C=53−2=51(cm)

3
A＋B＝C＋D＝42(才)

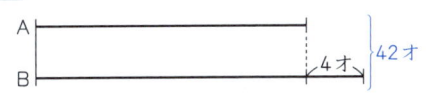

B=(42+4)÷2=23(才)
D=23−8=15(才)
C=42−15=27(才)

4

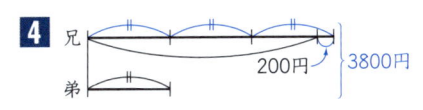

弟…(3800+200)÷(1+3)
　　＝1000(円)

5

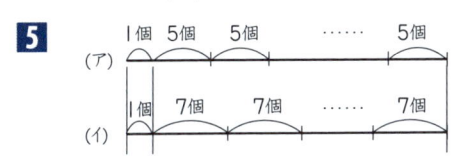

① （ア）より6，11，16，21，26，31，36，……
　 （イ）より8，15，22，29，36，……
となるから全部であめは36個。
8個ずつつめるとき
8×4=32，8×5=40，……となるから
　36=8×4+4　すなわち，4ふくろつめられて，4個あまる。
よって，あまりは4個となる。
② 人数を□人，たすあめの個数を△個とすると，
　10×□=36+△となる。
10×□は10，20，30，40，…と10の倍数となるので△にあてはまる数が最も小さくなるようにするには□に4，△に4を入れればよい。よって，たすあめの数は4個となる。

6

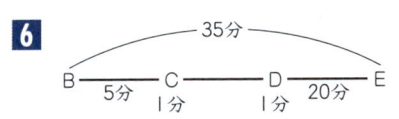

CD間…35−(5+1+1+20)=8(分)

20 難問研究2
（植木算）

☆ 標準レベル　●本冊→130ページ

1 リボンと リボンの 間の 数は，
　6−1＝5（こ）
　リボン 6本の 長さは，
　10×6＝60（cm）
　リボンとリボンの間の長さは
　合わせて 3×5＝15（cm）
　ぜんぶで 60＋15＝75（cm）

2 しき 10×8+3×7=101
　答え 101cm

3 しき 5×(12−1)=55
　答え 55m

4 くぎと くぎの 間の 数は，
　6−1＝5（こ）
　はしから はしまでの 長さは，
　4×5＝20（cm）

5 しき 4×12=48
　答え 48m

1 両端に木がある場合，
植木の本数＝すきまの数＋1
の関係を見つけることが重要です。

2 間の数は，8−1=7(個)
10×8+3×7=101(cm)

3 5×(12−1)=55(m)
　　↳間の数
間の数＝木の本数−1
の関係になっています。

5 4×12=48(m)
池のまわりに木を植えるとき，
木の本数＝間の数となることに注意しましょう。

20 難問研究2（植木算）

☆☆ 発展レベル　●本冊→132ページ

1. 66m
2. 233cm
3. 267cm
4. ① 32本
   ② 37本
5. 19本
6. たて…193cm
   よこ…230cm

1 $6×(10+1)=66(m)$

間の数＝ポプラの本数＋1になっています。

2

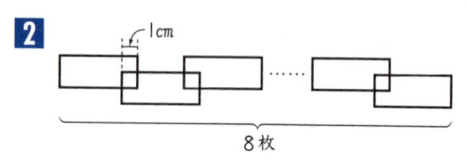

$30×8－1×(8－1)=233(cm)$

のりしろの部分＝テープの枚数－1
になっています。

3 $25×12－3×(12－1)=267(cm)$

4 ① $16m=1600cm$
$1600÷50=32(本)$

② 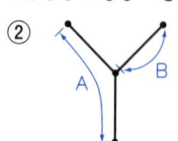
A：$6+6=12(m)$
$12(m)=1200(cm)$
$1200÷50+1=25(本)$
B：$6m=600cm$
$600÷50=12(本)$
$25+12=37(本)$

②では，まん中の点は既にAで数えているので，Bでは数えないように注意します。

5 $8×(58－1)=456(m)$
$456÷6+1=77(本)$
追加は $77－58=19(本)$

6 たてと横を分けて別々に長さを計算します。
たて…$18cm×11－5mm×(11－1)$
$=198cm－50mm$
$=198cm－5cm=193(cm)$
横…$26cm×9－5mm×(9－1)$
$=234cm－40mm$
$=234cm－4cm=230(cm)$

☆☆☆ トップレベル　●本冊→134ページ

1. 84cm
2. ① 151本　② 51本
   ③ 26本　④ 50本
3. ① 54cm
   ② 22cm
   ③ 144cm

1

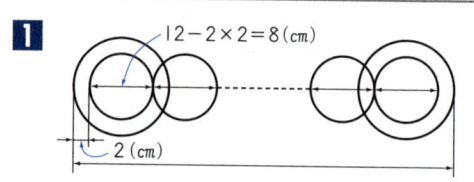

内径（内側の直径）で考えます。
$8×10+2×2=84(cm)$

リングの問題は**内径の連続＋(はば)×2**で求めます。

2 ① $150÷1+1=151(本)$
② $150÷3+1=51(本)$
③ 男子が3m，女子が2mおきなので，6mごとに男子と女子が一緒に立つので
$150÷6+1=26(本)$
④ 女子が立っている電柱は
$150÷2+1=76(本)$
したがって，人が立っている電柱は
$51+76－26=101(本)$
よって，求める電柱は
$151－101=50(本)$となります。

3 重なりの部分をテープをつなぐ問題における，のりしろ部分と考えて解きます。
① 長方形1個の周りの長さは，
$(3+4)×2=14(cm)$

14×5−1×4×4＝54(cm)
   └→重なり部分1つの周りの長さ

② 長方形を1まいならべると，横の長さは，
4−1＝3(cm)ずつ伸びます。
よって，4＋3×(7−1)＝22(cm)

③ 並べた長方形の数を求めると，
(43−4)÷3＋1＝14(枚)
よって，周りの長さは
14×14−1×4×13＝144(cm)

受験指導の立場から

植木算では①〜③が重要です。
①両はしに木がある場合
　・植木の本数＝すき間の数＋1
　・間の数＝木の本数−1
②池のまわりに木を植えるとき
　・木の本数＝間の数
③リングの問題は，内径(内側の直径)の和＋(はば)×2
　で考えます。
　以上のような植木算の考え方を使った応用問題はよく出題されます。早くから慣れておきましょう。

21 難問研究3
（規則性1）

☆ 標準レベル　●本冊→136ページ

1 1

2 ① ア…2　　イ…3
　　　ウ…4
　② エ…500　　オ…500
　　　カ…250500

3 ① 11行三れつ
　② 82

4 ① 210こ
　② 130本

5 ① 30cm　　② 17番目

1 3，9，27，81，243，729，…となって一の位は
3，9，7，1，3，9，7，1，…
　　4つ　　　　4つ
2008÷4＝502
あまりが0ということは→1

2 ① 1＋3＝4＝2×2
1＋3＋5＝9＝3×3
1＋3＋5＋7＝16＝4×4
② 2＋4＋6＋…＋1000
＝(1＋1)＋(1＋3)＋(1＋5)＋…＋(1＋999)
＝(1＋3＋5＋…＋999)＋1×500
＝500×500＋500
＝250500
奇数の和＝(奇数の個数)×(奇数の個数)

3 5列で1行となっています。
① 53÷5＝10あまり3
よって，10＋1＝11(行)，三列
② 5×(17−1)＋2＝82

4 ① 1＋2＋3＋4＋5＋…＋20
＝(1＋20)×20÷2＝210(個)
② 1段…4本
2段…4＋6＝10(本)
3段…10＋8＝18(本)
4段…18＋10＝28(本)

21 難問研究3（規則性1）

1段	2段	3段	4段	5段	6段	7段	8段	9段	10段
4	10	18	28	40	54	70	88	108	130

差：6, 8, 10, 12, 14, 16, 18, 20, 22

よって，130本。

等差数列の和は，

（初めの数＋終わりの数）×個数÷2

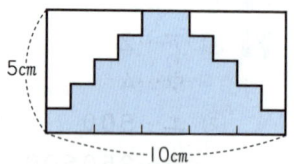

5 ① （5＋10）×2
　　＝30（cm）

②
1番目	2番目	3番目	4番目	5番目	…
3×2	6×2	9×2	12×2	15×2	
6	12	18	24	30	

100÷6＝16あまり4

つまり，16＋1＝17（番目）

★★ 発展レベル　●本冊→138ページ

1 ① 黒色　　② 100こ
2 ① 28こ　　② 190こ
3 ① 57　　　② 11
　　③ 1000
4 ① 41　　　② 16だん目の5れつ
5 ① 225
　　② 左から10番目，上から9番目
6 ① 14　　　② 78
　　③ 2×A＋B－2

1 8個並んだものを1セットと考える。
○●●○○○●● ｜ ○
　　　8個

① 120÷8＝15あまり0→●
② 200÷8＝25（セット）

1セットの中に，白色のご石は4個あります。
4×25＝100（個）

2 ① 1＋5＋9＋13＝28（個）
② 20番目の白い玉の数は19番目と同じになります。

1, 3, 5, 7, …, 19番目
1＋5＋9＋13＋…＋19×2－1
　　　　　　　　　　　　37
＝（1＋37）×10÷2＝190（個）

3 ① 7列目までには，
　1＋2＋3＋4＋5＋6＋7＝28（個）
　8列目の最初は，28＋1＝29（個目）
　2×29－1＝57

② （123＋1）÷2＝62（番目）
　1＋2＋3＋4＋…＋10＝55
　1＋2＋3＋…＋10＋11＝66
したがって，123は11列目にある。

③ 9列目の最後は，
　1＋2＋3＋…＋9＝45（個目）
　2×45－1＝89
10列目は，
91, 93, 95, …, 109
　　　10個

したがって，
　91＋93＋95＋…＋109
＝（91＋109）×10÷2＝1000

4
	1列	2列	3列	4列	…
1段目	1	4	9	16	…
2段目	2	3	8	15	…
3段目	5	6	7	14	…
4段目	10	11	12	13	…
…	…	…	…	…	

① 6×6＋5＝41
　　└→6段目6列までに

② 15×15＜230＜16×16
　　‖　　　　　　‖
　　225　　　　　256
230－225＝5
したがって，230は16段目の5列。

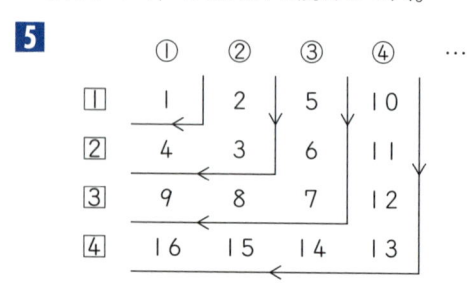

5
	①	②	③	④	…
①	1	2	5	10	
②	4	3	6	11	
③	9	8	7	12	
④	16	15	14	13	

① 15×15＝225
② 9×9＜90＜10×10
　　‖　　　　　‖
　　81　　　　100

90−81=9
⑩の9個目
よって，左から10番目，上から9番目。

6 ① 5+(10−1)=14
② 上から30行目の左端(1列目)は，
2×30−1=59
59+(20−1)=78
③ 上から A 列目の左端は，
2×A−1 となる。
したがって，
2×A−1+B−1=2×A+B−2

☆☆☆ トップレベル ●本冊→140ページ

1 ① 17　　　　② 256
　③ 760
2 ① (5, 7, 24)
　② 16番目
　③ (29, 31, 120)
　④ 156450
3 ① 8625　　　② 86こ
4 ① 8　　　　② 156

1 ① 81=9×9 から9つの奇数の和です。
9番目の数は，
2×9−1=17
　　↳9番目
② (31+1)÷2=16(番目)
16×16=256
③ 1+3+5+…+57−(1+3+5+…+17)
(57+1)÷2=29(番目)　　(17+1)÷2=9(番目)
したがって，
19+21+23+…+57
=29×29−9×9=760
2 ① 左と真ん中は1ずつ，右は4ずつ増えています。
(5, 7, 24)

② 上から
1番目…1+3+8=12
2番目…2+4+12=18 }6
3番目…3+5+16=24 }6
4番目…4+6+20=30 }6
....
(100−12)÷6=14 あまり 4
12+6×14=96→102
　　　　　　　　+6
14+1+1=16(番目)
③ (180−12)÷6=28
28+1=29(番目)
29番目の右端の数は 4×(29+1)=120
よって (29, 31, 120)
④ 左が3桁になるのは100番目。
4×(100+1)=404
(100, 102, 404)←100番目
(101, 103, 408)←101番目
....
(248, 250, 996)←248番目
996÷4−1=248(番目)
100+101+…+248
=(100+248)×149÷2
=25926
102+103+…+250
=25926+2×149
=26224
404+408+…+996
=4×(101+102+103+…+249)
=4×(25926+149)
=104300
したがって，求める和は
25926+26224+104300=156450
3 ① 50番目…1+7×(50−1)=344
　　　　　　↳7ずつ増える
1+8+15+22+…+344
=(1+344)×50÷2=8625
② (2, 3), (9, 10), (16, 17), …
(300−2)÷7=42 あまり 4
2+7×42=296 より，296は43番目で，
(2, 3), …, (296, 297)　43×2=86(個)

4 1｜2, 2｜3, 3, 3｜4, 4, 4, 4｜
   5, 5, 5, 5, 5｜…
① 30＝1＋2＋3＋4＋5＋6＋7＋2
  ＝(1＋2＋3＋4＋…＋7)＋2
  8セット目の2番目→8
② 1＋2×2＋3×3＋4×4＋5×5＋6×6
  ＋7×7＋8×2＝156
ここでは，数列を**まとまりで区切って**考えます。
このような数列を**群数列**といいます。

受験指導の立場から

規則性の問題では①～③が重要です。
①グループに分けて，そのくり返しの規則性を考える。
　(群数列の考え方)
②奇数の和＝(奇数の個数)×(奇数の個数)
③等差数列の和の求め方
　(初めの数＋終わりの数)×個数÷2
　1つのセットのくり返しを考える。

22 難問研究4
（規則性2）

☆ 標準レベル　●本冊→142ページ

1 ① ×　　　② 101こ
  ③ 598番目

2 ① 白：20まい　黒：19まい
  ② 白：210まい　黒：190まい

3 ① 41　　　② 81

4 ①
だんの数	1	2	3	4	5
しゅうの長さ	4	10	16	22	28

  ② 58cm　　　③ 335だん

1 ○○△△××○△×｜○○△△××○△×｜
  　9個セット　　　　9個セット
① 60÷9＝6(セット)あまり6(個)→×
② 300÷9＝33(セット)あまり3(個)
  1セットの中に○は3個ある。
  また，はじめから3個までに○は2個ある。
  3×33＋2＝101(個)
③ 1セットの中に△は3個ある。
  200÷3＝66(セット)あまり2(個)
  9×66＋4＝598(番目)　　←左から4番目

2
	白	黒
1段目	1	0
2段目	2	1
3段目	3	2
4段目	4	3

① 20段目…白20枚，黒19枚
② 白　1＋2＋3＋4＋…＋20
　　＝(1＋20)×20÷2＝210(枚)
　黒　0＋1＋2＋3＋4＋…＋19
　　＝(0＋19)×20÷2＝190(枚)

3 ① 右端の数は
  1段目　20
  2段目　20＋1
  3段目　20＋1＋2
  4段目　20＋1＋2＋3
  　　　…………………………
  7段目　20＋1＋2＋3＋4＋5＋6＝41

22 難問研究4（規則性2） **51**

② 11段目の右端
  20+1+2+3+4+5+6+7+8+9+10
=75
11段目は11個並んでいるので，
左から5番目は，右から7番目です。
75+(7-1)=81

4 ①　　　周の長さ
  1段　(1+1)×2=4
  2段　(2+3)×2=10
  3段　(3+5)×2=16
  4段　(4+7)×2=22
  5段　(5+9)×2=28
② 10段のとき，
たて：10cm，横：10×2-1=19(cm)
よって，(10+19)×2=58(cm)
③ 2008÷2=1004
たて+横=1004(cm)
たて=□cmとすると，横=□×2-1
よって，□+□×2-1=1004
  ③=1005　　□=335(cm)
つまり，335段となります。

★★ 発展レベル　●本冊→144ページ

1 ① 25
  ② 39
2 ① 9cm
  ② 33まい
  ③ 1736
3 (1)① 15まい
  ② x×2-1
  ③ 39だん目
  (2) 49こ
4 ① 241
  ② 26番目

1 　　　　個数
  1段目　1
  2段目　3
  3段目　5
  4段目　4×2-1=7
  5段目　5×2-1=9

① 1+3+5+7+9=25
② 6段目の最後…1+3+5+7+9+11=36
  7段目…37, 38, 39, …
2 ① 1+3+5+7+9+11+13+15+17
  =81
9段目まで書いたときに81枚になります。
したがって，1辺は9cmです。
② 17×2-1=33(枚)
③ 16段目…16×2-1=31(枚)
  16段目の最後
  　1+3+5+7+…+31
  =(1+31)×16÷2=256
17段目…17×2-1=33(枚)
17段目の最後…257+(33-1)=289
17段目の和…257+258+…+289
  =(257+289)×33÷2=9009
18段目…18×2-1=35(枚)
18段目の最後…290+(35-1)=324
18段目の和…290+291+292+…+324
  =(290+324)×35÷2=10745
よって，求める答えは
10745-9009=1736
3 (1)① 2×8-1=15(枚)
  ② x×2-1
  ③ (77+1)÷2=39(段目)
(2) 1+3+5+7+9+11+13
  =(1+13)×7÷2
  =49(個)
4 ① 46番目の左端
  　61+4×(46-1)=241
② □番目の左端
  　61+4×(□-1)=4×□+57
  □番目の和は
  　4×□+57
  　4×□+58
  　4×□+59
+) 4×□+60
　―――――
  　16×□+234
  16×□+234=650
  16×□=416
  　　□=26

52　22　難問研究4（規則性2）

★★★ トップレベル ●本冊→146ページ

1 ア 199　　イ 14
　　ウ 9

2 ① 6こ　　② 15本

3 （とい1） ア…4, 3　　イ…1, 6
　　（とい2） ア…7+6+5+4
　　　　　　　イ…4, 1, 6
　　（とい3） (3−1)×6+(2−1)×6+1
　　（とい4） しき (4−1)×6+(3−1)×6
　　　　　　　　　+(2−1)×6+1=37
　　　　　　　答え 37こ

---

1 3と4の最小公倍数は12なので，12個を1セットとして数列になる数を調べます。

```
          1, 2, 3, 4, 5, 6, 7, 8, 9, 10, 11, 12
16        ○     ○     ○        ○              →6こ
セット
    ……………………………………………………
    ↓181, 182, 183, 184, 185, 186, 187, 188, 189, 190, 191, 192
        ○       ○        ○         ○
    193, 194, 195, 196, 197, 198, 199, 200
         ○         ○         ○
                              →4個目
```

アは199で，199は6×16+4=100(個目)
1段目から13段目までの個数は
　1+2+3+4+……+13=(13+1)×13÷2
=91(個)
199は，14段目の左から9番目となります。

2 ①
```
直線(本)    交点(個)
   1           0
   2           1
   3         1+2=3
   4         1+2+3=6
```
よって，6個。
直線が1本増えると，新しく，それまでの直線の数と同じ数の交点ができます。
② 1+2+3+4+5+…+13=91
　 1+2+3+4+5+…+13+14=105
直線は，14+1=15(本)
15本で交点100個を超える。

3 （とい1）
　ア　3+4+5+ 4 + 3 =19(個)
　イ　(3− 1)×6+(2−1)× 6 +1=19(個)

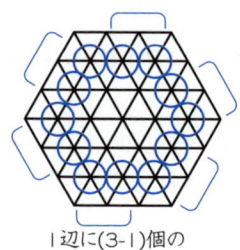

1辺に(3-1)個の正六角形ができる。

1辺に(2-1)個の正六角形ができる。

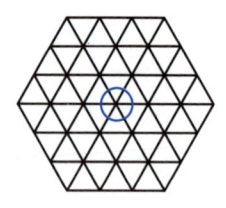

中に1個正六角形ができる。

（とい2）
　ア　4+5+6+ 7+6+5+4 =37(個)
　イ　(4 −1)×6+(3− 1)×6
　　　+(2−1)× 6 +1=37(個)
（とい3）
　(3−1)×6+(2−1)×6+1=19(個)

実力テスト1

●本冊→148ページ

① ① 248 ② 255
   ③ 130 ④ 200

② ①　 2 4 8
   ＋ 4 3 5
   ―――――
      6 8 3

   ②　 4 5 2
   ＋ 3 9 7
   ―――――
      8 4 9

   ③　 8 2 4
   －　4 5 6
   ―――――
      3 6 8

   ④　 9 5 6 3
   －　6 3 4 5
   ―――――
      3 2 1 8

③ ① 四千五百四十三
   ② 三万二千八百十三

④ 42こ

⑤ ① イ，エ，カ，ケ，コ，シ
   ② ア，ウ，オ，キ，ク，コ，ス
   ③ ウ
   ④ オ，キ，ク

⑥ 30cm

⑦ ① 4　　　② 9

⑧ よりこ…140cm　えみ…132cm
   さやか…130cm　よしみ…145cm

⑨ 60本

⑩ ① △　　　② 143こ
   ③ 113番目

② 逆算をうまく使ってくり上がり，くり下がりに注意して計算します。

   ①　 2 ア 8
   ＋ イ 3 ウ
   ―――――
      6 8 3

   ウ＝13－8＝5
   ア＝8－(1+3)＝4
   イ＝6－2＝4

   ②　 ア 5 イ
   ＋ 3 9 7
   ―――――
      8 ウ 9

   イ＝9－7＝2
   5＋9＝14
   よって，ウ＝4
   ア＝8－(1+3)＝4

④ 7×3＋6＋5＋4＋3＋2＋1
   ＝42（個）

⑥ 2m50cm＝250cm
   250－25×4－30＝120（cm）
   120÷4＝30（cm）
   □＝30（cm）

⑦ ① 1段目の30の右を⑰，2段目の49の右を㊝とすると，
   ㊝＝72－49＝23
   ⑰＝49－30＝19
   ㋘＝23－19＝4
   ② 46－(13＋15)＝18
   ㋔＝18÷2＝9

⑧ 5m47cm＝547cm
   さやかさんの身長をもとにして求めます。
   547－(10＋2＋10＋5)＝520（cm）
   520÷4＝130（cm）
   さやか…130cm
   よりこ…130＋10＝140（cm）
   えみ…130＋2＝132（cm）
   よしみ…140＋5＝145（cm）

⑨ 植木算の考え方で解きます。

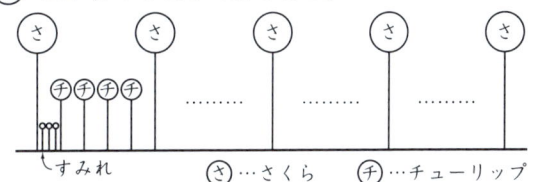

   ㊥…さくら　㋛…チューリップ　すみれ

   3×(4＋1)×(5－1)＝60（本）

⑩ ① ☆，☆，△，×，△の5個のくり返し。
   123÷5＝24（セット）あまり3（個）
   前から3番目の記号は，△になります。
   ② 359÷5＝71（セット）あまり4（個）
   1つのセットに△は2個あります。
   あまりの4個の中に，△は1個あります。
   よって，2×71＋1＝143（個）
   ③ 45÷2＝22（セット）あまり1（個）
   セットの中での△の1個目は，前から3番目。
   よって，5×22＋3＝113（番目）

実力テスト2

●本冊→152ページ

① ① 10113 ② 3519
　③ 595 ④ 36, 1
　⑤ 3, 4
　⑥ 4, 13, 44

② ① 50こ ② 32こ
　③ 18こ ④ 110こ

③ ① 72まい ② 20まい

④ 図ア…70こ 図イ…48こ

⑤ 50こ

⑥ 62cm

⑦ あ…なつこ い…いちろう
　う…けんた え…みきこ
　お…よりこ

⑧ ① 2 ② 6
　③ 1

---

② ① $(1+3+5+7+9)×2=50$(個)
　② $(1+2+3+4)×2=20$(個)
　　$(1+2+3)×2=12$(個)
　　$20+12=32$(個)
　③ $(1+2+3)×2=12$(個)
　　$(1+2)×2=6$(個)
　　$12+6=18$(個)
　④ ▲の大きさ
　　$(1+2)×2=6$(個)
　　$1×2=2$(個)
　　$6+2=8$(個)
　　▲の大きさ
　　$1×2=2$(個)
　よって,
　$50+32+18+8+2=110$(個)

③ ① $3×18+3×6=72$(個)
　② $2×2×5=20$(個)

④ 図ア 上から1段ずつ数えます。
　$1×2+2×3+3×4+4×5+5×6$
　$=70$(個)
　図イ 1段目…1(個)
　2段目…1+2=3(個)
　3段目…3+4=7(個)
　4段目…7+8=15(個)
　5段目…15+7=22(個)
　したがって, $1+3+7+15+22=48$(個)

⑤ $70-40+20=50$(個)

⑥ $164÷2=82$(cm)…たて+よこ
　$(82-2)÷(1+3)=20$(cm)…たて
　$20×3+2=62$(cm)…よこ

⑦ (1) よりこは後ろの列のえかお。いちろうはうではなくあかいのどちらか。
　(2) けんたは前の列にいる。
　(3) なつことけんたは1人をはさんで左か右の端にいる。
　(4) したがって, いちろうはあでもうでもないので, (1)から, いがいちろうである。さらに, よりこがおとわかる。あと, えがみきこ, うがけんた, あがなつことわかる。

⑧ まず, 展開図から各面の数を決めるとあは2になり, 図のようなさいころになります。
　次に, マス目に上の面の数を書いていきます。

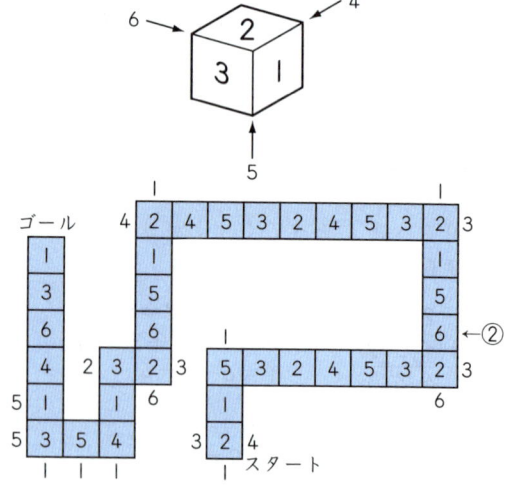

① 5の反対の面の数は, $7-5=2$
② 図より, 6
③ 図より, 1

実力テスト3

●本冊→156ページ

① ① 　 ３４２
　　　＋３５９
　　　　７０１

② 　 ８０１
　　　－６５３
　　　　１４８

③ 　　 ６６
　　　＋９９
　　　１６５

④ 　 △△△
　　　－⬠５
　　　　⬠６

②
7	21	20	10
18	12	13	15
14	16	17	11
19	9	8	22

③ エ…60, オ…46, カ…20
　キ…61, ク…25, ケ…100

④ ① 975　　② 953
　③ 359

⑤ ① 3本　　② 17人
　③ 98本

⑥ 200円

⑦ ① 12分　　② 午前7時3分
　③ 午前8時28分

⑧ ① ⑦　　② 6g
　③ 12g

⑨ ① 17　　② 38
　③ 43　　④ 56

---

① ③ 答えが3けたなので、○と◇をたすとくり上がる。
　　○＋◇＝15
　　○と◇は違う数なので、6と9か7と8の組み合わせ。
　　66＋99＝165なので、○＝6とわかる。
　④ 答えが2けたなので、百の位の△＝1、
　　11－⬠＝6なので、⬠＝11－6＝5

② たて、横、ななめの4つの数の和を求めると、
　7＋12＋17＋22＝58
　これをもとに、7の下の□の数は、

58－(12＋13＋15)＝18
他の数も同じように求めます。

③ ④＝⑦×4
　⑨＝⑦×3＋1
という関係式になります。後は計算で求めます。

⑤ ①
本数(本)	0	1	2	3	4	5	6
人数(人)	3				6	4	5	2

2＋5＋4＝11(人)…ボールペンを4本以上持っている人の数

② 37－(3＋6＋4＋5＋2)＝17(人)

③ 1本 ├─────────┤
　2本 ├──────┤3人 }17人

17－3＝14(人)
14÷2＝7(人)…1本持っている人
7＋3＝10(人)…2本持っている人
0×3＝0(本)　　　1×7＝7(本)
2×10＝20(本)　　3×6＝18(本)
4×4＝16(本)　　5×5＝25(本)
6×2＝12(本)
0＋7＋20＋18＋16＋25＋12＝98(本)

⑥ チョコレート
「ミルク」「あずき」「ピーチ」　代金
　　2　　　2　　　0　　　＋500円
　　2　　　2　　　3　　　－100円

チョコレート「ピーチ」3個分の値段は
500＋100＝600(円)
チョコレート「ピーチ」1個の値段は
600÷3＝200(円)

⑦ ① A発→B着　B発→A着　A発→B着…
　　□分　5分　□分　5分　□分…
　6時34分－6時＝34(分)
　5分×2＝10(分)
　34－10＝24(分)
　24÷2＝12(分)

② 6時34分＋12分＋5分＋12分
　＝6時63分＝7時3分

③ 電車は、34分ごとにA駅を出発するので、
　6時34分、7時8分、7時42分、8時16分
　　　　　　　　　　　　　　↳この電車
　8時16分＋12分＝8時28分

56 実力テスト3

⑧ ① どの箱も1枚の重さを計算すると、
　　18÷3＝6(g)…㋐
　　30÷5＝6(g)…㋑
　　42÷6＝7(g)…㋒
　にせものは㋒の箱にある。
② ①より、㋐と㋑の箱のコインは本物だけだから、その1枚の重さは6g。
③ ㋒の箱のコインは1枚がにせもので、5枚が本物。
　6×5＝30(g)…㋒のほんもののコインの重さ
　42－30＝12(g)…にせもののコイン

⑨ ① 3＋7＋7＝17
　　　　└─→向かい合う2組の和
② 左上の箱…5＋7＋7＝19
　右下の箱…1＋3＋7＝11
　左下の箱の前と後ろの合計は7で、左の数字は4と3は使えないので、1か2か5か6。
　いちばん小さい場合は、
　19＋11＋7＋1＝38　となります。
③ ②より、いちばん大きい場合は、
　19＋11＋7＋6＝43
④

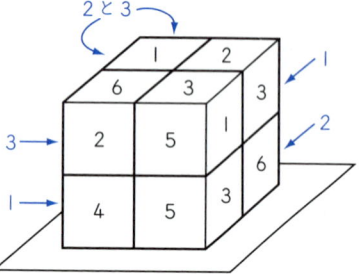

上の図のようにすればよい。
　下の段のまったく見えていない部分のさいころの目は1と2にする。
　1＋2＋6＋3＝12…上の面
　2＋5＋4＋5＝16…正面
　1＋3＋3＋6＝13…右の面
　2＋3＋3＋1＋1＋2＋1＋2＝15…左と奥の面
合計で　12＋16＋13＋15＝56

おもしろ文章題 の解答例

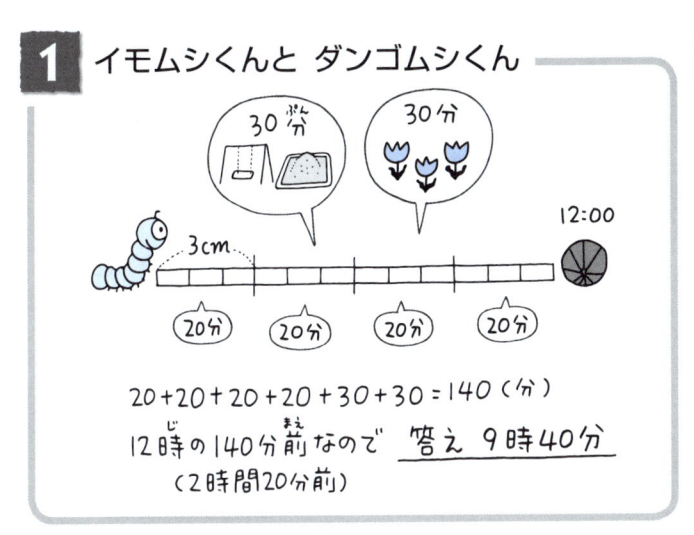

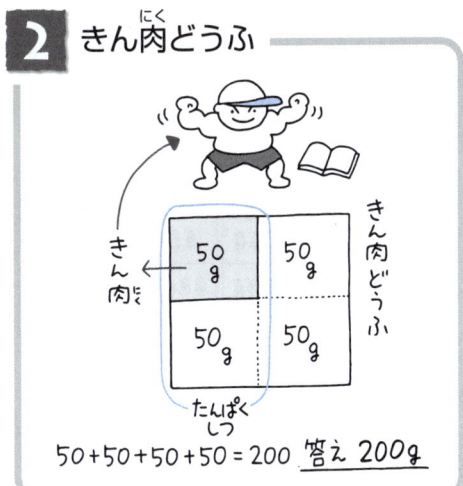

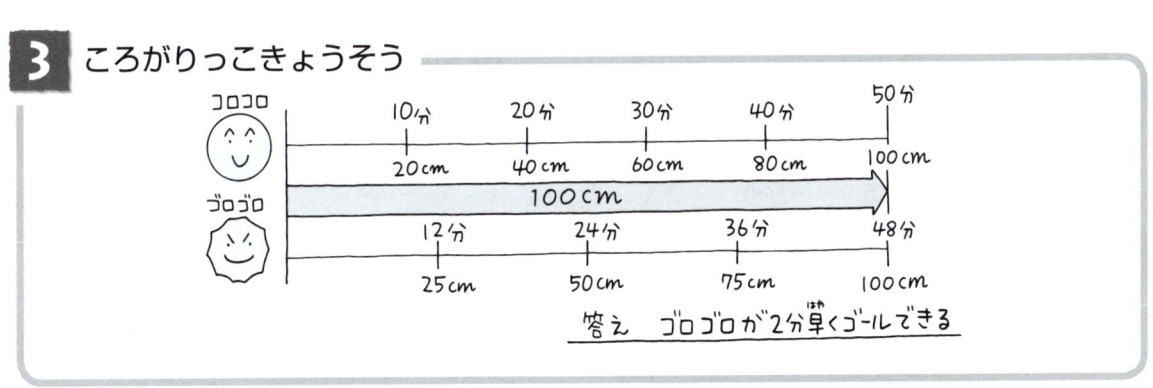

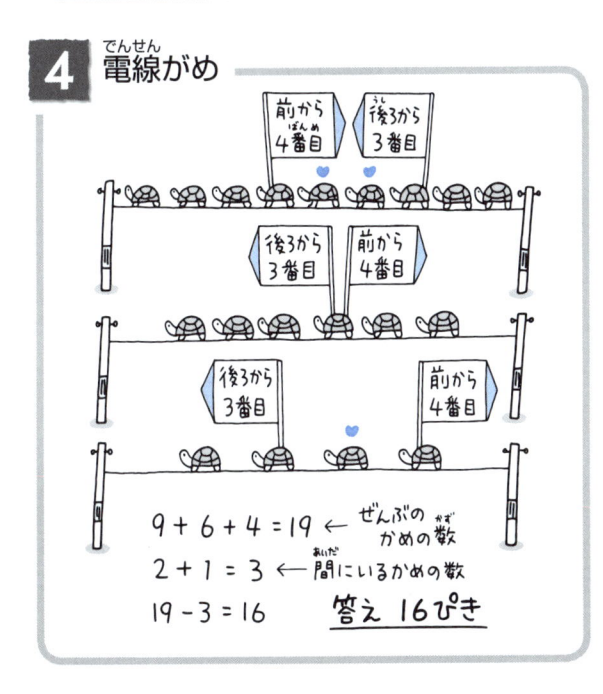

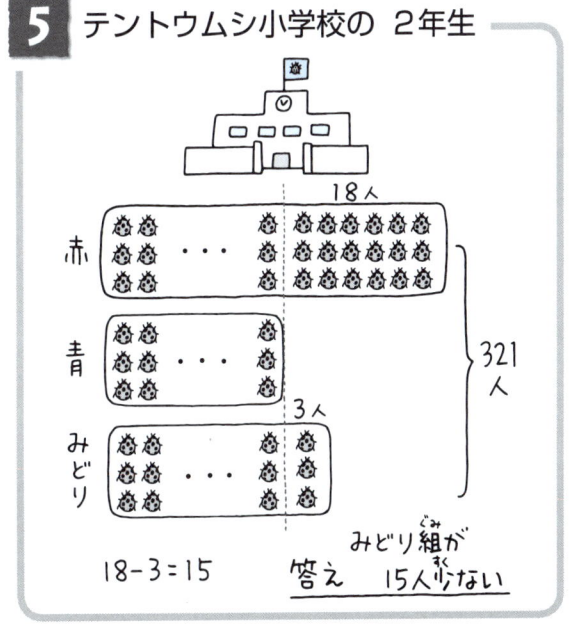

1 イモムシくんと ダンゴムシくん

20+20+20+20+30+30=140（分）

12時の140分前なので　答え 9時40分
（2時間20分前）

2 きん肉どうふ

50+50+50+50=200　答え 200g

3 ころがりっこきょうそう

答え　ゴロゴロが2分早くゴールできる

4 電線がめ

9+6+4=19　← ぜんぶのかめの数
2+1=3　← 間にいるかめの数
19-3=16　答え 16ぴき

5 テントウムシ小学校の 2年生

18-3=15　答え みどり組が 15人少ない

6 きょ大ひまわりの たねを 食べたい

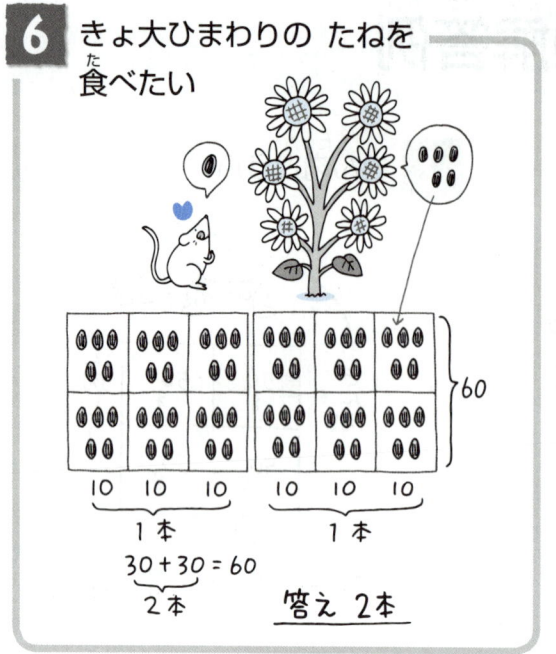

10 10 10 10 10 10
1本　　　　1本
30 + 30 = 60
　2本
答え 2本

7 フンコロガシと ウンコロガシ

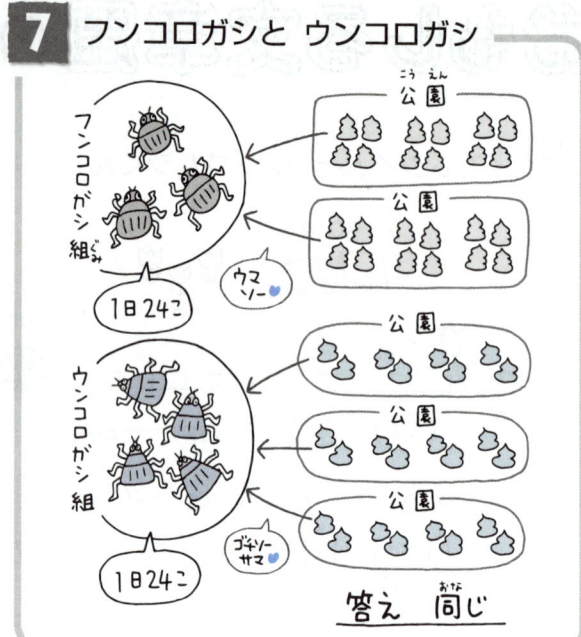

フンコロガシ組 1日24こ
ウンコロガシ組 1日24こ
答え 同じ

8 バッタの パタパタスケートボード

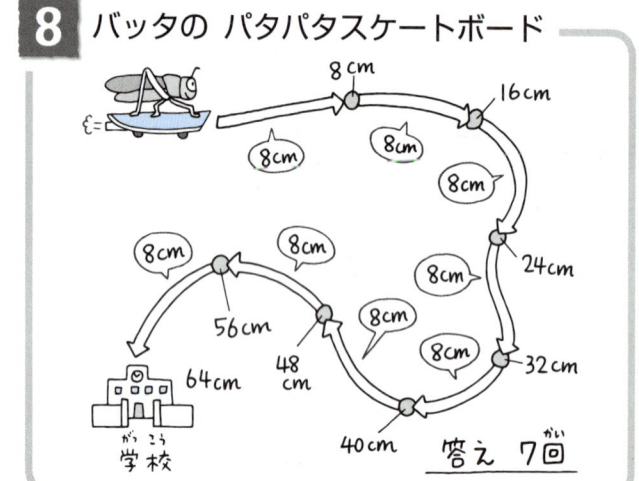

8cm, 16cm, 24cm, 32cm, 40cm, 48cm, 56cm, 64cm
答え 7回

9 ミミズの ニョロの たからばこ

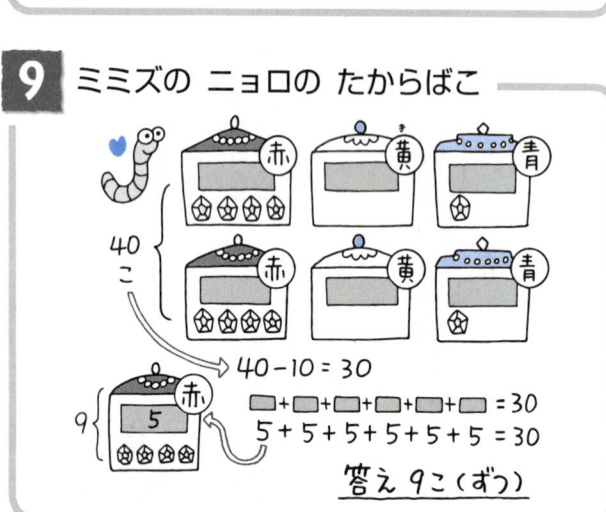

40こ
40 − 10 = 30
□ + □ + □ + □ + □ + □ = 30
5 + 5 + 5 + 5 + 5 + 5 = 30
答え 9こ（ずつ）

10 国立サーカス学校

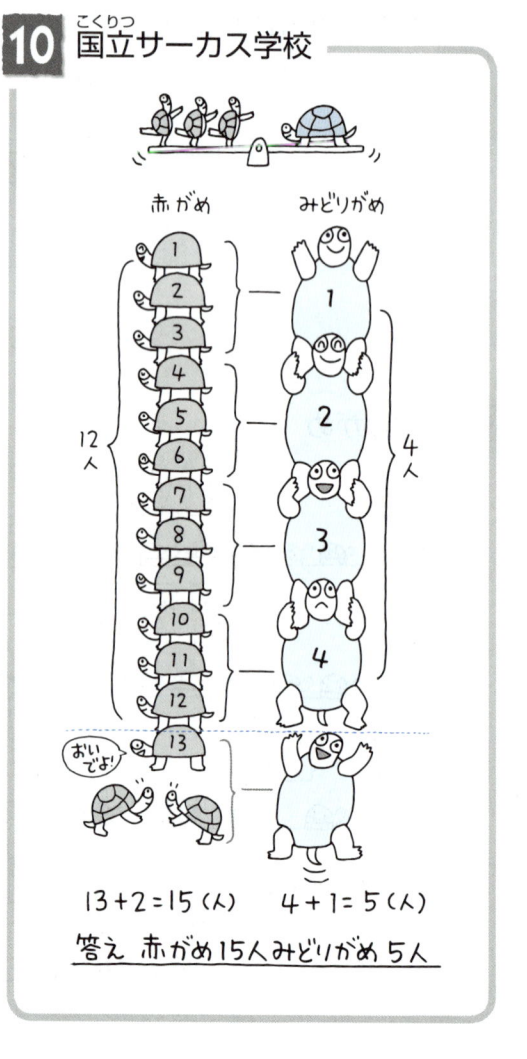

12人　4人
13 + 2 = 15（人）　4 + 1 = 5（人）
答え 赤がめ15人 みどりがめ5人

11 ガンバルドンの ふしぎな 木

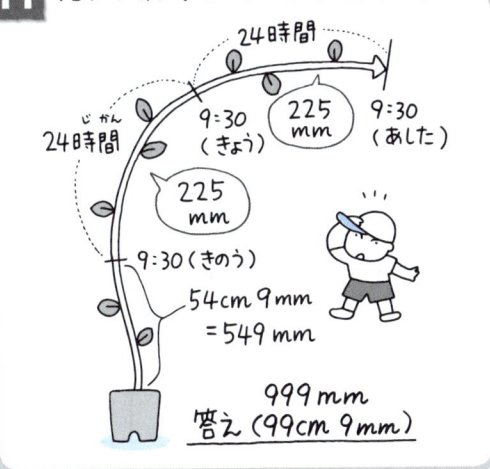

24時間
9:30 (きょう) 225mm
9:30 (あした)
24時間
225mm
9:30 (きのう)
54cm 9mm = 549mm

999mm
答え (99cm 9mm)

12 センコウくんと デンコウくんの 火花とばしきょうそう

	1回目	2回目
センコウ	※	※※※※ ※※※※ → 9
デンコウ	※※※※	※※※※※※※※

9 − 4 = 5

答え 5ばい

13 イカくんと タコくんの CDとばし

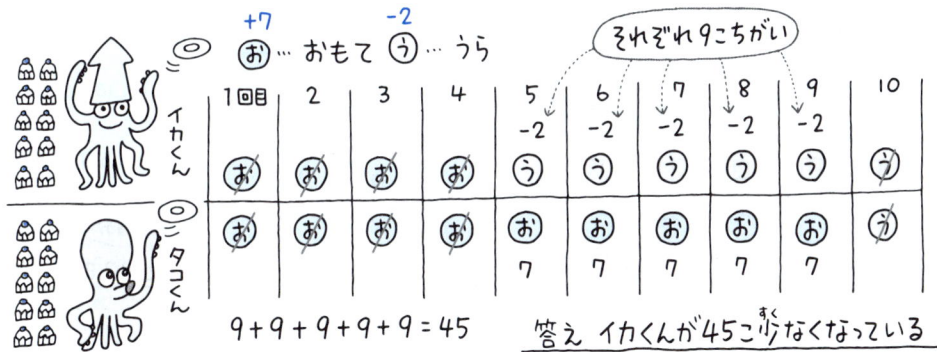

+7 お…おもて −2 う…うら
それぞれ9こちがい

	1回目	2	3	4	5 −2	6 −2	7 −2	8 −2	9 −2	10
イカくん	お	お	お	お	う	う	う	う	う	う
タコくん	お	お	お	お	お 7	お 7	お 7	お 7	お 7	う

9 + 9 + 9 + 9 + 9 = 45

答え イカくんが 45こ 少なくなっている

14 チェリーちゃんの おさんぽ

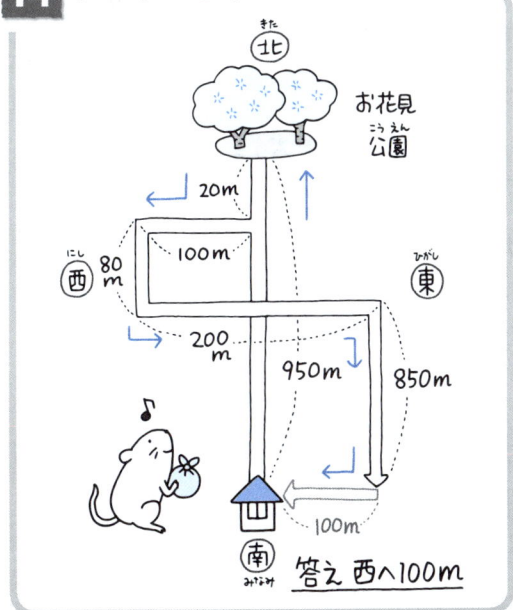

北
お花見公園
20m
100m
西 80m 東
200m
950m 850m
南
100m

答え 西へ 100m

15 ハサミンと カッターマン

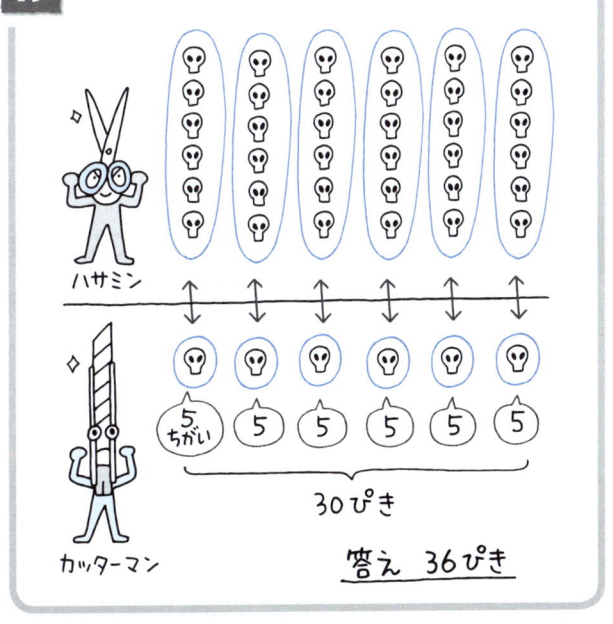

ハサミン

↕ ↕ ↕ ↕ ↕ ↕

カッターマン
5ちがい 5 5 5 5 5
30ぴき

答え 36ぴき

16 お小づかい きめるぞ 大会

赤たろう 32円、青たろう 50円、黄たろう 14円

十のくらい と 一のくらい のたまご

9こ、6こ

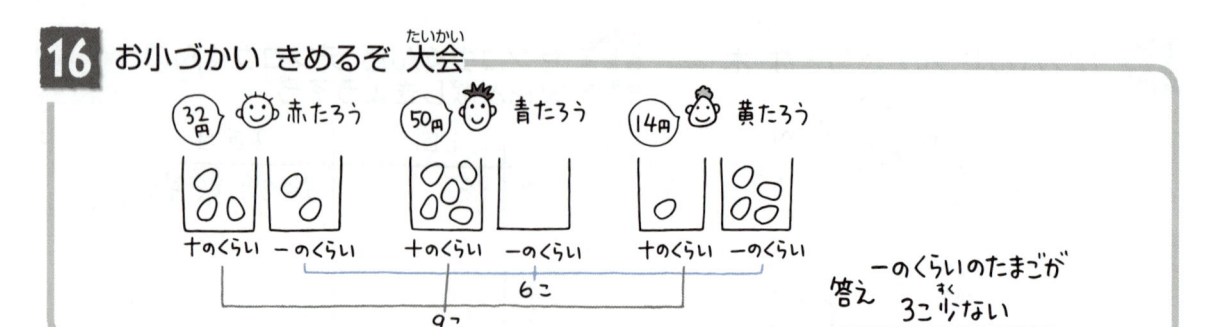

答え 一のくらいのたまごが 3こ少ない

17 ぜん校カード交かん会

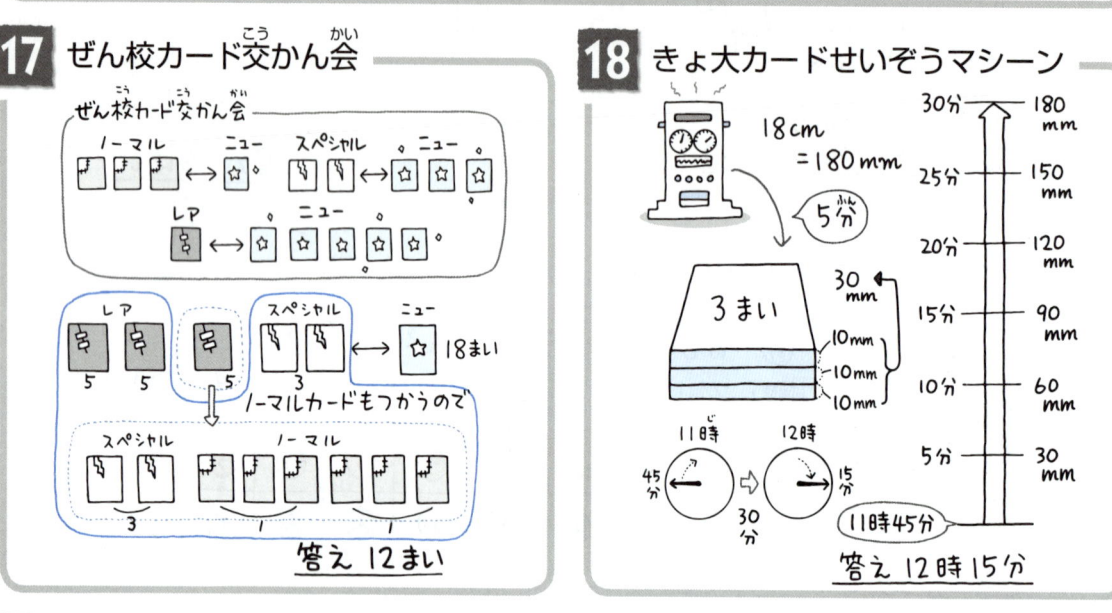

ノーマル ↔ ニュー
スペシャル ↔ ニュー
レア ↔ ニュー

レア 5,5,5 スペシャル 3 ニュー 18まい

ノーマルカードもつかうので

スペシャル 3 ノーマル 1,1

答え 12まい

18 きょ大カードせいぞうマシーン

18cm = 180mm
5分/分

3まい 30mm, 10mm, 10mm, 10mm

11時 45分 → 12時 15分
30分

答え 12時15分

19 兄弟アリンコの チビくんと チョビくん

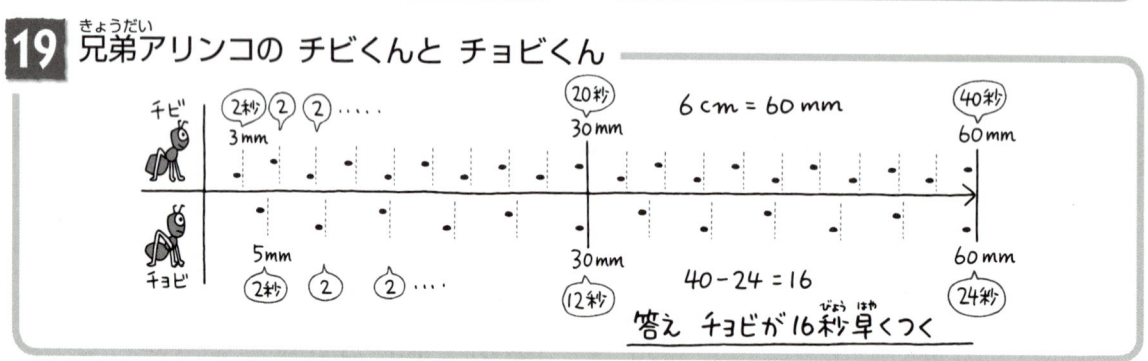

チビ：2秒、2、2…… 3mm、20秒 30mm、40秒 60mm
6cm = 60mm

チョビ：5mm、2秒、2、2…… 30mm 12秒、60mm 24秒

40 − 24 = 16

答え チョビが16秒早くつく

20 クジラの マッコくん, ザットくん, シロナガくん

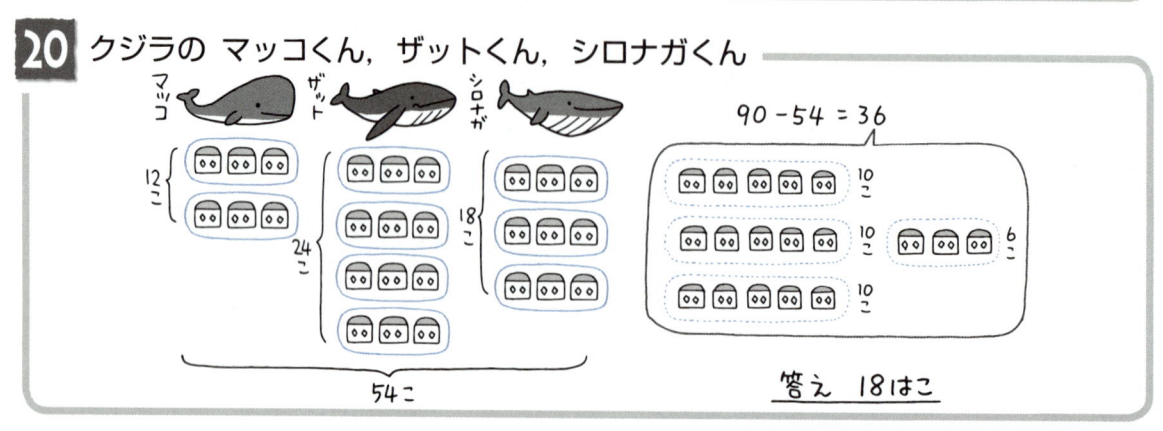

マッコ 12こ / 24こ
ザット
シロナガ 18こ

54こ

90 − 54 = 36
10, 10, 10, 6

答え 18はこ

21 ユックリムカデさんの ピクニック

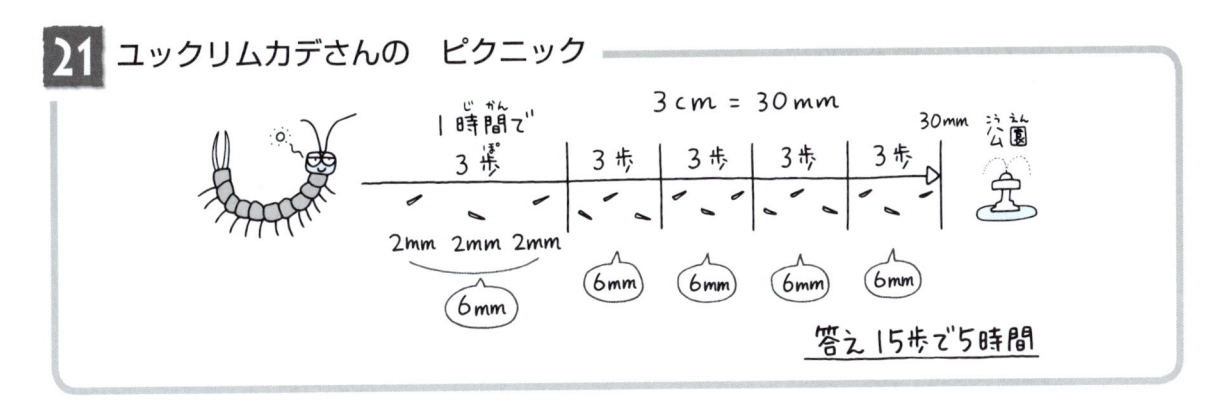

3cm = 30mm
1時間で 3歩　3歩　3歩　3歩　3歩　30mm 公園
2mm 2mm 2mm
6mm　6mm　6mm　6mm　6mm

答え 15歩で5時間

22 首ながパンダくん

6m

1m
25+25+25+25 = 100 = 1(m)
= 2m
= 2m
= 2m

4 + 4 + 4 = 12

答え 12本

23 ヒカルぴょんの たんじょう日

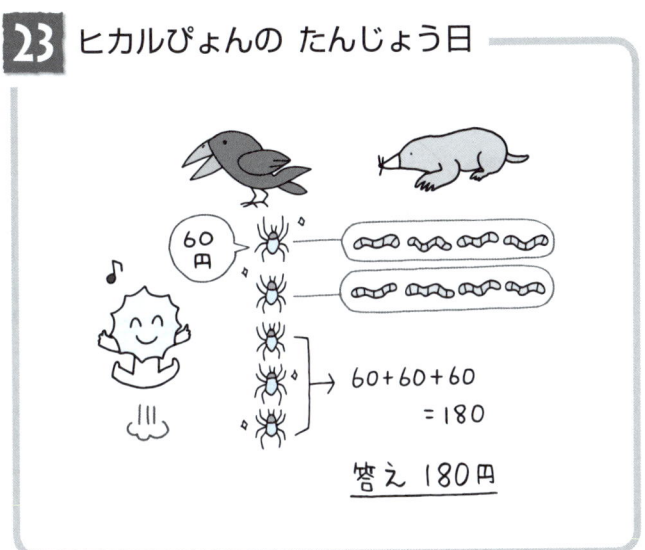

60円
60+60+60 = 180

答え 180円

24 ぜん校CDとばし大会

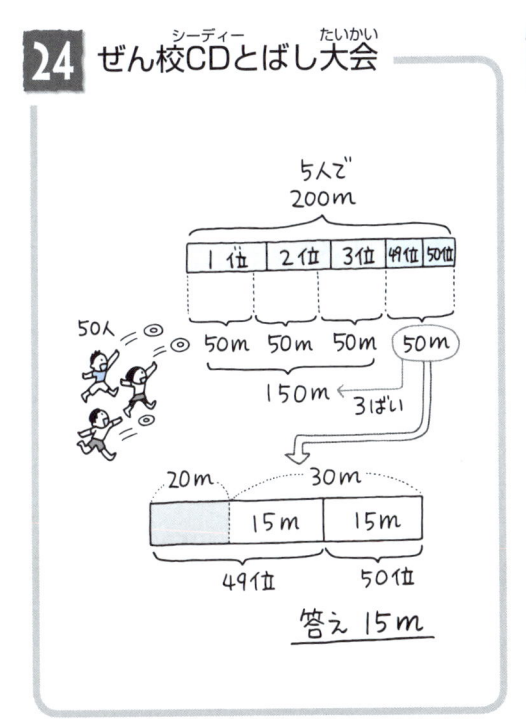

5人で 200m
| 1位 | 2位 | 3位 | 49位 | 50位 |
50m　50m　50m　50m
150m
3ばい

50人

20m　30m
15m　15m
49位　50位

答え 15m

25 カタツムリの ムーリーくん

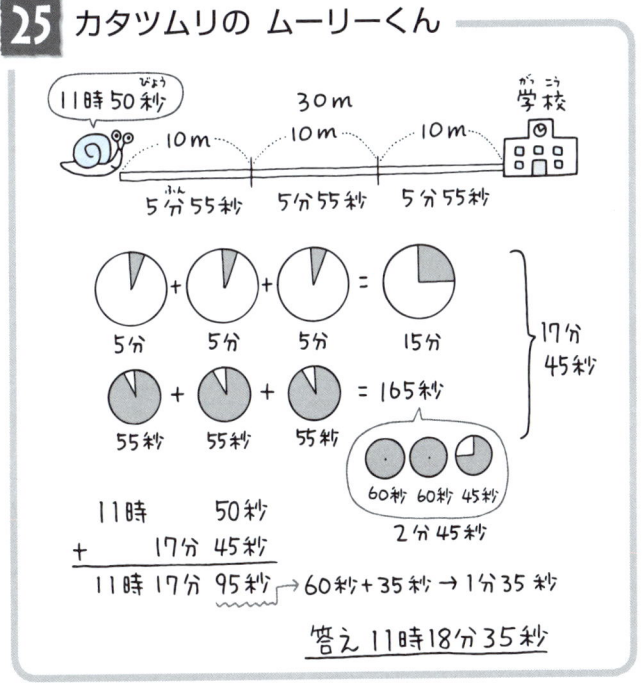

11時50秒　10m　10m　10m　学校
30m
5分55秒　5分55秒　5分55秒

5分 + 5分 + 5分 = 15分
55秒 + 55秒 + 55秒 = 165秒
17分45秒

60秒 60秒 45秒
2分45秒

11時　　50秒
+　17分　45秒
11時17分95秒 → 60秒+35秒 → 1分35秒

答え 11時18分35秒

26 金太郎あめと 銀太郎あめ

あわせて 32cm

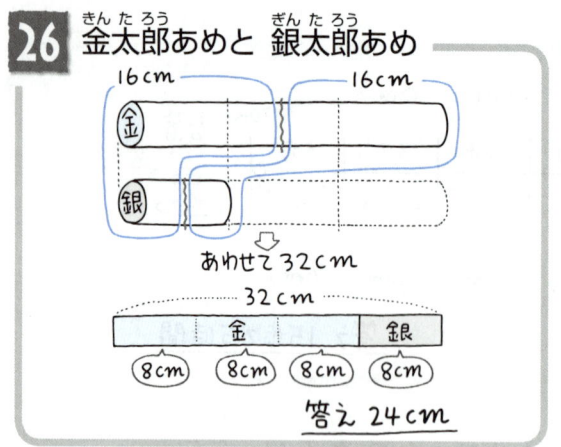

答え 24cm

27 メエメエさんと メソメソくん

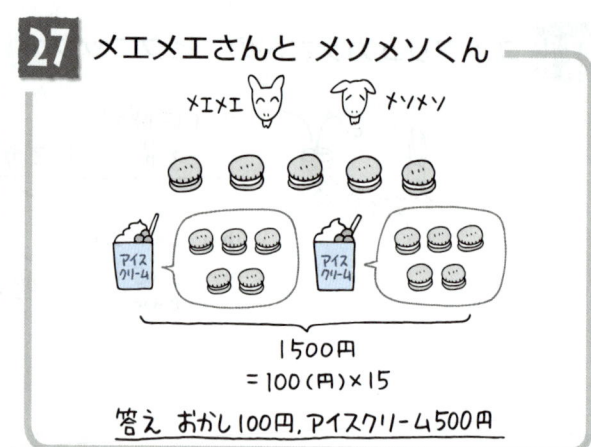

1500円 = 100(円)×15

答え おかし 100円, アイスクリーム 500円

28 サンタさんの プレゼント

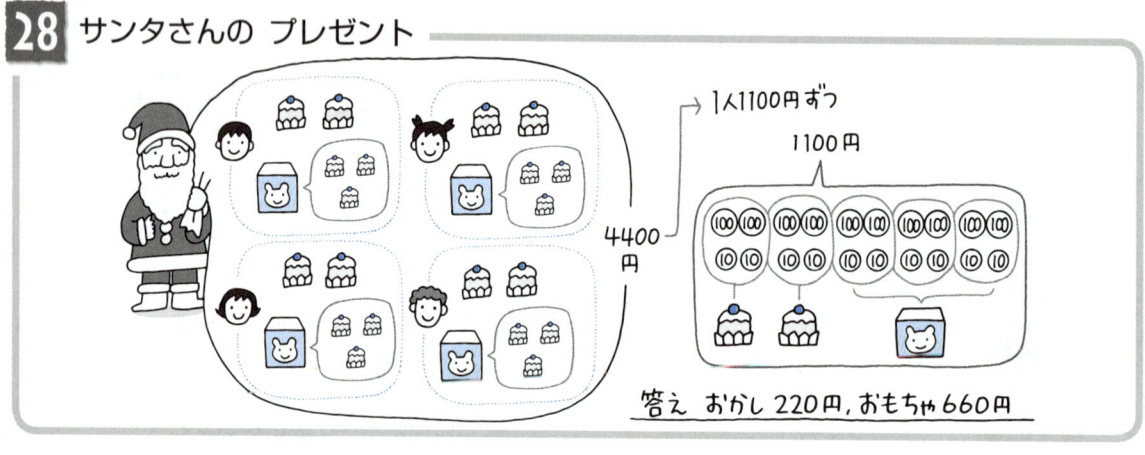

1人1100円ずつ
4400円
1100円

答え おかし 220円, おもちゃ 660円

29 花びらもんだい

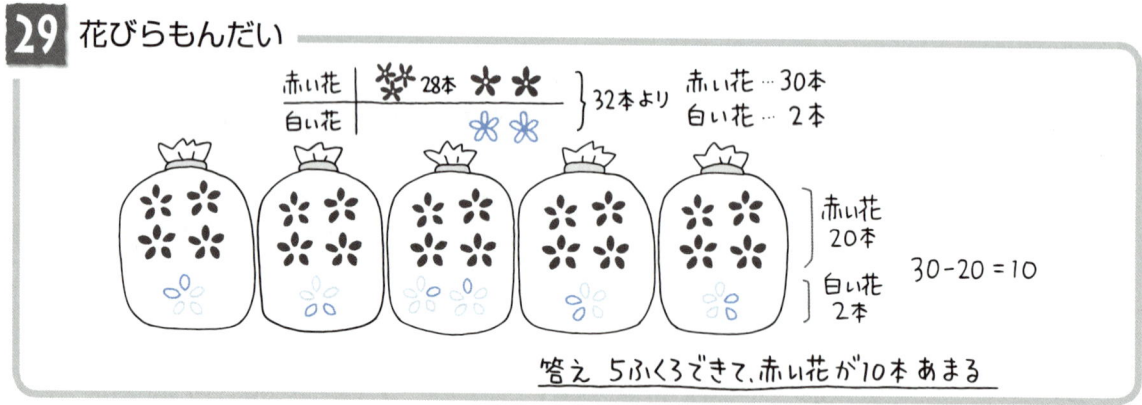

赤い花 … 30本
白い花 … 2本

32本より

赤い花 20本
白い花 2本

30 − 20 = 10

答え 5ふくろできて、赤い花が10本あまる

30 カタツムリの マイマイ

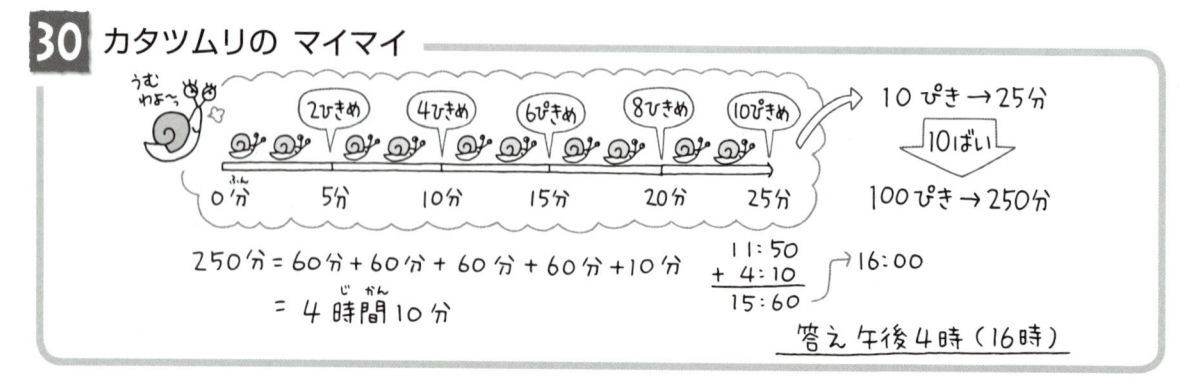

10ぴき → 25分
10ばい
100ぴき → 250分

250分 = 60分 + 60分 + 60分 + 60分 + 10分
     = 4時間10分

11:50
+ 4:10
15:60 → 16:00

答え 午後4時 (16時)

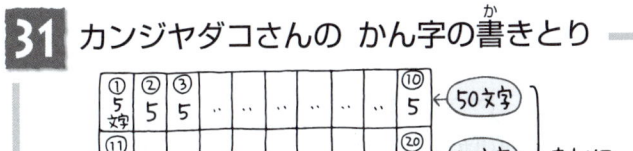

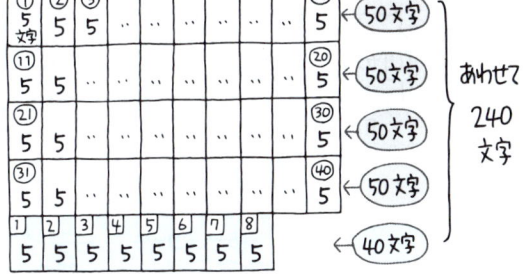

31 カンジヤダコさんの かん字の書きとり

240
= 24+24+24+24+24+24+24+24+24+24 →10日
= 12+12+12+12+… …+12+12 →20日
= 6+6+6+6+… +6+6+6+6 →40日
(6×40 = 240)

答え 6文字

32 サイコロジャンケン

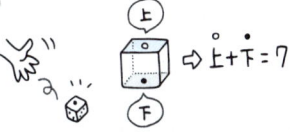

上＋下＝7

とく点		3	0	0	
グーくん	上	5	2	6	3点
	下	②	5	①	
チョキさん	上	6	2	2	6点
	下	①	5	⑤	
とく点		0	0	6	

6 − 3 = 3

答え 3点

33 レオンくんの 音風き

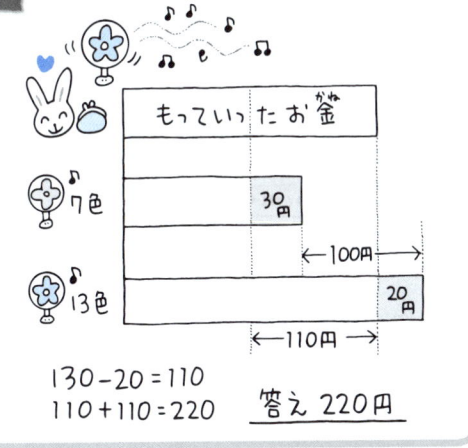

130 − 20 = 110
110 + 110 = 220

答え 220円

34 コネズミチュー学校の 円形つな引き

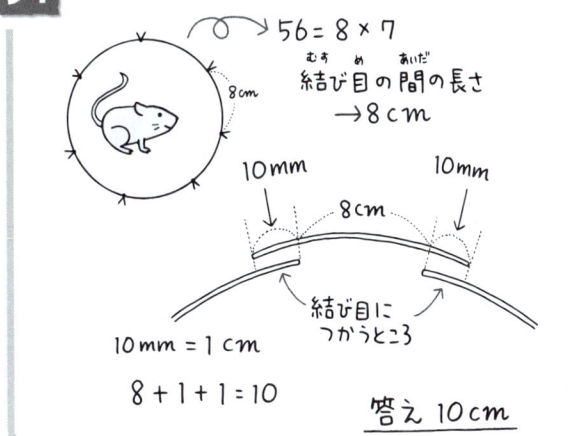

56 = 8 × 7
結び目の間の長さ → 8cm

10mm = 1cm
8 + 1 + 1 = 10

答え 10cm

35 おもしろパズル：白黒の いた

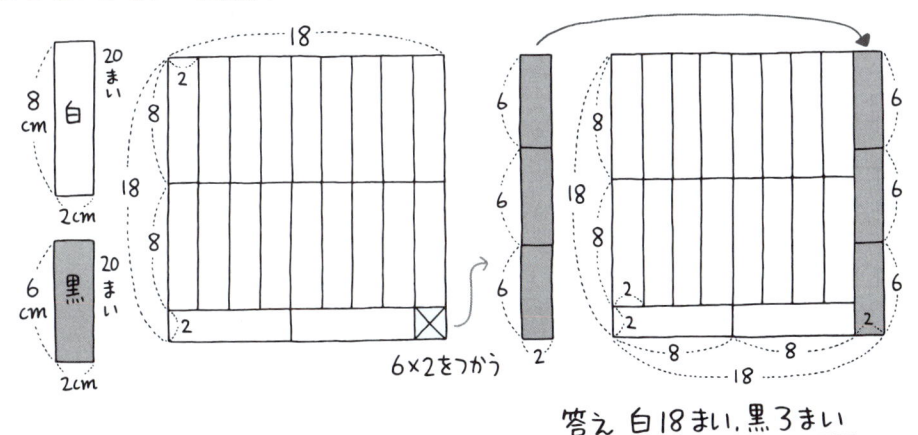

6×2をつかう

答え 白18まい、黒3まい

36 ヒッポくんと パタマスくんの はみがきごっこ

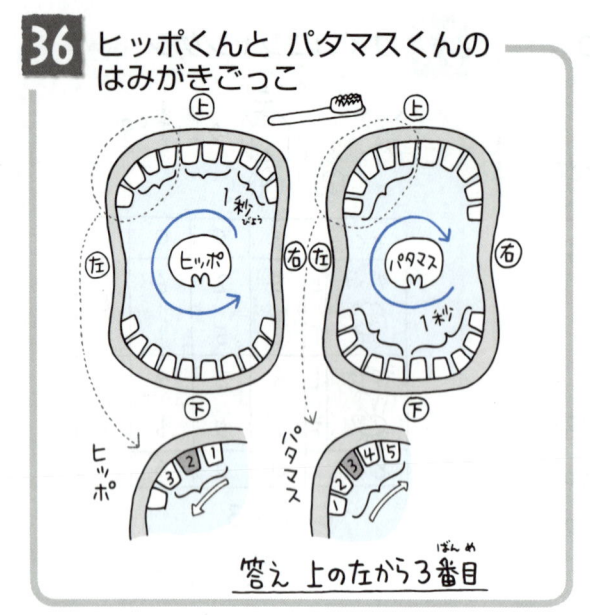

答え 上の左から3番目

37 スタスタかめさん

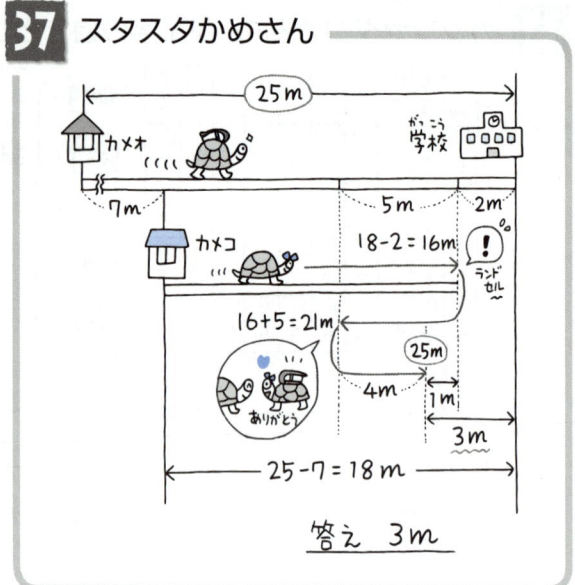

$18 - 2 = 16$ m
$16 + 5 = 21$ m
$25 - 7 = 18$ m

答え 3m

38 ガリガリアリさん

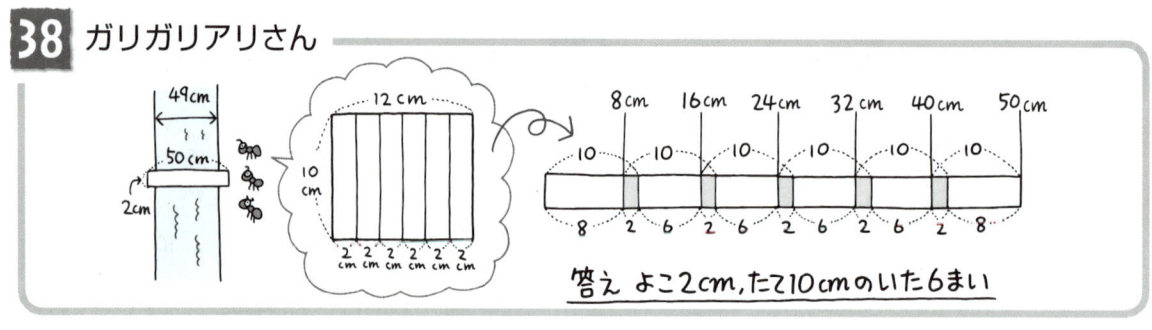

答え よこ2cm、たて10cmのいた 6まい

39 デンデン小学校の マラソン大会

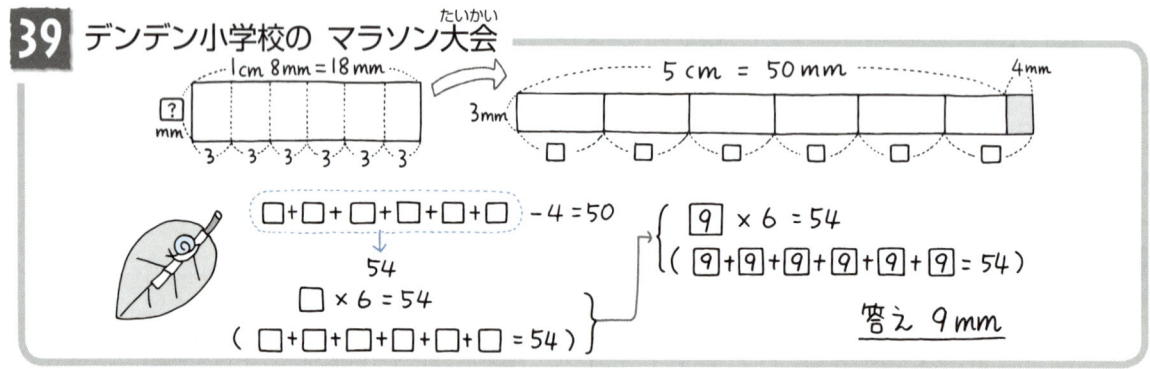

$□+□+□+□+□+□ - 4 = 50$
$→ 54$
$□ × 6 = 54$
$(□+□+□+□+□+□ = 54)$

$9 × 6 = 54$
$(9+9+9+9+9+9 = 54)$

答え 9mm

40 おり紙もんだい

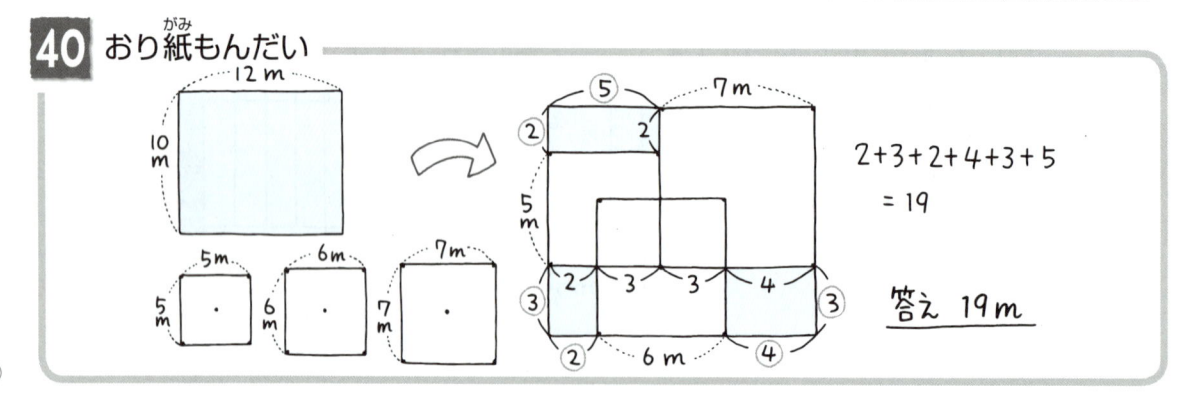

$2+3+2+4+3+5 = 19$

答え 19m